# Die Akkumulatoren

## ihre Theorie, Herstellung, Behandlung und Verwendung

Von

Prof. Dr. W. Bermbach

Vierte
vermehrte und verbesserte Auflage

Mit 107 Textabbildungen

Springer-Verlag Berlin Heidelberg GmbH 1929

ISBN 978-3-662-27628-0    ISBN 978-3-662-29115-3 (eBook)
DOI 10.1007/978-3-662-29115-3



Softcover reprint of the hardcover 4th edition 1929

## Vorwort zur ersten Auflage.

Die Literatur über die elektrochemischen Sammler ist zwar ziemlich reichhaltig, jedoch fehlt es an einem nicht zu umfangreichen Buch, in dem sowohl die Theorie wie die Praxis genügend berücksichtigt ist, letztere, soweit sie größere Kreise interessiert. Dieses dürfte in dem vorliegenden kleinen Werke geschehen sein.

Wenn für irgendein Gebiet, so gilt für die Sammler der Satz: Eine gute Theorie ist die beste Praxis. Denn sie gibt uns Aufschluß über alle im Betriebe vorkommenden Erscheinungen. Aus diesem Grunde wurde die Theorie ausführlich behandelt. Damit sich aber auch solche Leser zurechtfinden können, denen die Grundbegriffe der Elektrochemie nicht geläufig sind, wurden in dem ersten Kapitel die neueren Ansichten über die Elektrolyse und die Stromerzeugung in galvanischen Elementen gemeinverständlich entwickelt.

Köln, im Mai 1905.

Der Verfasser.

## Vorwort zur vierten Auflage.

Seit dem Erscheinen der dritten Auflage dieses Buches gab es keine umwälzenden Neuerungen auf dem Gebiete der elektrochemischen Sammler. Es sind aber doch große Fortschritte erzielt worden, und zwar dadurch, daß die Fabriken die Akkumulatoren mehr den verschiedenen Verwendungszwecken angepaßt haben, als es früher der Fall war. — Von großer Bedeutung wird wahrscheinlich die Vervollkommnung der alten und die Erfindung neuer Gleichrichter werden, die sehr wirtschaftlich arbeiten. Dadurch wird, wie angenommen werden muß, der Gleichstrom wieder an Boden gewinnen. So z. B. erleichtert der Gleichrichter in hohem Grade die Verwendung des Sammlers für die Personen- und Lastbeförderung. Ich hielt es daher für nötig, der Umwandlung des Wechselstromes in Gleichstrom ein besonderes Kapitel zu widmen. Noch zwei andere Umstände zwangen zu einer Vergrößerung des Buchumfanges. Die Verwendung der Sammler hat in den letzten 10 Jahren an Mannigfaltigkeit sehr stark zugenommen. Es sei nur auf die ungeheure Ausdehnung des Rundfunks hingewiesen. Sodann haben die alkalischen Sammler sich im Kampfe mit dem Bleiakkumulator besser behauptet, als in den ersten auf ihre Erfindung folgenden Jahren angenommen wurde.

Bei der Neubearbeitung fand ich sehr wertvolle Unterstützung durch die Firmen, die Akkumulatoren und Gleichrichter herstellen, indem sie mir nicht nur zahlreiche Druckschriften zur Verfügung stellten, sondern auch auf Anfragen eingehende Auskünfte erteilten. Vor allem sind hier zu nennen die Akkumulatoren-Fabrik A. G., Berlin-Hagen und deren Tochtergesellschaft die Varta, die Kölner Akkumulatoren-Werke, Gottfried Hagen, die Akkumulatoren-Fabrik Wilh. Hagen, die AEG, Siemens & Halske und Brown, Boveri & Co. Ihnen und den übrigen Firmen spreche ich an dieser Stelle meinen verbindlichsten Dank aus. Auch Herrn Dr. P. Schneider sei gedankt, der mich beim Lesen der Korrekturen unterstützte.

Köln, im April 1929.

**Der Verfasser.**

# Inhaltsverzeichnis.

# I. Theorie der galvanischen Elemente und der Elektrolyse.

Einen Überblick über die Stoffverteilung des theoretischen Teiles gewinnen wir schon, wenn wir uns einen Einblick in das *Wesen des Bleisammlers* verschaffen. Zu dem Zwecke gehen wir von einem einfachen Versuche aus. In verdünnte Schwefelsäure ($H_2SO_4$) tauchen wir zwei Bleiplatten ein und schicken durch den so erhaltenen elektrolytischen Apparat einen elektrischen Strom. Auf derjenigen Elektrode, die mit dem positiven Pole der Stromquelle verbunden ist, der Anode, bilden sich geringe Mengen von Bleisuperoxyd ($PbO_2$), das eine braunrote Farbe hat. Auf der negativen Platte, der Kathode, befand sich ursprünglich etwas Bleioxyd. Dieses oder das aus ihm beim Eintauchen entstandene Bleisulfat ($PbSO_4$) wird durch den Strom zu reinem Blei reduziert. Erfolgt lebhafte Gasentwicklung, so hat weitere Stromzufuhr nur wenig Zweck.

Bleisuperoxyd und Blei in verdünnter Schwefelsäure bilden, wie man mit Hilfe eines Galvanoskops oder eines Strommessers, leicht nachweisen kann, ein galvanisches Element, in dem das $PbO_2$ der positive Pol ist. Dies bringen wir kurz durch das Schema zum Ausdruck:

$$\underset{+}{PbO_2} \mid H_4SO_2 + \text{aqua} \mid \underset{-}{Pb}.$$

Wie wir später sehen werden, bildet sich bei der Stromentnahme auf beiden Elektroden Bleisulfat. Die beiden Platten werden also einander um so ähnlicher, je mehr Elektrizität unser Sammler abgibt. Zwei *gleiche* Elektroden aber, die in denselben Elektrolyten eintauchen, bilden kein galvanisches Element.

Laden wir den Akkumulator jetzt wieder, so wird Bleisulfat auf der negativen Elektrode in metallisches Blei und auf der Anode in Bleisuperoxyd umgewandelt.

Bei der Ladung sowohl wie bei der Entladung spielen sich im Sammler chemische Prozesse ab. Während der Ladung wird ein chemisches System gewaltsam verändert, ähnlich wie eine Spiralfeder beim Zusammendrücken; das veränderte System hat das Bestreben, in seinen ursprünglichen Zustand zurückzukehren. In dem Akkumulator wird chemische Energie aufgespeichert, die aus elektrischer Energie entsteht. In ihm wird also keineswegs elektrische Energie als solche aufbewahrt, gerade so wenig, wie dies bei einem Gewichte der Fall ist, das durch einen Elektromotor emporgehoben wurde. Den Charakter eines galvanischen Elementes erhält der Sammler erst dadurch, daß man ihm elektrische Energie zuführt. Man bezeichnet ihn daher auch als Sekundärelement[1].

Im Prinzip unterscheidet sich ein geladener Bleisammler in nichts von einem gewöhnlichen Primärelement. Wir müssen daher im folgenden auf die Theorie der galvanischen Elemente näher eingehen.

Da die neueren elektrochemischen Theorien, soweit es der Raum gestattet, in diesem Buche Berücksichtigung finden sollen, so wollen wir mit der Besprechung einiger wichtiger Grundbegriffe dieses Gebietes beginnen.

Der osmotische Druck. Um diesen außerordentlich wichtigen Begriff klarzumachen, gehen wir von einem Nichtelektrolyten aus; als Beispiel diene eine Zuckerlösung. Mit einfachen Hilfsmitteln läßt sich ein lehrreicher Versuch ausführen: Ein Standglas mit vorspringendem Rande fülle man mit einer sirupartigen Zuckerlösung und verschließe es mittels einer vorher in lauwarmem Wasser aufgeweichten Schweinsblase, wobei darauf zu achten ist, daß keine Luftblasen eingeschlossen werden. Durch einen Bindfaden wird die Membran unterhalb des Glasrandes gut befestigt. Stellt man das Präparat in ein größeres, mit Wasser gefülltes Gefäß, so findet man nach etwa 24 Stunden, daß sich die Membran sehr stark gewölbt hat, und wir schließen, daß von der Zuckerlösung auf die Haut ein Druck ausgeübt wurde. Da die Wölbung nicht erfolgt, wenn wir das Standglas mit Wasser füllen, so schließen wir weiter, daß der eben erwähnte Druck von den Zucker-

[1] Das Voltasche Element, die Daniell-Kette und andere Ketten sind Primärelemente; sie geben ohne weiteres infolge ihrer Zusammensetzung Strom ab.

molekülen herrührt. — Die Schweinsblase hat die Eigenschaft, den Wassermolekülen den Durchgang zu gestatten, nicht aber den Zuckermolekülen, sie ist halbdurchlässig oder semipermeabel[1].

Wir müssen ferner bedenken, daß nach der kinetischen Theorie der Materie alle Moleküle unserer Flüssigkeit in lebhafter Bewegung begriffen sind. Die Wassermoleküle können wir unberücksichtigt lassen, weil die Haut für sie durchlässig ist, und weil sich auf beiden Seiten der Membran Wasser befindet. Es wird nun häufig vorkommen, daß Zuckermoleküle gegen die Haut prallen. Die Gesamtheit der von ihnen ausgeübten Stöße ergibt einen einseitigen Druck. Denken wir uns nun die Zeit in sehr kleine Intervalle zerlegt, so können wir die sich abspielenden Vorgänge folgendermaßen erklären: Während des ersten Zeitteilchens üben die Zuckermoleküle auf die Membran einen Druck aus; diese wird um ein unendlich kleines Stück gehoben, in den freien Raum dringt Wasser ein. Während des folgenden Zeitabschnittes wiederholt sich das Spiel usw. Die Membran wölbt sich also im Laufe der Zeit immer mehr. Dem osmotischen Drucke der Zuckermoleküle — so nennt man den auf die Membran ausgeübten Druck — wirkt die elastische Spannung entgegen. Nehmen wir nun an, daß die Schweinsblase vollkommen halbdurchlässig wäre und jeden beliebig hohen Druck auszuhalten vermöchte, ohne zu platzen, so erkennen wir, daß sich nach einer gewissen Zeit ein Gleichgewichtszustand ausbildet, der natürlich dann vorhanden wäre, wenn der osmotische Druck der Zuckermoleküle gleich würde der Spannung der Membran. Der nach innen gerichtete, nach Eintritt des Gleichgewichtszustandes vorhandene Membrandruck ist gleich dem osmotischen Drucke der Lösung.

Auch in folgender Weise gelangt man zu einer Vorstellung über den osmotischen Druck. Wenn wir bei Beginn des Versuches die Membran belasten, etwa durch Auflegen von Gewichtsteinen, so erfolgt das Eindringen des Wassers langsamer als eben, und bei einer gewissen Belastung wölbt sich die Membran überhaupt nicht. Beträgt das betreffende Gewicht $p$ kg für 1 $cm^2$ Oberfläche, so ist $p$ ein Maß für den osmotischen Druck.

Auf die für den osmotischen Druck gültigen Gesetze, die übrigens, wie van't Hoff zeigte, mit den Gasgesetzen überein-

[1] Allerdings nur bis zu einem gewissen Grade.

stimmen, soll nicht näher eingegangen werden; es sei nur bemerkt, daß der osmotische Druck mit der Konzentration wächst[1]. Diese ist gegeben durch die Anzahl der Moleküle des gelösten Stoffes, die sich in 1 $cm^3$ befinden.

Die elektrolytische Dissoziation. Man fand, daß die Lösungen von Säuren, Salzen und Basen (Elektrolyte) einen anormal hohen osmotischen Druck aufweisen. Arrhenius erklärte diese Erscheinung durch die Annahme, daß sich Moleküle des gelösten Stoffes spalten oder dissoziieren. Eine einfache Überlegung zeigt aber, daß die Dissoziation in Elektrolyten von der gewöhnlichen Dissoziation verschieden sein muß. Wählen wir als Beispiel eine Salmiaklösung. Bei hoher Temperatur spaltet sich (dampfförmiger) Salmiak nach der Gleichung

$$NH_4Cl = NH_3 + HCl$$

Würde die Dissoziation in einer Salmiaklösung in derselben Weise erfolgen, so müßte die Flüssigkeit freies Ammoniak enthalten, das an seinem scharfen, stechenden Geruch leicht erkannt werden kann. Eine Salmiaklösung riecht aber nicht nach Ammoniak. Die Spaltung muß in anderer Weise vor sich gehen. Die Dissoziation in Elektrolyten erfolgt so, daß elektrisch geladene Komponenten entstehen. Das Kochsalzmolekül z. B. spaltet sich in ein positiv geladenes Natriumatom und ein negativ geladenes Chloratom. Die Komponenten nennt man Ionen, d. h. die Wandernden, weil sie sich unter dem Einflusse elektrischer Kräfte bewegen.

Die Ionen sind an dem Zustandekommen des osmotischen Druckes genau so beteiligt wie die nichtdissoziierten Moleküle. Die Dissoziation führt also zu einer Erhöhung des osmotischen Druckes. Es mögen sich z. B. in einer wässerigen Chlornatrium-Lösung alle NaCl-Moleküle in zwei Ionen spalten; dann haben wir in der Lösung doppelt so viele wirksame Teilchen, wie wenn keine Spaltung stattgefunden hätte. Die Ionen haben zwar eine geringere Masse wie das Kochsalzmolekül; dafür aber ist ihre mittlere Geschwindigkeit größer.

---

[1] Denjenigen, die sich mit der Entwicklungsgeschichte dieses interessanten Gebietes beschäftigen wollen, sei das Buch empfohlen: Die Entwicklung der Elektrochemie in gemeinverständlicher Darstellung. Von Wilh. Ostwald (Sammlung Wissen und Können).

In seiner Faraday-Rede schrieb schon Helmholtz der Elektrizität eine atomistische Struktur zu. Heute können wir die Existenz von negativen Elektrizitätsatomen, die man kurz als Elektronen bezeichnet, als sicher nachgewiesen ansehen. Die Ladung des Elementarquantums der Elektrizität beträgt $1{,}59 \cdot 10^{-19}$ Coulomb. Wenn also durch einen Draht ein elektrischer Strom von der Stärke 1 Ampere fließen soll, so müssen in jeder Sekunde $1 : 1{,}59 \cdot 10^{-19} = 6{,}3 \cdot 10^{18}$ Elektronen durch einen beliebigen Querschnitt hindurchgehen. Will man das Elementarquantum, das man kurz mit $e$ bezeichnet, in elektrostatischen Einheiten ausdrücken, so muß man mit $3 \cdot 10^9$ multiplizieren. Die Masse des Elektrons ist noch etwa 1800mal kleiner als diejenige des Wasserstoffatoms.

Das Elektron spielt in der neueren Physik eine ungeheuer wichtige Rolle. Bildet es doch nach der Planck-Bohrschen Atomtheorie einen Baustein eines jeden chemischen Atoms. Dieser Satz soll noch etwas näher erläutert werden: Nach der frühern Anschauung kann das Atom eines chemischen Elementes weder auf physikalischem noch auf chemischem Wege in noch einfachere Bestandteile zerlegt werden. Aus dieser Vorstellung heraus ist ja auch der Name entstanden; dieses Wort ist nämlich abgeleitet vom griechischen atomos = unteilbar. Heute wissen wir, daß die Atome komplizierte Gebilde sind. Wie man nämlich aus zahlreichen Versuchen und Erscheinungen schließen muß, besteht jedes Atom aus einem positiv geladenen Kern, dem Zentralkörper, und einer gewissen Anzahl von Elektronen. Die Kernladung ist immer ein ganzzahliges Vielfaches von $e$; wir können sie also mit $+ N \cdot e$ bezeichnen. Die Anzahl der freien Elektronen, die zu dem Atom gehören, ist ebenfalls durch $N$ gegeben. Die gesamte Elektrizitätsmenge ist also $+ N \cdot e - N \cdot e$, so daß das Atom, als Ganzes betrachtet, unelektrisch ist. $N$ ist die Ordnungzahl des betreffenden Elementes im periodischen System. In diesem sind die Grundstoffe im großen ganzen nach den Atomgewichten geordnet. An der Spitze steht also Wasserstoff, das leichteste aller Elemente, am Ende Uranium. Für Wasserstoff ist $N = 1$, die Kernladung seines Atoms ist $+ e$. Zum Atom gehört ein Elektron (s. Abb 1). Dieses läuft in elliptischen Bahnen um den Kern herum. Seine Geschwindigkeit ist so groß, daß durch die Fliehkraft die elektrostatische Anziehung des Kerns gerade aufgehoben wird. Wir wollen als zweites Beispiel noch das Sauerstoffatom wählen. Der Sauerstoff steht im periodischen System an 8. Stelle. Seine Kernladung ist also $+ 8e$; der Kern wird von 8 Elektronen umgeben, die in verschiedenen Bahnen um ihn herumlaufen. In dem Atomkern ist fast die ganze Masse des Atoms vereinigt.

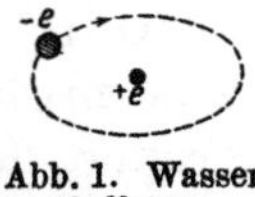

Abb. 1. Wasserstoffatom.

Verliert ein neutrales Atom ein oder mehrere Elektronen, so bleibt ein positiv geladener Rest zurück, den man Ion nennt. Nimmt aber ein Atom oder Molekül ein Elektron auf, so entsteht ein negatives Ion.

Im folgenden nehmen wir an, daß es auch freie positive Elektronen gibt, obschon ihre Existenz noch nicht nachgewiesen ist. Als Symbole für die Elektronen wählen wir $\oplus$ und $\ominus$. Wir sehen sie als neue, und zwar einwertige, Elemente an; sie können sich also mit chemischen Atomen oder Atomgruppen verbinden. Auch nehmen wir an, daß sich das positive Elektron mit dem negativen zu einem sog. Neutron vereinigen kann, was wir durch die Gleichung versinnlichen:

$$\oplus + \ominus = \oplus \leftrightarrow \ominus .$$

Die elektrolytische Dissoziation kann man als einen chemischen Prozeß auffassen, der sich zwischen einem Molekül der gelösten Substanz und einem oder mehreren Neutronen abspielt. Für Kochsalz kann man sie durch die Gleichung veranschaulichen:

$$NaCl + \oplus \leftrightarrow \ominus = Na{-}\oplus + Cl{-}\oplus .$$

Statt dessen schreibt man kürzer

$$NaCl = Na^{\cdot} + Cl' . \qquad (1)$$

Dementsprechend sehen wir die Ionen als neue chemische Verbindungen an. Das Natriumion ($Na^{\cdot}$) z. B. ist eine chemische Verbindung zwischen einem Natriumatom und einem positiven Elektron. Ebenso wie Natrium + Chlor etwas ganz anderes ist wie Natrium allein, so ist Natrium + Elektron, d. h. das Natriumion, in seinem chemischen und physikalischen Verhalten durchaus verschieden von dem metallischen Natrium, wirkt z. B. nicht auf Wasser ein.

Im Anschluß an die neuere Atomtheorie kann man auch annehmen, daß bei der Trennung das Natriumatom ein negatives Elektron verliert, das mit dem Chloratom verbunden bleibt. Dieser Auffassung würde die Gleichung (1) entsprechen.

Der materielle Bestandteil eines Ions kann auch aus mehreren Atomen bestehen, z. B. aus der Hydroxylgruppe, dem Radikale $SO_4$. Ist das Element oder die Atomgruppe mehrwertig, so enthält das betreffende Ion mehrere Elektronen. Beispiele für die elektrolytische Dissoziation:

$$NaOH = Na^{\cdot} + OH' \quad \text{(Hydroxylion)}$$
$$CuSO_4 = Cu^{\cdot\cdot} + SO_4'' \quad \text{(Sulfat-Ion).}$$
$$NH_4Cl = NH_4^{\cdot} + Cl'$$

$Cu^{\cdot\cdot}$ bedeutet, daß das Kupferatom mit zwei positiven Elektronen verbunden ist.

Da ein und derselbe Elektrolyt (Salz) in Wasser stark, in Chloroform fast gar nicht dissoziiert, so scheint es, als ob dem Wasser eine besonders große dissoziierende Kraft innewohnt. Nernst[1] wies zuerst darauf hin, daß zwischen dem Dissoziationsvermögen einer Flüssigkeit und der Dielektrizitätskonstante ein gewisser Parallelismus besteht.

In einem Elektrolyten, z. B. in verdünnter Salzsäure, befinden sich neben den Molekülen das Wassers, von dessen Dissoziation wir einstweilen absehen, nichtdissoziierte Moleküle der gelösten Substanz, positive Ionen, nämlich die Wasserstoffionen, und negative Ionen, nämlich die Chlorionen. Nur bei sehr starker Verdünnung sind sämtliche Moleküle der gelösten Substanz dissoziiert. Hat man dem Lösungsmittel $n$ Moleküle zugesetzt und sind von diesen $m$ dissoziiert, so ist $\frac{m}{n}$ ein Maß für die Stärke der Dissoziation und kann als Dissoziationsgrad bezeichnet werden. Er wächst bei einem gegebenen Elektrolyten mit der Temperatur.

In jedem noch so kleinen Tröpfchen des Elektrolyten befinden sich ebenso viele positive Ionen wie negative, so daß das Tröpfchen als Ganzes unelektrisch ist.

Da sich die beiden Ionenarten eines Elektrolyten bewegen, so wird es häufig vorkommen, daß die aus einem Molekül entstandenen Komponenten, z. B. ein $Na^{\cdot}$ und ein $Cl'$, in einem Punkte zusammentreffen. Sie vereinigen sich dann zu einem neutralen Molekül. Diesen Vorgang nennen wir Assoziation. Die elektrolytische Dissoziation ist also ein umkehrbarer Vorgang. Für das gewählte Beispiel drücken wir dies durch die Gleichung aus:

$$NaCl \rightleftarrows Na^{\cdot} + Cl'.$$

Die beiden Pfeile deuten auch an, daß die beiden Vorgänge sich gleichzeitig abspielen und daß sich ein Gleichgewichtszustand ausbildet. Dieser ist dadurch gekennzeichnet, daß die Anzahl der Moleküle, die in 1 Sekunde zerfallen, gerade so groß ist wie die Anzahl der Moleküle, die in der gleichen Zeit durch Assoziation zurückgebildet werden. Es sei noch darauf hingewiesen, daß auf die elektrolytische Dissoziation das Massenwirkungsgesetz angewendet werden kann. (Näheres über dieses findet man in dem Nernstschen Lehrbuch S. 522.)

[1] Nernst: Theoretische Chemie, 11.—15. Aufl., S. 439. 1926.

Würden sich in einer starken Lösung, etwa in einer 30proz. Kochsalzlösung, alle Moleküle der gelösten Substanz dissoziieren, so würde der Abstand zwischen den einzelnen Ionen ein außerordentlich kleiner sein; die entgegengesetzten Ladungen der positiven und negativen Ionen würden sich so stark anziehen, daß zahlreiche Wiedervereinigungen stattfinden müßten. Man sieht ein, daß in jedem Kubikzentimeter der Lösung nur eine bestimmte Anzahl von Ionen existieren kann. Mit zunehmender Verdünnung muß der Dissoziationsgrad wachsen.

Elektrolyse. Nur diejenigen Flüssigkeiten leiten den elektrischen Strom, in denen sich freie Ionen befinden. Die Stromleitung in einem Elektrolyten besteht nun darin, daß die von der positiven Elektrode, der Anode, abgestoßenen und von der Kathode angezogenen positiven Ionen nach der einen, die negativen aber nach der entgegengesetzten Richtung wandern. Die Geschwindigkeit, mit der sich die Ionen durch die Flüssigkeit hindurchbewegen, die übrigens wegen der sehr großen Reibung zwischen den Wassermolekülen und den Ionen eine sehr geringe ist, hat für die verschiedenen Ionenarten unter sonst gleichen Umständen verschiedene Werte. An der Anode kommen also die negativen Ionen an, die Anionen; an der negativen Elektrode werden die positiven Ionen, die Kationen, entionisiert.

Obschon die Wanderungsgeschwindigkeit der Ionen nur eine geringe ist, kann doch sofort nach Stromschluß eine lebhafte Elektrolyse beginnen. Es befinden sich ja beide Ionenarten in unmittelbarster Nähe der Elektroden. Aus nichtdissoziierten Molekülen können sich ferner neue Ionen bilden.

In neuerer Zeit hat man sich viel mit der Hydratation[1] der Ionen beschäftigt. Man nimmt an, daß die in wässeriger Lösung befindlichen Ionen von einer Hülle von Wassermolekülen umgeben sind; die einfachen Ionen gehen in Hydrationen über. Von den zahlreichen Erscheinungen, die für die Hydratation sprechen, sei nur eine erwähnt. Das zweiwertige Eisenion ($Fe^{\cdot\cdot}$, Ferroion) und das dreiwertige Ferriion ($Fe^{\cdot\cdot\cdot}$) bewegen sich in Lösungen gleich schnell. Eigentlich müßte doch das letztere Ion sich schneller bewegen, da die treibenden Kräfte größer sind als für das erstere Ion (unter gleichen äußeren Umständen). Nimmt

[1] Nernst: l. c. S. 447. — Le Blanc: Lehrbuch der Elektrochemie 12. Aufl., S. 75. Leipzig 1925.

man nun an, daß das stärker geladene Ion mehr Wassermoleküle an sich heranzieht, so erklärt sich die gleiche Wanderungsgeschwindigkeit der beiden Hydrationen leicht. Die Anzahl der gebundenen Wassermoleküle ist für die verschiedenen Ionarten sehr verschieden. Nach Buchböck[1] ist sie für Natrium 8mal und für Lithium 14mal so groß wie für Wasserstoff.

Bei der Elektrolyse geben die an den Elektroden ankommenden Ionen ihre Ladungen ab, sie werden, wie man sagt, entionisiert, sie gehen in den atomistischen oder neutralen Zustand über. Diesen Vorgang kann man beispielsweise für das H-Ion durch die Gleichung darstellen

$$H^{\cdot} + \ominus = H \quad \text{oder} \quad H^{\cdot} = H + \oplus .$$

In manchen Fällen spielen sich nach der Entionisierung rein chemische, sog. sekundäre Vorgänge ab. Wir wählen als Beispiel die Zersetzung der Kalilauge zwischen Platinelektroden. Die Ionen sind $K^{\cdot}$ und $OH'$. Das entionisierte Kaliumatom reagiert mit einem Wassermolekül nach der Gleichung

$$2\,K + 2\,H_2O = 2\,KOH + H_2 .$$

An der Kathode wird also Wasserstoff frei. An der Anode vereinigen sich zwei OH zu Wasser unter Abgabe von 1 Atom O:

$$2\,OH = H_2O + O .$$

Das Ergebnis ist also, daß Wasserstoff und Sauerstoff frei werden und daß der Gehalt an KOH unverändert geblieben ist. Denn für die zwei zersetzten KOH haben sich ja zwei neue gebildet.

Die Stromleitung in einem Elektrolyten ist von derjenigen in Metallen wesentlich verschieden. Die erstere ist immer mit einem Transport von Materie verbunden, der Strom besteht nur in der zweifachen Bewegung der Ionen. Man kann jedes Ion als einen kleinen Wagen ansehen, der eine gewisse Elektrizitätsmenge durch die Flüssigkeit transportiert. Daher der Name Konvektionsstrom[2]. In den Metallen und noch einigen anderen Stoffen

---

[1] Z. physik. Chem. 1906, S. 563.

[2] Die Stärke des durch einen Elektrolyten fließenden Stromes ist gegeben durch die Anzahl der positiven und negativen Ionen, die durch einen Querschnitt in einer Sekunde hindurchgehen, und durch die Ladungen der Ionenarten.

dagegen, zu denen z. B. Bleisuperoxyd gehört, bewegen sich freie Elektronen. Ein anderer Gegensatz zwischen den Leitern erster und zweiter Klasse tritt bei der Erwärmung zutage: Der Leitungswiderstand der Elektrolyte wird bei Temperaturerhöhung kleiner, derjenige der Metalle aber größer.

Die Faradayschen Gesetze können aus den Anschauungen der elektrolytischen Dissoziationslehre heraus leicht hergeleitet werden. Man sieht leicht ein, daß

1. die zerlegten Mengen eines Elektrolyten bzw. die Mengen der abgeschiedenen Ionen proportional sind den durch den Apparat gegangenen Elektrizitätsmengen. Die Stärke des Konvektionsstromes ist nämlich gleich der Stärke des äußeren Stromes, und die den Elektroden zugeführten Elektrizitätsmengen werden ganz für die Entionisierung der ankommenden Ionen verbraucht. Daraus folgt, daß durch die Elektrizitätsmenge $2\,Q$ bzw. den Strom $2\,J$ eine doppelt so große Menge des Elektrolyten zersetzt werden muß wie durch die Elektrizitätsmenge $Q$ bzw. den Strom $J$.

2. Ein zweites Gesetz fand Faraday, als er durch mehrere Elektrolyte den gleichen Strom schickte. Dann sind unabhängig von der Konzentration, der Temperatur und sonstigen äußeren Umständen die gleichzeitig an den Elektroden abgeschiedenen Stoffmengen ihren chemischen Äquivalentgewichten proportional. Zunächst einige Worte über den neuen Begriff: Aus der Formel HCl für Chlorwasserstoff (Salzsäure) folgt, daß 35,5 g Chlor 1 g Wasserstoff zu binden vermögen. Man sagt daher, daß 35,5 g Cl äquivalent sind 1 g H, oder daß 35,5 das Äquivalentgewicht oder kurz das Äquivalent des Chlors sei. Bei den einwertigen Elementen ist das Äquivalentgewicht gleich dem Atomgewichte. 35,5 g Chlor nennt man ein Grammäquivalent Chlor. Natürlich ist 1 Grammäquivalent H = 1 g H. Wir gehen zu den mehrwertigen Elementen[1] über. Aus der Formel $H_2O$ schließen wir, daß 16 g Sauerstoff 2 g Wasserstoff zu binden vermögen. Das Äquivalentgewicht des Sauerstoffs ist also 8 und 1 Grammäquivalent ist 8 g. Aus der Formel $NH_3$ für Ammoniak ergibt sich, daß ein Grammäquivalent Stickstoff

[1] Verschiedene Metalle, wie z. B. Kupfer und Eisen, haben mehrere Wertigkeiten. In dem Kupferchlorür ist das Cu einwertig, in dem Chlorid ist es zweiwertig. Das Cu hat zwei verschiedene Äquivalentgewichte.

gleich ist $\frac{14}{3}$ g Stickstoff. Man erhält also das Äquivalentgewicht, indem man das Atomgewicht durch die Wertigkeit dividiert. Den Begriff hat man auch auf Atomgruppen übertragen. Wir wählen als Beispiele das Hydroxyd OH und das Radikal $SO_4$. Schreibt man die Formel für Wasser H—OH, so erkennt man, daß das Äquivalentgewicht des Hydroxyds 17 ist. Für das Radikal (Sulfat) ergibt sich aus der Formel $H_2(SO_4)$, daß 96 Gewichtsteile $SO_4$ zu binden vermögen 2 Gewichtsteile H. Das Äquivalentgewicht des $SO_4$ ist also $96 : 2 = 48$. Wir wenden uns jetzt zu der Erläuterung des Gesetzes.

Die Masse eines Wasserstoffatoms sei $m_H$. Man hat gefunden, daß $m_H = 1{,}65 \cdot 10^{-24}$ g. Ein Gramm H besteht also aus $\frac{1}{1{,}65} \cdot 10^{24}$ Atomen. Wir nennen diesen Bruch die Loschmidtsche Zahl und bezeichnen sie mit $L$. Da die Ladung des Wasserstoffions gleich $e$, so muß man der Kathode einer elektrolytischen Zelle die Elektrizitätsmenge $L \cdot e$ zuführen, wenn man 1 g Wasserstoff durch Elektrolyse erhalten will. Setzt man für $L$ und $e$ die angegebenen Werte ein[1], so erhält man rund 96500 Coulomb. Diese Elektrizitätsmenge nennt man 1 Faraday und bezeichnet sie mit 1 F. Wird also bei irgendeiner Elektrolyse an der Kathode Wasserstoff abgeschieden, so muß der Strom bei einer Stärke von 1 Ampere 96500 Sekunden lang fließen, wenn man 1 g Wasserstoff erhalten will. Der Elektrolyt sei verdünnte Salzsäure. Wenn ein Gramm H abgeschieden wird, so werden an der Anode 35,5 g Chlor frei; dies ist ein Grammäquivalent Chlor. Es wird durch 1 F in Freiheit gesetzt.

In unsern Stromkreis werde noch ein zweiter elektrolytischer Apparat eingeschaltet, in dem sich eine Kupfersulfatlösung befindet. Die Dissoziation dieses Salzes geht nach der Gleichung vor sich:

$$CuSO_4 = Cu^{\cdot\cdot} + SO_4''.$$

Auf zwei abgeschiedene H-Atome kommt also nur ein entionisiertes $Cu^{\cdot\cdot}$. Auf $L$ Atome H kommen also $\frac{L}{2}$ Atome Cu. Diese wiegen $\frac{L}{2} \cdot (63{,}6\, m_H)$, indem nämlich das Cu-Atom 63,6mal so

[1] Es sei daran erinnert, daß $e = 1{,}59 \cdot 10^{-19}$ Coulomb.

schwer ist wie das H-Atom. Berücksichtigen wir noch, daß $L \cdot m_H = 1$, so ergibt sich, daß durch 96500 Coulomb $\frac{63,6}{2}$ g Kupfer abgeschieden werden. Dies ist aber ein Grammäquivalent Kupfer. Man kann das zweite Faraday-Gesetz, wie sich aus dem Vorhergehenden ergibt, auch folgendermaßen formulieren:

Durch 1 F wird aus den verschiedensten Elektrolyten ein Grammäquivalent der einzelnen Ionenarten in Freiheit gesetzt.

Von besonderem Interesse ist für uns die Elektrolyse der verdünnten Schwefelsäure. Bevor wir uns aber zu deren Besprechung wenden, wollen wir uns mit den Beziehungen zwischen der elektrischen und der chemischen Energie beschäftigen.

Die chemischen Vorgänge kann man einteilen in solche, bei denen Energie frei wird (exothermische), und in solche, die nur dann verlaufen, wenn den reagierenden Stoffen Energie (Wärme oder Elektrizität) zugeführt wird (endothermische). Zu den ersteren gehören die Verbrennungen, ferner die bekannte Reaktion

$$\underset{65,4}{Zn} + \underset{98}{H_2SO_4} = \underset{161,4}{ZnSO_4} + \underset{2}{H_2}\,.$$

Der Übergang des chemischen Systems links in das chemische System rechts ist mit einer bedeutenden Volumvergrößerung verbunden; der sich bildende Wasserstoff muß den Atmosphärendruck überwinden. Es wird also äußere Arbeit geleistet. Diese ist aber im Vergleich mit der gesamten frei werdenden Energie so gering, daß wir von ihr absehen können. Wir wollen die bei einem chemischen Vorgang frei werdende oder verbrauchte Energie die Wärmetönung nennen. Man drückt sie in der Regel in kleinen Wärmeeinheiten (cal) aus und bezieht sie auf die der Reaktionsgleichung entsprechenden Mengen. Wenn z. B. gesagt wird, die Wärmetönung des durch die obige Gleichung gekennzeichneten Vorganges sei $A$ cal, so heißt das: Wenn sich durch die Einwirkung von $H_2SO_4$ auf Zink 2 g Wasserstoff gebildet haben, so sind $A$ cal frei geworden.

In der Regel tritt die bei einem chemischen Prozesse frei werdende Energie als Wärme zutage. Eine Ausnahme bilden die galvanischen Elemente, zu denen wir auch den Bleisammler zu rechnen haben. In diesen wird bei Stromentnahme chemische Energie unmittelbar, ganz oder teilweise, in elektrische Energie umgesetzt. Wir wählen als Beispiel das Daniell-Element: Zn in $ZnSO_2$ + aq und Cu in $CuSO_4$ + aq, weil bei ihm die Vorgänge leicht zu übersehen sind. Gibt das Element Strom ab, so geht Zink in Lösung, während sich auf der positiven Elektrode Kupfer niederschlägt. Beide Vorgänge kann man zusammenfassend durch die Gleichung darstellen:

$$Zn + CuSO_4 = Cu + ZnSO_4. \qquad (1)$$

Sie gibt den stromliefernden Prozeß wieder.

Die Reaktion kann sich auch außerhalb der Kette abspielen und ist dann mit Wärmeentwicklung verbunden, wie man leicht dadurch nachweisen kann, daß man auf Zinkspäne Kupfervitriollösung gießt. Dann löst sich Zink, und Kupfer wird auf den Zinkspänen abgeschieden. In der Daniell-Kette gehen die Lösung des Zinks und die Fällung des Kupfers an verschiedenen Stellen vor sich. Das Element möge 96500 Coulomb abgegeben haben. Es hat sich dann 1 Grammäquivalent Zink $\left(\frac{65,4}{2}\ \text{Gramm}\right)$ gelöst, und 1 Grammäquivalent $= \frac{63,6}{2}$ g Kupfer hat sich niedergeschlagen. Die dem ganzen chemischen Umsatze entsprechende Wärme, die man die Wärmetönung des Elementes nennt, werde mit $q$ bezeichnet. Man nahm früher an, daß die elektromotorische Kraft $E$ eines galvanischen Elementes durch die Wärmetönung allein bestimmt sei, und schloß folgendermaßen. Die vom Element abgegebene Energie beträgt

$$96500 \cdot E \ \text{Wattsekunden (Volt-Ampere)}.$$

Da nun 1 Wattsek., in Wärme umgewandelt, 0,239 cal ergibt, so ist die gelieferte elektrische Energie gleichwertig oder äquivalent

$$96500 \cdot 0,239 \cdot E \ \text{cal} = 23063 \cdot E \ \text{cal}.$$

Es folgt, daß

$$E = \frac{q}{23063} \ \text{Volt}.$$

Man nennt diese Gleichung die Thomsonsche Regel. Sie liefert, auf das Daniell-Element angewandt, einen mit der Erfahrung gut übereinstimmenden Wert. Es ist nämlich $q = 25060$ cal. Als tieferen Grund für diese Übereinstimmung fand man später die Tatsache, daß die elektromotorische Kraft des Elementes von der Temperatur unabhängig ist. Bei anderen Elementen besteht aber ein Unterschied zwischen der berechneten und gemessenen elektromotorischen Kraft; ganz versagt die Thomsonsche Regel bei den Konzentrationsketten (s. S. 24).

Thomson ging von der Voraussetzung aus, daß die ganze dem chemischen Umsatz entsprechende Energie und nur diese im Elemente in elektrische Energie umgewandelt werde, daß sich also das Element während der Stromabgabe weder erwärme noch abkühle. (Wenn übrigens hier und im folgenden von der Erwärmung eines Elementes die Rede ist, so ist die betreffende Wärme nicht als Joulesche Wärme aufzufassen. Wir nehmen an, daß diese durch die Wahl sehr großer Elektroden, die einen kleinen Abstand haben, verschwindend klein gemacht sei.) Diese Voraussetzung trifft aber im allgemeinen, wie durch experimentelle Untersuchungen von Braun, Raoult u. a. nachgewiesen wurde, nicht zu.

Durch Anwendung des zweiten Hauptsatzes der mechanischen Wärmetheorie[1] auf die galvanischen Elemente gelangten Gibbs und Helmholtz zu der Gleichung

$$E = \frac{q}{23063} + c \cdot T\,.$$

$q$ ist wieder die Wärmetönung, entsprechend dem chemischen Umsatz bei einer Stromentnahme von 96500 Coulomb, $T$ ist die absolute Temperatur[2] und $c$ der „Temperaturkoeffizient“. Um diesen neuen Begriff zu erklären, wählen wir als Beispiel den Bleiakkumulator. Die Säure eines solchen möge im geladenen Zustande das spezifische Gewicht 1,15 haben. Durch sehr genaue Messungen findet man, daß die EMK mit der Temperatur wächst und zwar für 1° um etwa 0,0004 V. Die Zahl 0,0004 ist der Temperaturkoeffizient unsers Sammlers. $c$ gibt also hier an, um wieviel Volt die EMK steigt, wenn die Temperatur der Substanzen des Sammlers um 1° C erhöht wird.

Bei dem gewählten Beispiele ist $c$ positiv. In dem Bleisammler wird also nicht nur die dem chemischen Umsatz entsprechende chemische Energie (Wärmetönung) in elek-

---

[1] Näheres siehe Ostwald: l. c. S. 107ff.

[2] Ist $t$ die Temperatur in Celsius-Graden, so ist $273 + t = T$ die absolute Temperatur. 1° C ist aber gleich einem Grad in absoluter Zählung.

trische Energie umgewandelt, sondern auch noch ein gewisses Quantum Wärme, die zunächst den Substanzen des Elementes und durch diese der Außenwelt entzogen wird. — Bei 17° C ist die EMK des Akkumulators bei der angenommenen Säuredichte um $290 \cdot 0{,}0004 = 0{,}116$ V größer, als sie nach der Thomsonschen Regel sein müßte.

Für die Daniellsche Kette ist der Temperaturkoeffizient gleich Null, so daß die Helmholtzsche Relation in die Thomsonsche Gleichung übergeht.

Es gibt auch Elemente, bei denen mit einer Erhöhung der Temperatur eine Abnahme der EMK verbunden ist, deren Temperaturkoeffizient also negativ ist. Die Thomsonsche Regel liefert, auf ein solches Element angewandt, einen zu großen Wert für die EMK; das Element erwärmt sich während der Stromabgabe, indem ein Teil der Wärmetönung als Wärme zum Vorschein kommt.

Die Helmholtzsche Relation gilt nur für umkehrbare oder reversibel arbeitende Elemente; kann man umgekehrt nachweisen, daß für ein Element die Helmholtzsche Relation gilt, so ist es ein umkehrbares.

Wir sind hier auf die Einteilung der galvanischen Elemente in umkehrbare und nichtumkehrbare gestoßen; diese soll jetzt kurz besprochen werden: Zu den umkehrbaren Elementen gehört das uns schon bekannte Daniell-Element. Den stromliefernden Prozeß können wir, wie schon angegeben wurde, durch die Gleichung

$$Zn + CuSO_4 = ZnSO_4 + Cu \qquad (1)$$

darstellen. Unter Berücksichtigung des Umstandes, daß sich Kupfer- und Zinksulfat in wässeriger Lösung dissoziieren, können wir unsere Gleichung schreiben

$$Zn + Cu^{\cdot\cdot} + SO_4'' = Zn^{\cdot\cdot} + SO_4'' + Cu$$

oder kürzer

$$Zn + Cu^{\cdot\cdot} = Zn^{\cdot\cdot} + Cu\,. \qquad (2)$$

Es geht also bei Stromentnahme metallisches Zink in den Ionenzustand über, während umgekehrt Kupfer aus dem Zustande des Ions in den des Metalles übergeht. Nehmen wir an, das Element habe 96500 Coulomb abgegeben; dann beträgt seine gesamte Arbeitsleistung $96500 \cdot 1{,}1$ Wattsek., vorausgesetzt, daß die EMK beständig 1,1 V beträgt. Nach der angegebenen Stromentnahme schicken wir durch das Element den Strom einer Thermosäule (oder irgendeiner anderen Stromquelle), dessen Richtung die umgekehrte ist wie die des Entladungsstromes; jetzt geht Zink aus dem Zustand des Ions in den metallischen und Kupfer aus dem metallischen Zustand in den des Ions über; die im Elemente sich abspielenden Vorgänge können durch die Gleichung

$$ZnSO_4 + Cu = CuSO_4 + Zn \tag{3}$$

oder

$$Zn^{\cdot\cdot} + Cu = Zn + Cu^{\cdot\cdot} \tag{4}$$

dargestellt werden. Die Umkehrbarkeit tritt schon äußerlich zutage; denn die letzten Gleichungen sind die Umkehrungen der für die Stromentnahme gültigen. Wir können die beiden chemischen Gleichungen (1) und (3) vereinigen zu

$$CuSO_4 + Zn \rightleftarrows ZnSO_4 + Cu\,. \tag{5}$$

Für die Entladung ist diese Gleichung von links nach rechts, für die Ladung von rechts nach links zu lesen.

Bei der Ladung müssen wir eine EMK aufwenden, die etwas größer ist als diejenige des Elementes. Ist aber der innere Widerstand der Kette sehr klein und der Ladestrom nicht groß, so unterscheidet sich die für die Ladung erforderliche Spannung, wie die Erfahrung zeigt, nur um einen sehr kleinen Betrag von der EMK des Elementes. Wir können also praktisch die Ladespannung zu 1,1 V annehmen. Soll während der Stromzufuhr genau soviel Cu in Lösung gehen, wie sich bei der Stromabgabe niedergeschlagen hatte, so müssen wir in das Element gerade soviel Elektrizität hineinschicken, wie wir ihm entnommen hatten, bei unserer Annahme also 96500 Coulomb. Ist dieses geschehen, so haben wir das Element in seinen ursprünglichen Zustand zurückversetzt, und hierzu bedurfte es einer Energie von 96540 · 1,1 Watt.

Der Nutzeffekt ist also theoretisch gleich 100%. In Wirklichkeit liegen die Verhältnisse etwas anders; denn sowohl bei der Ladung als auch bei der Entladung muß der innere, selbst bei großen Elementen nicht unbedeutende Widerstand überwunden werden. Infolgedessen ist bei der Entladung die nutzbare Spannung, die Klemmenspannung, wesentlich kleiner als 1,1 V, während die bei der Ladung aufzuwendende Spannung größer als 1,1 V ist. Der Hauptgrund dafür aber, daß die Daniell-Kette als Akkumulator sich nicht eignet, ist darin zu erblicken, daß zwei verschiedene Elektrolyte Verwendung finden. Sie werden durch eine Tonzelle voneinander getrennt. Trotzdem tritt im Laufe der Zeit eine Vermischung ein. Sobald eine solche erfolgt ist, verliert das Element die Eigenschaft der Reversibilität.

Die vorigen Betrachtungen lassen sich nicht auf das Voltasche Element

Zink | verd. Schwefsäure | Kupfer

übertragen. In dieser Kette geht bei Stromentnahme Zink in Lösung, und Wasserstoff wird frei (an der Kupferplatte). Der stromliefernde Prozeß kann demnach durch die Gleichung

$$Zn + H_2SO_4 = ZnSO_4 + H_2$$

dargestellt werden.

Führt man dem Element Strom zu, so wird das metallische Zink nicht wieder gebildet; wir erhalten vielmehr Kupfersulfat (Kupfer geht in Lösung), und es wird auch jetzt Wasserstoff frei:

$$Cu + H_2SO_4 = CuSO_4 + H_2 .$$

Man kann also durch Elektrizitätszufuhr das Element nicht wieder in seinen ursprünglichen Zustand zurückversetzen. Nach Entnahme und darauf folgender Zufuhr von je 96500 Coulomb ist ein Grammäquivalent Zink und ein Grammäquivalent Kupfer in Lösung gegangen, während zwei Grammäquivalente Wasserstoff in Freiheit gesetzt sind, so daß also ein gewisser chemischer Umsatz zu verzeichnen ist, für den eine Kompensation vorhanden sein muß. Die bei der Ladung dem Element zugeführte elektrische Energie muß demgemäß größer sein als die bei der Entladung gewonnene. Da aber die Strommenge in beiden Fällen die gleiche ist (96500 Coulomb), so muß die Ladespannung größer sein als die EMK des Elements. „Dies ist nur möglich, wenn durch den Transport von Elektrizität eine elektromotorische Gegenkraft geweckt wird, d. h. wenn das Element sich polarisiert[1].“ Das Voltasche Element, von dem die Rede war, ist ein nichtumkehrbares. Bevor wir uns zu einer Besprechung der Polarisations-

[1] Nernst: Theoretische Chemie.

erscheinungen wenden, wollen wir uns mit der Frage beschäftigen, wie man sich die Entstehung einer EMK in einem galvanischen Element zu denken hat.

Die osmotische Theorie der Stromerzeugung. Als Ausgangspunkt für unsere Betrachtungen diene ein Nichtelektrolyt und zwar eine Zuckerlösung. Der feste Zucker, in Wasser gebracht, hat die Tendenz, seine Moleküle in das Wasser hineinzutreiben; dies soll durch die Abb. 2a versinnlicht werden. Der osmotische Druck der bereits in Lösung gegangenen Zuckermoleküle (Abb. 2b) wirkt der Lösungstension entgegen, er sucht Zuckermoleküle auf die Zuckerstückchen zu befördern. Solange die Lösung nicht gesättigt ist, überwiegt der Lösungsdruck (die Lösungstension), der offenbar gleich dem osmotischen Drucke einer gesättigten Zuckerlösung sein muß.

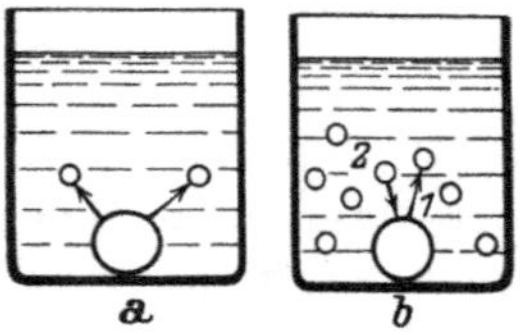

Abb. 2. Lösungstension und osmotischer Druck.

Nach der Nernstschen Theorie hat jedes Metall, das in Wasser oder in eine Lösung eingetaucht wird, mehr oder weniger das Bestreben sich zu lösen; man muß ihm also eine Lösungstension zuschreiben. Von andern Substanzen unterscheiden sich die Metalle aber wesentlich dadurch, daß sie nicht anders als positiv geladen, d. h. in Gestalt von positiven Ionen, in Lösung zu gehen imstande sind. Man bezeichnet daher ihre Lösungstension als elektrolytische. Befinden sich in der Lösung von vornherein Ionen des betreffenden Metalles, so wirkt der osmotische Druck dieser Ionen der Lösungstension entgegen.

Das Zink hat eine außerordentlich hohe Lösungstension, sie ist größer als der höchste erreichbare osmotische Druck der Zinkionen in einer Zinksalzlösung. Taucht man daher eine Zinkstange in Zinksulfatlösung ein, so treibt das Zink Ionen in die Flüssigkeit hinein, wie dies in Abb. 3 angedeutet ist[1]. Infolgedessen wird das Metall negativ elektrisch und die Flüssigkeit in nächster Nähe positiv.

---

[1] W ist die poröse Wand, durch die die beiden Lösungen voneinander getrennt werden.

Die in die Lösung getriebenen Zinkionen befinden sich in unmittelbarster Nähe des Zinkstabes und werden von der negativen Elektrizität der Elektrode stark angezogen. Wie man leicht einsieht, wirkt die elektrostatische Anziehung („ungleichnamige Elektrizitäten ziehen sich gegenseitig an“) in demselben Sinne wie der osmotische Druck der vorhandenen Zinkionen, aber entgegen dem Lösungsdrucke. Sie erreicht wegen des außerordentlich kleinen Abstandes der beiden Ladungen sehr bald einen sehr hohen Wert. Noch ehe wägbare Mengen Zink in den Ionenzustand übergegangen sind, hat sich zwischen den drei Kräften ein Gleichgewichtszustand ausgebildet.

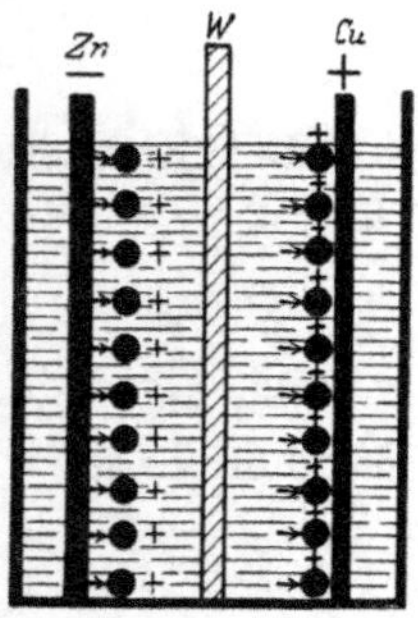

Abb. 3. Nernstsche Theorie der Stromerzeugung.

Das Kupfer hat eine sehr geringe Lösungstension; sie ist kleiner als der osmotische Druck selbst sehr stark verdünnter Kupfersulfatlösungen. Wenn man also einen Kupferstab in Kupfervitriollösung eintaucht, so gehen, getrieben durch den osmotischen Druck, Kupferionen aus der Lösung auf den Kupferstab; das Kupfer wird also positiv und die Flüssigkeit negativ elektrisch. Auch hier bildet sich bald ein Gleichgewichtszustand aus. Das Potential macht an der Grenze Metall—Flüssigkeit einen Sprung.

Werden die beiden Pole unsers Elementes durch einen Draht miteinander verbunden, so fließt positive Elektrizität von der Kupfer- und negative von der Zinkelektrode weg. Das Gleichgewicht an beiden Elektroden wird also gestört, so daß neues Zink in Lösung gehen und neues Kupfer sich auf der positiven Elektrode niederschlagen kann. An der einen Elektrode werden also positive Ionen in den Elektrolyten hinein-, an der anderen aus dem Elektrolyten herausgedrückt.

Nernst zeigte auch, wie man die einzelnen Potentialsprünge und daher auch die EMK eines galvanischen Elementes berechnen kann. Nennt man den Lösungsdruck eines der beiden Metalle, z. B. des Zinks, $P$ und den osmotischen Druck des Elektrolyten (der Zn-Ionen in der Zinksulfatlösung) $p$, so ist der Potentialsprung bei einer umkehrbaren Elektrode

$$e = \frac{0{,}862 \cdot 10^{-4}}{w} \cdot T \cdot \ln \frac{P}{p},$$

wo $w$ die Wertigkeit des Metallions ist. In unserm Beispiele ist $w = 2$. Gehen wir zu Briggschen Logarithmen über, so müssen wir mit 2,3026 multiplizieren. Also

$$e = \frac{0,0001985}{w} \cdot T \log \frac{P}{p} \text{ Volt.}$$

Bei Zimmertemperatur von 18° C ist $T = 291$, so daß für $w = 2$

$$e = 0,02888 \log \frac{P}{p} \text{ Volt.}$$

Für den Potentialsprung an der Kupferelektrode des Daniell-Elementes ist

$$e' = 0,02888 \log \frac{P'}{p'} \text{ Volt.}$$

$c'$ ist negativ, weil $P' < p'$. Die EMK der Kette ist

$$E = e - e' = 0,02888 \left(\log \frac{P}{p} - \log \frac{P'}{p'}\right) \text{ Volt.}$$

Dissoziation des Wassers und der Schwefelsäure. Aus dem Umstande, daß chemisch reines Wasser den elektrischen Strom fast gar nicht leitet, muß man folgern, daß sich in ihm nur eine geringe Anzahl von Ionen befindet; es können natürlich nur solche Ionen sein, die durch Dissoziation der Wassermoleküle selbst entstanden sind. Diese spalten sich, allerdings nur zu einem sehr kleinen Prozentsatze, nach der Gleichung

$$H_2O = H^{\cdot} + OH'. \tag{1}$$

Hierzu kommt wahrscheinlich eine noch geringfügigere Dissoziation, die zur Bildung von Wasserstoff und Sauerstoffionen führt:

$$HO' = H^{\cdot} + O''. \tag{2}$$

Aus der von Kohlrausch und Heydweiller bestimmten Leitfähigkeit des Wassers kann man den Dissoziationsgrad berechnen. Man findet, daß bei 0° 1 g Wasserstoffionen und dementsprechend 17 g Hydroxylionen, wenn wir von der Dissoziation nach Gleichung (2) absehen, in etwa 13 Millionen Liter Wasser enthalten sind, bei 18° schon in $6,25 \cdot 10^6$ l. Die Leitfähigkeit nimmt also mit der Temperatur schnell zu. Nach neueren Forschungen enthält 1 g Wasserstoff $0,606 \cdot 10^{24}$ Atome. Ein Gramm

Wasser enthält also trotz der sehr geringen Dissoziation viele Millionen Wasserstoffionen.

Die Anzahl der Wasserstoffionen, die sich in 1 cm³ Wasser befinden, können wir die Konzentration der $H^{\cdot}$ nennen. Meistens gibt man aber an, wieviel Gramm H im Ionenzustand in 1 Liter einer Flüssigkeit anwesend sind. Ist diese Menge 1 Gramm, so nennt man die Flüssigkeit „normal in bezug auf die Wasserstoffionen".

Setzen wir reinem Wasser Schwefelsäure zu — es genügt eine kleine Menge —, so wächst das Leitungsvermögen sehr stark, und wir schließen daraus, daß sich eine große Anzahl von neuen Ionen gebildet hat. Diese entstehen durch die Dissoziation der Schwefelsäure, die bei den für uns in Betracht kommenden Konzentrationen eine sehr weitgehende ist, und zwar verläuft der Zerfall nach den Gleichungen

$$H_2SO_4 = H^{\cdot} + HSO_4' \tag{3}$$

und

$$HSO_4' = H^{\cdot} + SO_4''. \tag{4}$$

Man sagt, die Dissoziation erfolge stufenweise[1]. Die elektrolytische Spaltung nach Gleichung (3) entspricht der Dissoziation des $NaHSO_4$, die, wie man annehmen muß, nach der Gleichung erfolgt:

$$NaHSO_4 = Na^{\cdot} + HSO_4'.$$

Bei geringer Konzentration der Schwefelsäurelösung ist die Konzentration der $HSO_4'$ nur sehr klein. Man darf dann annehmen, daß die Dissoziation der Säure nach der Gleichung erfolgt:

$$H_2SO_4 = 2\,H^{\cdot} + SO_4''. \tag{5}$$

In verdünnter Schwefelsäure befinden sich den Gleichungen (1) bis (5) zufolge folgende Ionenarten: $H^{\cdot}$, $OH'$, $O''$, $SO_4''$, $HSO_4'$. Daher sind verschiedene Elektrolysen möglich. An der Kathode aber können nur Wasserstoffionen entionisiert werden, an der Anode dagegen können vier verschiedene Ionenarten herauselektrolysiert werden. Welche Ionenart auch außer Wasserstoff abgeschieden werden mag, an der Stromleitung innerhalb des Elektrolyten sind alle Ionenarten beteiligt.

[1] Nernst: l. c. S. 587.

Die Polarisation. Unter Polarisation versteht man in der Elektrochemie die Erscheinung, daß in einem elektrolytischen Apparat eine den zersetzenden Strom bekämpfende Spannung, eine Gegenspannung, aus irgendeinem Grunde erzeugt wird. Wir betrachten den für uns besonders wichtigen Fall, daß der Elektrolyt verdünnte Schwefelsäure ist. Die Elektroden seien Platinbleche — unangreifbare Elektroden. An der Kathode wird Wasserstoff frei, an der Anode Sauerstoff. Platin hat nun die Fähigkeit, Gase, besonders Wasserstoff, in sich aufzunehmen und festzuhalten oder zu absorbieren. Man kann sich hiervon leicht durch den Augenschein überzeugen. Schaltet man nämlich den Strom ein, so vergehen einige Sekunden, bevor man das Auftreten von Gasbläschen wahrnimmt. Das unmittelbar nach Stromschluß entwickelte Gas dringt in das Platin ein und zwar zunächst in eine unendlich dünne an der Oberfläche liegende Schicht, es wird gelöst (okkludiert). Ferner wird ein Teil des nach Stromschluß frei gewordenen Wasserstoffs bzw. Suerstoffs von dem Elektrolyten absorbiert.

Wir haben also, wenn der zersetzende Strom, der primäre Strom, kurze Zeit durch den Wasserzersetzungsapparat geflossen ist, eine mit Wasserstoff und eine mit Sauerstoff beladene Elektrode in verdünnter Schwefelsäure vor uns, und diese Kombination ist ein galvanisches Element, die sog. Knallgaskette. Unterbrechen wir den primären Strom, so fließt bei der Schaltung nach Abb. 4[1] ein Strom durch das Voltmeter, der Polarisationsstrom.

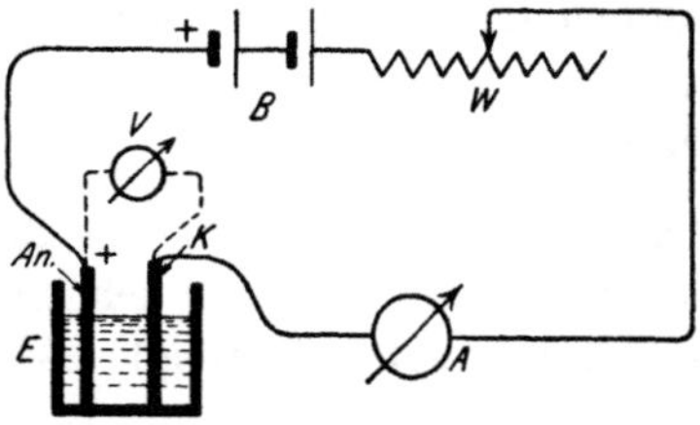

Abb. 4. Nachweis der Polarisation.

Der Batteriestrom fließt in der Zelle von links nach rechts, der Polarisationsstrom von rechts nach links. Durch das Voltmeter aber gehen beide Ströme in gleichem Sinne. Die EMK unserer Gaskette, die Gegenspannung, nimmt nach Abschaltung der den Zersetzungsstrom liefernden Stromquelle ziemlich schnell ab, auch wenn man keinen Strom entnimmt; die von den Elektroden absorbierten Gase diffundieren in die Flüssigkeit und in

[1] $B$ = Stromquelle, $W$ = veränderlicher Widerstand, $A$ = Amperemeter, $V$ = Voltmeter, das parallel geschaltet ist.

die tieferen Schichten der Elektroden hinein, so daß die Konzentration der Gase in den Elektroden kleiner wird.

Sobald die Elektrolyse der verdünnten Schwefelsäure beginnt, wird unser elektrolytischer Apparat in eine Knallgaskette umgewandelt. Die Gegenspannung erreicht nach kurzer Zeit einen konstanten Wert, der von verschiedenen Umständen abhängig ist. Von diesen ist vor allem die Stromdichte, die Anzahl Ampere, die auf 1 $cm^2$ Elektrodenoberfläche kommen, zu erwähnen. Wird der primäre Strom verstärkt, so wächst die Gegenspannung. Die Ansicht, daß bei einer gewissen Stromdichte die Polarisationsspannung einen Höchstwert erreicht, ist nicht zutreffend. Ein Polarisationsmaximum gibt es nicht (s. S. 26).

Der Knallgasakkumulator. Da die Knallgaskette für die theoretische Elektrochemie von großer Bedeutung ist und wiederholt Vorschläge gemacht worden sind, sie als Akkumulator zu benutzen, so wollen wir ihr eine kurze Betrachtung widmen. Ein Platinblech, das (auf elektrolytischem Wege) mit einer Schicht aus sehr fein verteiltem Platin überzogen ist, nennt man platiniertes Platin. Bei gleicher Größe vermag ein solches viel mehr Gase zu absorbieren als blankes Platin. Die Abb. 5 stellt einen für Demonstrationszwecke geeigneten Apparat mit zwei Gaselektroden dar. In den mit Klemmschrauben versehenen Glasröhren sind platinierte Platinbleche aufgehängt. Die Flasche und die Röhren werden mit verdünnter Schwefelsäure gefüllt. Schickt man dann durch die Zelle einen Strom so werden Wasserstoff und Sauerstoff entwickelt, die sich in den Röhren ansammeln. Man wartet so lange, bis die Wasserstoffröhre etwa bis zu zwei Drittel ihrer Länge gefüllt ist. Der absorbierte Wasserstoff befindet sich in der Elektrode in einem stark verdichteten Zustande und hat metallischen Charakter. Das Platin selbst ist indifferent, es ist nur der Träger des aktiven Stoffes. Die Elektrode sendet Wasserstoffionen in die Lösung, sie wird also negativ elektrisch. Sie verhält sich ähnlich

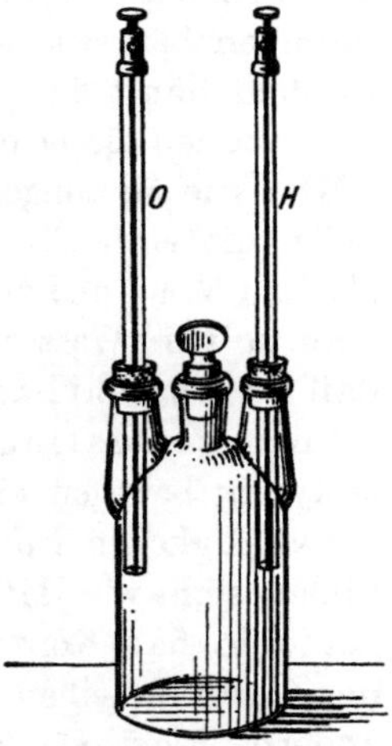

Abb. 5. Gaselement.

wie ein Zinkstab, der in Zinksulfatlösung eintaucht. Der verdichtete Sauerstoff treibt, so wollen wir annehmen, negativ geladene Sauerstoffionen in den Elektrolyten hinein[1]. Verbinden wir also die beiden Klemmen durch eine Leitung miteinander, so erhalten wir einen Strom. Aus den Teilen der Elektroden, die nicht in die Flüssigkeit eintauchen, werden beständig Gase nachgeliefert. Der stromliefernde Prozeß besteht darin, daß sich die beiden Gase in dem Elektrolyten zu Wasser miteinander verbinden[2].

Die EMK unserer Kette hängt von dem Drucke ab, unter dem die Gase stehen. Dieser ist unter gewöhnlichen Verhältnissen gleich einer Atmosphäre. Erhöhung des Druckes hat eine Vergrößerung der EMK zur Folge. Ferner spielt die Konzentration der in der Säure befindlichen Wasserstoffionen eine Rolle. Diese ist von der Säuredichte abhängig. In normaler Schwefelsäure, d. h. in solcher, die in einem Liter ein Grammolekül (98 g) Schwefelsäure enthält, ist bei Atmosphärendruck die EMK etwa 1,1 V. Endlich hängt die EMK von der Temperatur ab.

Tauchen die beiden Elektroden in Wasser ein, so beträgt die EMK, wie Messungen ergeben haben, 1,23 V. Verbindet man die Zelle mit einer Stromquelle, deren Spannung nur wenig größer als 1,23 V ist, und zwar so, daß die Wasserstoffelektrode Kathode wird, so wird Wasser zersetzt. Die Kette hat also die Eigenschaft, daß sie umkehrbar ist.

Konzentrationsketten. Die beiden Ionenarten eines Elektrolyten bewegen sich im allgemeinen mit verschiedenen Geschwindigkeiten. Infolge ungleicher „Wanderungsgeschwindigkeit" bilden sich, wie Hittorf durch seine klassischen Arbeiten nachgewiesen hat, Konzentrationsänderungen aus: der Elektrolyt in der Nähe der einen Elektrode wird stärker und in der Nähe der andern Elektrode schwächer konzentriert. Elektrolysiert man z. B. Kupfervitriollösung zwischen Kupferelektroden, so wird, obschon der gesamte Gehalt an $CuSO_4$ unverändert bleibt, der Elektrolyt in der Nähe der positiven Elektrode reicher und in der Nähe der Kathode ärmer an dem Salze. Die Konzentrationsänderungen

[1] Es ist wahrscheinlich, daß der O mit Platin eine Oxydverbindung bildet, die elektromotorisch tätig ist (Le Blanc: l. c. S. 354).

[2] Nach neuern Untersuchungen von Fischer und Kroning entsteht in der Knallgaskette neben Wasser in nicht unerheblicher Menge Wasserstoffsuperoxyd ($H_2O_2$).

werden bei nicht zu geringer Stromdichte nach etwa 1 Stunde ohne weiteres sichtbar, wenn man als elektrolytischen Apparat eine Röhre benutzt, deren Achse vertikal steht, wie es in der Abb. 6 angedeutet ist. Indirekt kann man die Konzentrationsunterschiede dadurch nachweisen, daß man nach Abschaltung der den Zersetzungsstrom liefernden Stromquelle die Elektroden mit einem Galvanoskop verbindet. Die EMK der Konzentrationskette, in die sich ein elektrolytischer Apparat bei (längerem) Stromdurchgang verwandelt, ist der EMK der Batterie ebenfalls entgegengesetzt gerichtet. In unserem Falle ist sie nur gering.

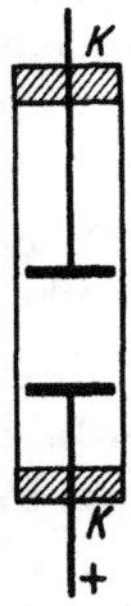

**Abb. 6.** Nachweis der Konzentrationsänderungen.

EMK und Klemmenspannung. Liefert ein galvanisches Element Strom, so wird ein Teil seiner EMK für die Überwindung des Widerstandes verbraucht, den der Strom in den Stoffen des Elementes selbst zu überwinden hat. Dieser Teil ist $I \cdot w_i$ Volt, wenn $I$ die Stromstärke in Ampere und $w_i$ der Widerstand in Ohm ist. Die mit Hilfe eines angeschlossenen Voltmeters gemessene Spannung, die Klemmenspannung, sei $e$ und die EMK $E$; dann ist, falls das Element sich nicht polarisiert,

$$E = e + I \cdot w_i .$$

Ist mit den Klemmen des Elementes nur ein Voltmeter von großem Widerstande verbunden, so ist $I$ sehr klein, und man kann praktisch die gemessene Spannung als die EMK ansehen.

Nehmen wir jetzt an, wir schickten durch einen elektrolytischen Apparat Strom, und es finde keine Polarisation statt. Diesen Fall haben wir beispielsweise vor uns, wenn wir Silbernitratlösung zwischen Silberelektroden zersetzen. Dann wird an der Kathode Silber abgeschieden, während an der Anode Silber in Lösung geht. Die ganze Arbeit des Stromes besteht gleichsam darin, daß er Silber von der einen Elektrode zur andern befördert. Die Klemmenspannung ist in diesem Falle gleich $I \cdot w_i$. Verwickelter liegen die Verhältnisse, wenn während der Elektrolyse eine Gegenspannung ins Leben gerufen wird. Die Klemmenspannung muß man sich dann in zwei Summanden zerlegt denken; der eine von diesen ist die Spannung, die dazu dient, die Gegenspannung der Polarisation zu überwinden, der zweite Summand entspricht der Arbeit, die der Strom leisten muß, um die Reibung der Ionen zu überwinden. Nennen wir die Polarisationsspannung $e'$, so ist die Klemmenspannung

$$E = e' + I \cdot w_i .$$

Es wurde schon darauf hingewiesen, daß $e'$ bei einem gegebenen Elektrolyten nicht als konstante Größe anzusehen ist. Man kann sich hiervon leicht in folgender Weise überzeugen: Man messe bei verschiedenen Stromstärken $i_1$, $i_2$, $i_3$ die Klemmenspannung eines Wasserzersetzungsapparates; die gefundenen Werte seien $e_1$, $e_2$, $e_3$. Unter der Annahme, daß die Polarisation den konstanten Wert $e'$ habe, berechne man aus je zweien der drei Gleichungen

$$i_1 = \frac{e_1 - e'}{w_i}, \quad i_2 = \frac{e_2 - e'}{w_i}, \quad i_3 = \frac{e_3 - e'}{w_i}$$

den Widerstand $w_i$ des elektrolytischen Apparates; man erhält dann Werte, die sehr verschieden sind.

Zersetzungsspannung. Einem Wasserzersetzungsapparat werde eine veränderliche Spannung zugeführt, etwa mit Hilfe eines Potentiometers. Die Spannung sei zuerst sehr klein, sagen wir 0,1 V. In dem Momente, in dem man den Stromkreis schließt, geht ein Stromstoß durch den Apparat. Es werden ganz geringe Mengen Wasserstoff und Sauerstoff an den Elektroden frei. Da die Konzentration der absorbierten Gase nur sehr klein ist, so hat die Gegenspannung eine geringe Höhe. Sie steigt ziemlich schnell bis nahezu 0,1 V, so daß die Stromstärke fast null wird. Gehen wir zu 0,2 V über, so wächst der Strom zunächst; die Gegenspannung wird aber auch größer wie eben, weil die Konzentration der Gase in den Elektroden und in deren Umgebung wächst. Der Strom sinkt aber nicht ganz auf null herab. Wäre das nämlich der Fall, so würden Gase aus und von den Elektroden wegwandern, die Konzentration würde geringer, die Gegenspannung würde unter 0,2 V sinken, es würde wieder ein Strom fließen (Reststrom). Fahren wir mit der Erhöhung der wirksamen Spannung fort, so tritt ein Punkt ein, wo sich das Verhalten ändert. Es fließt dann dauernd ein stärkerer Strom durch die Zelle, und dieser wächst schnell bei weiterer Erhöhung der Spannung. Die in 1 Sekunde abgeschiedene Gasmenge ist so groß wie die in der gleichen Zeit entweichende. Den charakteristischen Wert der Spannung nennt man die Zersetzungsspannung. Le Blanc hat sie für eine große Reihe von Elektrolyten bestimmt und auch gezeigt, daß man sie in zwei Summanden zerlegen kann, ähnlich wie die EMK eines galvanischen Elementes. Für Kali- und Natronlauge ist die Zersetzungsspannung die gleiche, nämlich 1,67 V. Dies ist ohne weiteres verständlich, weil ja bei beiden Elektrolysen die Bestandteile des Wassers frei werden. Von besonderer Wichtigkeit sind für uns die Zahlen, die sich auf die Elektrolyse der verdünnten Schwefelsäure beziehen. In dieser haben wir, wie schon gezeigt wurde, folgende Ionenarten: $H^{\cdot}$, $O''$, $OH'$, $SO_4''$ und $HSO_4'$. An der Kathode kann nur Wasserstoff frei werden. An der Anode dagegen können mehrere Ionenarten herauselektrolysiert werden. Die für die einzelnen Fälle gültigen Zersetzungsspannungen sind, falls die Elektroden aus platiniertem Platin bestehen, bei normaler Konzentration der Ionen:

$$H^{\cdot} \text{ und } O'' \quad 1{,}23\,V\,,$$
$$H^{\cdot} \text{ und } OH' \quad 1{,}68\,V\,,$$
$$H^{\cdot} \text{ und } SO_4'' \quad 1{,}90\,V\,,$$
$$H^{\cdot} \text{ und } HSO_4' \quad 2{,}60\,V\,.$$

Will man also aus verdünnter Schwefelsäure Wasserstoff- und Sauerstoffionen herauselektrolysieren, so muß man eine Spannung anlegen, die etwas größer als 1,23 V ist. Eine sichtbare Gasentwicklung mit Bläschenbildung geht in der Tat bei der angegebenen Spannung vor sich, wenn man eine kleine Platinspitze als Kathode und eine große platinierte Platinelektrode als Anode benutzt[1]. Geht man zu einer Spannung über, die etwas größer ist als 1,68 V, so werden neben $H^{\cdot}$ die in größerer Zahl vorhandenen $OH'$ des Wassers entionisiert. Man muß aber wieder einen Kunstgriff anwenden, wenn an der Anode sichtbare Sauerstoffentwicklung erfolgen soll (Anode Platinspitze, Kathode großes platiniertes Platinblech). Stürmisch wird jedoch die Elektrolyse erst dann, wenn man eine Spannung anwendet, die 1,9 V etwas überschreitet. Verbindet man z. B. die in Abb. 5 dargestellte Zelle mit einem Akkumulator, so tritt an beiden Elektroden lebhafte Gasentwicklung auf. Es gelangen die in sehr großer Anzahl vorhandenen

[1] Die Kathode sehr klein, damit die H an einer kleinen Fläche frei werden und so leicht Bläschenbildung erfolgen kann; Anode groß, damit der Widerstand nicht zu groß und der Strom bei 1,23 V Klemmenspannung nicht zu klein wird.

$SO_4''$ zur Abscheidung. An der Anode spielen sich in den beiden letzten Fällen folgende Vorgänge ab:

$$HO' + HO' + 2 \oplus = H_2O + O$$

bzw.

$$H_2O + SO_4'' + 2 \oplus = H_2SO_4 + O .$$

Bei einer Spannung von 2,6 V werden auch die $HSO_4'$ abgeschieden[1]. Es bildet sich dann Überschwefelsäure nach der Gleichung

$$2 HSO_4' + 2 \oplus = H_2S_2O_8 .$$

Es wird aber auch jetzt Sauerstoff abgeschieden, da bei einer Spannung von 2,6 V alle negativen Ionen gleichzeitig an der Anode entionisiert werden.

Überspannung. Verwendet man blanke Platinelektroden, so erfolgt die Wasserzersetzung erst bei höheren Spannungen als eben angegeben wurde. Man muß mindestens 1,68 V anlegen. Da in diesem Falle die Zersetzungsspannung hoch liegt, so spricht man von einer Überspannung. Durch eingehende Untersuchungen fand man, daß überhaupt der Zersetzungspunkt von der Art und sogar von der physikalischen Beschaffenheit der indifferenten Elektroden abhängig ist. Nach Nernst (l. c. S. 866) kann wahrscheinlich Wasserstoff in Bläschenform erst dann entweichen, wenn die Elektrode merkliche Mengen okkludiert hat. Ist nun die Fähigkeit eines Metalles, Wasserstoff zu okkludieren, gering, wie es z. B. bei blankem Platin der Fall ist, so muß der Strom gleichsam Gas in die Elektrode hineinpressen, bevor Bläschen entweichen können. Das bedeutet eine Erhöhung der Spannung. Bonhoeffer[2] fand, daß der Zusammentritt der Wasserstoffatome zu Molekülen nicht mit allzu großer Geschwindigkeit erfolgt. Diese ist bei verschiedenen Metallen verschieden. Die Bläschen bestehen aber aus Molekülen, nicht aus Atomen.

---

[1] Die Ionen haben das Bestreben, ihre Ladungen zu behalten, das häufig als Haftintensität bezeichnet wird und mit der chemischen Affinität verglichen werden kann. Diese ist für die verschiedenen Ionenarten verschieden groß. Diejenigen Ionen, deren Haftintensität am geringsten ist, werden am leichtesten, d. h. bei der geringsten Spannung, abgeschieden. Damit ist die Möglichkeit gegeben, aus einer Mischung verschiedener Elektrolyte, z. B. zweier Salze, die positiven Ionen nacheinander herauszuelektrolysieren.

[2] Z. physik. Chem. 1924, S. 199.

Bei blankem Platin, ebenso bei Gold usw. ist die für Bläschenbildung erforderliche Arbeit bedeutend größer als bei platiniertem Platin. Es handelt sich aber hier um Vermutungen, das Überspannungsphänomen ist noch nicht geklärt.

Am wichtigsten ist für uns die Überspannung für Wasserstoff an einer Bleiplatte. Bei der Ladung eines Bleisammlers wandert ja der Wasserstoff nach der Bleilektrode hin. Nach Caspari[1] beträgt die Überspannung 0,64 V, nach neueren Untersuchungen von Thiel und Hammerschmidt[2] aber nur 0,4 V. Nun gibt es auch, wie Coehn und Osaka[3] nachgewiesen haben, für Sauerstoff eine Überspannung. Nehmen wir an, daß für die Elektroden eines Bleisammlers die gesamte Überspannung 0,6 V betrage, dann können wir folgenden Schluß ziehen: Die Sauerstoffionen sind in so geringer Anzahl vorhanden, daß wir von ihrer Anwesenheit absehen können. Um die $H^{\cdot}$ und $OH'$ in Freiheit zu setzen, um sichtbare — allerdings nicht starke — Gasentwicklung herbeizuführen, ist eine Spannung von 1,68 V + 0,6 V = 2,28 V erforderlich. Soll die Gasentwicklung aber lebhaft sein, so müssen die Ionen der Schwefelsäure, die $H^{\cdot}$ und $SO_4''$, entionisiert werden. Dazu ist erforderlich eine Klemmenspannung von 1,9 V + 0,6 V = 2,5 V.

Wegen der hohen Überspannung ist, wie man erkennt, eine Ladung beim Bleisammler überhaupt erst möglich bzw. kann eine solche ohne erhebliche Energieverluste erfolgen. Gäbe es nämlich keine Überspannung, so würde während der ganzen Ladung starke Gasentwicklung erfolgen.

# II. Die Theorie des Bleisammlers.

Die Geschichte des Akkumulators beginnt mit Ritters Entdeckung der Polarisation (1802). Sinsteden erhielt besonders kräftige „Polarisationsströme“, als er statt Elektroden aus Platin solche aus Blei benutzte (1854). Das Verdienst aber, die Bedeutung des Bleis für die Aufspeicherung der elektrischen

---

[1] Z. Elektrochem. 1899, S. 89
[2] Z. anorg. u. allg. Chem. 1922, S. 15.
[3] Z. anorg. u. allg. Chem. 1903, S. 68.

Energie erkannt zu haben, gebührt Planté[1]. Seine ersten Versuche fielen in die Mitte des vorigen Jahrhunderts, 1879 trat er mit seiner Erfindung hervor (s. auch Kap. 7).

Chemische Theorie. Zunächst sollen die Vorgänge im Bleisammler besprochen werden, ohne daß auf die Ionentheorie Rücksicht genommen wird, also vom rein chemischen Standpunkte aus.

Planté war der Ansicht, daß nur die Elemente des Wassers bei der Ladung und Entladung an den chemischen Veränderungen beteiligt seien, die sich an den Elektroden abspielen. Die Frage, welche Oxydationsstufe des Bleis sich an der positiven Elektrode bildet, läßt Planté offen. Das Bild, das er sich von den Vorgängen vermutlich verschafft hat, dürfte etwa folgendes sein: Bei der Entladung, auf deren Betrachtung wir uns beschränken wollen, wird Bleisuperoxyd ($PbO_2$) durch Wasserstoff, der durch die Zersetzung des Wassers frei wird, in eine niedrigere Oxydationsstufe verwandelt, während Blei durch Sauerstoff oxydiert wird. Das durch den Strom zersetzte Molekül Wasser wird an der positiven Elektrode neugebildet. Mithin müßte das spezifische Gewicht der Säure während der Entladung konstant bleiben. Die Erfahrung lehrt aber, daß dies nicht der Fall ist. Die Änderungen der Säuredichte, die während der Ladung und — im umgekehrten Sinne — bei der Entladung stattfinden, hatte Planté zwar auch beobachtet, aber merkwürdigerweise nicht bei der Aufstellung seiner Theorie verwertet.

Im Laufe der Zeit sind eine ganze Reihe von Ansichten über die chemischen Vorgänge im Bleisammler aufgestellt worden, von denen verschiedene den Grundsätzen der physikalischen Chemie ganz und gar widersprechen. Es soll hier nur diejenige Theorie besprochen werden, die, wie Dolezalek in seinem bekannten Werke über Akkumulatoren[2] sagt, bis auf den heutigen Tag alle Anfechtungen siegreich bestanden hat; es ist dies die Sulfattheorie, als deren Begründer die englischen Forscher Gladstone und Tribe (1883) anzusehen sind. Nach dieser bildet sich bei der Entladung auf beiden Elektroden Bleisulfat; an dem chemischen Umsatze ist außer dem Elektrodenmaterial nur die Schwefelsäure

[1] Seine Untersuchungen sind zusammengestellt in dem Werke: Recherches sur l'Electricité.

[2] Dolezalek, F.: Die Theorie des Bleiakkumulators.

beteiligt. Die Vorgänge können durch die folgenden Gleichungen dargestellt werden:

$$+\text{-Elektrode: } PbO_2 + H_2 + H_2SO_4 = PbSO_4 + 2\,H_2O\,.$$
$$-\text{-Elektrode: } Pb + SO_4 = PbSO_4\,.$$

Durch Addition erhalten wir die dem ganzen stromliefernden Prozeß entsprechende Gleichung:

$$PbO_2 + Pb + 2\,H_2SO_4 = 2\,PbSO_4 + 2\,H_2O\,. \qquad (1)$$

Bei der Ladung (s. Abb. 7) tritt der Strom an der positiven Elektrode in die Flüssigkeit ein. Da der Wasserstoff mit dem Strome wandert, so wird er jetzt an der negativen Platte frei (bei der Entladung an der positiven Elektrode). Die Prozesse, die sich abspielen, werden, wie die genannten Forscher annehmen, durch die Gleichungen wiedergegeben:

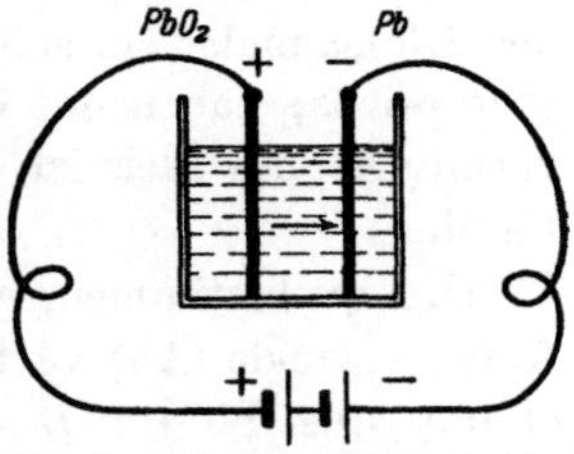

Abb. 7. Schaltung bei der Ladung.

$$+\text{-Elektrode: } PbSO_4 + SO_4 + 2\,H_2O = PbO_2 + 2\,H_2SO_4\,.$$
$$-\text{-Elektrode: } PbSO_4 + H_2 = Pb + H_2SO_4\,.$$

Addiert man die beiden Gleichungen und zieht auf beiden Seiten 1 Molekül Schwefelsäure ab, so erhält man

$$2\,PbSO_4 + 2\,H_2O = PbO_2 + Pb + 2\,H_2SO_4\,. \qquad (2)$$

Die Gleichungen (1) und (2) kann man zu einer einzigen zusammenfassen:

$$PbO_2 + Pb + 2\,H_2SO_4 \rightleftarrows 2\,PbSO_4 + 2\,H_2O\,. \qquad (3)$$

Wenn auch die einzelnen Vorgänge nicht so verlaufen, wie eben angenommen wurde, so gibt doch die Gleichung (3) den Anfangs- und Endzustand des Bleisammlers richtig wieder. Sie steht, wie noch gezeigt werden soll, mit der Erfahrung in bestem Einklang.

Während der Entladung wird nach unserer Gleichung Schwefelsäure verbraucht und Wasser gebildet; die Säuredichte sinkt also allmählich. Während der Stromzufuhr dagegen wird Schwefelsäure frei und Wasser verbraucht; Stromzufuhr hat Erhöhung der Konzentration zur Folge. Diese Schlüsse werden durch die Erfahrung bestätigt.

Zunächst sollen über die in der Gleichung (3) vorkommenden Stoffe einige Worte gesagt und berechnet werden, wieviel Gramm von jedem einzelnen je Amperestunde verbraucht oder gebildet werden.

1. Blei[1] ist ein weiches Metall von großem spezifischen Gewichte; dieses beträgt nämlich 11,35. Wegen seines hohen Atomgewichtes (206,5) ist sein chemisches Äquivalent groß. Da endlich die Träger der aktiven Masse, d. h. der an dem chemischen Umsatz beteiligten festen Stoffe, aus Blei bestehen müssen, weil andere billige und leichtere Metalle von der Säure angegriffen werden, so ist der Bleisammler ein schwerer Akkumulator. Das aktive Blei ist sehr porös; man nennt es daher Bleischwamm. Das Leitungsvermögen des Bleis ist etwa 10 mal schlechter als dasjenige des Kupfers.

Um zu bestimmen, wieviel Gramm Blei bei der Entladung je Amperestunde (Ah) verbraucht werden, gehen wir von der Gleichung aus $Pb + SO_4 = PbSO_4$. Durch 96500 Coulomb wird 1 Grammäquivalent Pb in $PbSO_4$ umgewandelt. Dies sind, da das Pb hier zweiwertig und sein Atomgewicht 206,5 ist, 206,5 : 2 = 103,25 g. Also beträgt die gesuchte Menge $\frac{103,25}{96500} \cdot 3600$ g = 3,85 g, weil ja 1 Ah gleich 3600 Coulomb.

2. Das Bleisuperoxyd hat eine braunrote Farbe. Es leitet in der festen Form, in der es auf der Anode des Akkumulators vorkommt, wie Streintz nachgewiesen hat, die Elektrizität halb so gut wie Quecksilber. Das Molekulargewicht ist 206,5 + 32 = 238,5. Da auf 1 Atom Pb, das verbraucht wird, 1 Molekül $PbO_2$ kommt, das in Bleisulfat umgewandelt wird, so verhält sich der Verbrauch an $PbO_2$ zu dem an Pb wie 238,5 : 206,5 $\sim$ 1,15. Also Verbrauch an $PbO_2$ je 1 Ah gleich 4,43 g.

3. Verdünnte Schwefelsäure von der Dichte, wie sie in Bleisammlern zur Verwendung kommt, ist ein Elektrolyt von ausgezeichnetem Leitvermögen (Näheres s. Kap. 8). Auf 206,5 g Pb kommen nach Gleichung (3) 2 · 98 g Schwefelsäure. Also erhalten wir für den Verbrauch je 1 Ah

$$3,85 \cdot \frac{206,5}{196}\,\mathrm{g} = 3,66\,\mathrm{g}\,.$$

---

[1] Technisches über Blei siehe Kap. 7.

An dem gesamten chemischen Umsatz während einer Stunde bei 1 A Entladestrom sind also beteiligt

$$3{,}85\,g + 4{,}43\,g + 3{,}66\,g = 11{,}94\,g\,.$$

4. Wasser. Dieses wird bei der Ladung verbraucht. Auf 206,5 g Pb kommen nach Gleichung (3) $2 \cdot 18\,g = 36\,g$ Wasser. Also beträgt die pro Amperestunde verbrauchte Menge $3{,}85 \cdot \frac{36}{206{,}5}\,g = 0{,}67\,g$.

5. Bleisulfat ist in verdünnter Schwefelsäure nur sehr wenig löslich. Infolgedessen bleibt es bei der Entladung und später an den Elektroden haften. Die Löslichkeit hängt von der Säuredichte und der Temperatur ab; sie ist bei 1,22 Säuredichte ein Minimum, es lösen sich bei Zimmertemperatur in 1 Liter nur 12 mg[1]. Es bilden sich bei der Entladung je 1 Ah $(11{,}94 - 0{,}67)\,g = 11{,}27\,g$.

Beweise für die Richtigkeit der Sulfattheorie oder der Gleichung (3). An der Tatsache, daß sich auf der negativen Elektrode bei der Ladung Blei (und nur dieses) bildet, hat wohl kaum jemand gezweifelt; wohl aber wurde hier und da bestritten, daß auf der positiven Platte nur Bleisuperoxyd entsteht. So z. B. behauptete Darrieus, daß geladene positive Platten Bleisuperoxyd enthalten, das mit Überschwefelsäure durchtränkt sei. Ihre Bildung ist aber unter normalen Verhältnissen aus verschiedenen Gründen höchst unwahrscheinlich; bei Ladung mit sehr großer Stromdichte, bei der die Klemmenspannung einen hohen Betrag annimmt, ist sie allerdings nicht unmöglich (s. S. 28), indem dann die Dichte der Säure in den Poren der aktiven Masse und in der nächsten Umgebung, wie später gezeigt wird, stark ansteigt, und großer Säuregehalt für die Bildung von Überschwefelsäure günstig ist. Wird aber mit den üblichen Stromdichten geladen, so daß die Spannung nicht über 2,65 bis 2,75 V steigt (Ende der Ladung), so ist die Entstehung von Überschwefelsäure ausgeschlossen.

Verschiedene Forscher haben durch chemische Analyse nachgewiesen, daß bei der Ladung Bleisuperoxyd in einer unserer Gleichung entsprechenden Menge entsteht. Überzeugend ist auch der folgende Versuch: Kombiniert man in verdünnter Schwefelsäure eine geladene positive Elektrode eines Bleisammlers mit einem amalgamierten Zinkstab, so findet man, daß das Element

[1] Streintz: l. c. S. 4.

eine EMK von rund 2,4 V hat; ersetzt man die Akkumulatorenplatte durch eine Bleiplatte, die mit einem Überzug aus künstlich hergestelltem $PbO_2$ versehen ist, so hat diese Kombination ebenfalls eine EMK von 2,4 V.

Daß sich bei der Entladung Bleisulfat gemäß unserer Gleichung bildet, kann durch Messungen der Säuredichte nachgewiesen werden. Die einer bestimmten Strommenge entsprechende Abnahme der Konzentration kann nämlich aus der Menge der vorhandenen Säure und aus ihrer anfänglichen Dichte leicht berechnet werden. W. Kohlrausch und C. Heim, die diesbezügliche Messungen ausführten, fanden, daß die berechnete Änderung der Säuredichte mit der durch Aräometermessung gefundenen sehr gut übereinstimmte.

E. Sieg[1], der die Versuche in dem Laboratorium der Firma G. Hagen wiederholen ließ, fand, daß die nach unserer Gleichung zu erwartende Bildung von 3,66 g Schwefelsäure nie beobachtet wurde. Wahrscheinlich wurden die gefundenen Abweichungen durch die in den Poren der aktiven Masse eingeschlossene Säure verursacht.

Der Hauptbeweis dafür, daß durch die Gleichung (3) der Anfangs- und der Endzustand richtig gekennzeichnet werden, beruht auf thermodynamischer Grundlage. Unserer von links nach rechts gelesenen Gleichung entspricht ein bestimmter chemischer Umsatz, bei dem eine gewisse Energiemenge frei wird (die gesamte Energie des Systems nimmt ab). Die Wärmetönung (Änderung der gesamten Energie), bezogen auf diejenigen Mengen Blei, Bleisuperoxyd und Schwefelsäure, die einer Stromentnahme von 96500 Coulomb entsprechen, sei $q$. Eine direkte Bestimmung dieser Größe im Kalorimeter ist wegen des langsamen Verlaufs der Reaktionen nicht ausführbar. Man kann aber aus bekannten Wärmetönungen die dem Umsatze

$$Pb + PbO_2 + 2\,H_2SO_4 = 2\,PbSO_4 + 2\,H_2O$$

entsprechende Reaktionswärme berechnen. Hierbei benutzt man den Satz der konstanten Wärmesummen; nach diesem ist die Wärmetönung unabhängig von dem Wege, auf dem man ein chemisches System aus einem gegebenen An-

[1] Sieg, E.: Die Akkumulatoren, Leipzig, S. 9.

fangszustand in einen bestimmten Endzustand übergeführt hat[1].

Die Wärmetönung $q$ ist von der Dichte der vorhandenen Säure abhängig. Wir nehmen zunächst an, diese sei 1,044. Solche Lösung enthält im Liter 0,7 Mol oder 0,7 · 98 g = 68,6 g Schwefelsäure. Die Wärmetönung beträgt nach Streintz 42850 cal, nach Tscheltzow 43850 cal. Wir benutzen den Mittelwert, setzen also

$$q = 43350 \text{ cal.}$$

Wollen wir nun aus der Gleichung (s. S. 14)

$$E = \frac{q}{23063} + c \cdot T \tag{4}$$

die EMK berechnen, so müssen wir noch den Temperaturkoeffizienten[2] $c$ kennen. Dieser ist zuerst von Streintz experimentell bestimmt worden. Er fand, daß $c$ von der Säuredichte ebenfalls abhängig ist. Beträgt diese 1,16, so hat $c$ seinen größten Wert, nämlich 0,36 Millivolt. Dolezalek bestimmte auf theoretischem Wege den Temperaturkoeffizienten und gelangte zu dem Ergebnis, daß dieser sowohl positiv wie negativ sein kann. Bei einer Säuredichte von 1,044 ist er gleich null, bei höheren Konzentrationen ist er positiv, bei niedrigeren negativ. Hat die Säure die übliche Dichte, nämlich 1,18 bis 1,2 nach beendigter Ladung, so ist $c = 0{,}0004$ V (angenähert).

---

[1] Ein einfaches Beispiel diene zur Erläuterung: Die unbekannte Wärmetönung des Prozesses $C + O = CO$ soll bestimmt werden:

| | | | |
|---|---|---|---|
| | $C + 2\,O = CO_2$, | Wärmetönung pos., sie betrage | $q_1$ cal. |
| | $CO_2 = CO + O$, | „ neg., „ „ | $-q_2$ „ |
| Addiert: | $C + 2\,O + CO_2 = CO_2 + CO + O$, | Wärmetönung | $q_1 - q_2$ |
| oder | $C + O = CO$ | „ | $q_1 - q_2$. |

Man denkt sich also auf einem Umwege die Bildung von Kohlenoxyd aus Kohlenstoff und Sauerstoff vollzogen: Aus Kohlenstoff und Sauerstoff sei Kohlendioxyd entstanden, dieses sei durch Anwendung hoher Temperatur in Kohlenoxyd und Sauerstoff zerlegt. Die dem letzteren Prozesse entsprechende Wärmetönung ist negativ, weil bei dem umgekehrten Vorgange

$$CO + O = CO_2$$

Wärme gewonnen wird.

[2] Die Änderung der EMK mit der Temperatur kann man durch Gegeneinanderschalten zweier Akkumulatoren (+ mit +, − mit − verbunden) zeigen, von denen der eine in einem Wasserbad erwärmt wird, nachdem sich die EMKe ausgeglichen haben.

Da bei 1,044 Säuredichte $c = 0$, so kann man bei dieser Konzentration die Thomsonsche Regel anwenden. Wird also durch unsere Gleichung (3) der chemische Umsatz richtig wiedergegeben, so muß die EMK

$$E = \frac{43350}{23063} = 1{,}88\,\mathrm{V} \text{ sein.}$$

Mißt man die EMK bei der angegebenen Säuredichte, so findet man den Wert 1,89 V.

Bei der gewöhnlichen Säuredichte ist die Wärmetönung etwas kleiner als 43350 cal. Die Gleichung (4) liefert trotzdem einen Wert für die EMK, der größer ist als der eben gefundene, weil der Summand $c \cdot T$ einen Beitrag von etwa 0,114 V liefert (bei 17 °C). Der berechnete und der gemessene Wert von $E$ stimmen auch jetzt vorzüglich überein.

Der Umstand, daß die Gibbs-Helmholtzsche Gleichung, auf den Bleisammler angewandt, Ergebnisse liefert, die mit der Erfahrung sehr gut in Einklang stehen, ist zugleich ein Beweis dafür, daß der Sammler ein umkehrbares Element ist.

Von den Gegnern der Sulfattheorie wird folgender Einwand erhoben. Wenn bei einem umkehrbaren galvanischen Elemente der innere Widerstand sehr klein ist, so darf die für die Ladung nötige Energie nur sehr wenig verschieden sein von der bei der Entladung entnommenen. Beim Bleisammler ist aber das Verhältnis zwischen der abgegebenen und der zugeführten elektrischen Energie nur etwa 0,8. Diese Tatsache dürfte mit dem Charakter der Reversibilität unvereinbar sein.

Ehe wir zeigen, daß gar kein Widerspruch gegen die Sulfattheorie vorliegt, daß man vielmehr mit Hilfe unserer Gleichung die Differenz zwischen Lade- und Entladeenergie zwanglos erklären kann, wollen wir uns beschäftigen mit der Abhängigkeit der EMK von der Säurekonzentration. Diese wurde zuerst von Streintz nachgewiesen. Nach seinen Untersuchungen ist zu Anfang der Entladung

$$E = 1{,}85 + 0{,}917 \cdot (s - 1)\,,$$

wo $s$ die Säuredichte der vollgeladenen Zelle ist. Man findet mit Hilfe dieser Gleichung, daß für

| | |
|---|---|
| $s = 1{,}05$ | $E = 1{,}896$ V (1,906) |
| $s = 1{,}10$ | $E = 1{,}942$ „ |
| $s = 1{,}20$ | $E = 2{,}033$ „ (2,051) |
| $s = 1{,}30$ | $E = 2{,}125$ „ (2,142) |
| $s = 1{,}55$ | $E = 2{,}350$ „ |

Diese Werte stimmen mit den durch Messungen gefundenen ziemlich gut überein. Die eingeklammerten Zahlen sind einige der von Dolezalek gefundenen.

Es liegt die Frage nahe, warum man in der Praxis bei einer Säuredichte von 1,1 bis 1,2 geblieben ist. Hier ist zu beachten, daß die Löslichkeit des Bleisulfates bei hohen Konzentrationen stark zunimmt; bei 1,6 Säuredichte ist sie etwa 4mal so groß wie bei 1,16. Auch tritt bei höheren Säuredichten leichter Sulfatierung ein (s. Kap. 4); der spezifische Widerstand der verdünnten Schwefelsäure liegt ferner bei der üblichen Säuredichte nahe beim Minimum, bei 1,6 ist er beinahe 3mal so groß wie bei 1,2.

Es soll jetzt der auf S. 36 erwähnte Einwand gegen die Sulfattheorie widerlegt werden. Nach dieser wird bei der Ladung an beiden Elektroden Bleisulfat zersetzt und Schwefelsäure gebildet. Diese entsteht sowohl an der Oberfläche der Platten als auch in den Poren der aktiven, d. h. der an dem chemischen Umsatz beteiligten, Masse. Die an den Plattenoberflächen erzeugte Säure sinkt zwar, wie man an der sog. Schlierenbildung erkennen kann, langsam zu Boden; da aber, solange die Umwandlung von Pb und $PbO_2$ in $PbSO_4$ vor sich geht, Schwefelsäure entsteht, so ist jede Elektrode in eine sehr dünne Schicht aus Säure hoher Dichte eingehüllt. Ferner füllt sich kurze Zeit nach Beginn der Ladung jede Pore der aktiven Masse mit stark konzentrierter Säure; diese wird mechanisch festgehalten (Kapillarität) und kann nur durch Diffusion in den Elektrolyten außerhalb der Platten gelangen[1]. Die Diffusion aber ist ein Vorgang, der sich nur langsam vollzieht. Die aktive Masse ist also während der ganzen Ladung in Berührung mit Säure von hoher Dichte. Da aber die EMK des Akkumulators mit der Säuredichte nicht unerheblich ansteigt, so ist die Gegenspannung während der Ladung anormal hoch.

[1] Die Diffusionsvorgänge sind von M. U. Schoop näher untersucht worden. Siehe Sammlung elektrotechnischer Vorträge Bd. 5. Stuttgart: F. Enke 1903.

Die mittels des Aräometers nachweisbare Zunahme der Konzentration der Säure zwischen den Platten, die wir die **äußere Säure** nennen wollen, hat zwar auch ein Wachstum der EMK zur Folge. Die dieser Zunahme entsprechende Änderung der EMK beträgt nur einige Hundertstel Volt.

Während der **Entladung** wird an und in beiden Elektroden Säure verbraucht; die Folge ist, daß die Konzentration der Säure in den Poren der aktiven Masse und unmittelbar an der Oberfläche stark abnimmt. Die Spannung hat daher, besonders wenn mit größerer Stromdichte entladen wird, einen kleineren Wert als denjenigen, der der Dichte[1] der äußeren Säure entspricht.

Der Unterschied zwischen Lade- und Entladespannung ist der Hauptgrund für den verhältnismäßig geringen Nutzeffekt. Da dieser aber mit Hilfe der Sulfattheorie erklärt ist, so ist der gegen sie erhobene Einwand hinfällig.

Wäre die durchschnittliche Spannung bei der Ladung deshalb wesentlich größer als die mittlere Entladespannung, weil der Bleisammler nicht zu den umkehrbaren Elementen gehört, so müßte, wenn man schnell von der Entladung zur Ladung übergeht oder umgekehrt, die Spannung sich plötzlich und stark ändern; der Versuch zeigt aber, daß dies nicht der Fall ist.

Der Sprung hängt natürlich von dem innern Widerstand der Zelle und von der Stromstärke ab. Ist diese in beiden Fällen die gleiche, so ändert sich beim Übergang von Entladung zu Ladung (oder umgekehrt) die Klemmenspannung sofort um $2\,w_i \cdot I$ Volt.

Da die **Abhängigkeit der EMK des Bleisammlers von der Säuredichte** nicht nur für die Theorie sondern auch für die Praxis von hervorragender Bedeutung ist, so wollen wir uns mit ihr noch etwas eingehender beschäftigen. Läßt sich diese Abhängigkeit auf thermodynamischer Grundlage und unter der An-

[1] Die Konzentrationsänderungen an beiden Elektroden sind nicht die gleichen. Zunächst nämlich bewirkt die ungleiche Wanderungsgeschwindigkeit der beiden Ionenarten eine Konzentrationsverschiebung, sie strebt die Konzentration an der positiven Elektrode zu erhöhen und an der negativen zu vermindern. Ferner wird durch die an der positiven Platte vor sich gehende Bildung von Wasser dort die Konzentration verringert. Drittens spielt die Porosität der aktiven Masse eine Rolle. Je größer nämlich diese ist, um so mehr Säure steht für den chemischen Umsatz im Innern der Platten zur Verfügung, um so weniger sinkt die Konzentration. **Mugdan** wies nach, daß die Konzentrationspolarisation an der positiven Elektrode die größere ist.

nahme berechnen, daß sich die Vorgänge in der Zelle nach der Gleichung (3) abspielen, so ist ein neuer unumstößlicher Beweis für die Richtigkeit der Sulfattheorie erbracht. Wir nehmen mit Dolezalek an, zwei Bleisammler, die wir mit *A* und *B* bezeichnen wollen, seien gegeneinander geschaltet: *A* enthalte konzentrierte, *B* verdünnte Lösung (s. Abb. 8). Man findet, wenn man noch ein Galvanoskop einschaltet, daß der Akkumulator *A* Strom abgibt, *A* wird also entladen und *B* geladen.

Bei diesem Vorgange wird
in *A* eine gewisse Menge $PbO_2$ verbraucht,
in *B* die gleiche Menge $PbO_2$ erzeugt,
in *A* eine gewisse Menge Pb verbraucht,
in *B* die gleiche Menge Pb erzeugt,
in *A* eine gewisse Menge $PbSO_4$ gebildet,
in *B* die gleiche Menge $PbSO_4$ umgewandelt.

Betrachten wir die beiden Akkumulatoren als ein chemisches System, so folgt, daß sich die dem chemischen Umsatz entsprechenden Wärmetönungen, soweit die festen Substanzen in Betracht kommen, gegenseitig aufheben. Ferner ändert sich in beiden Akkumulatoren die Konzentration der Säure, und zwar wird sie in *A* geringer und in *B* größer. Die Änderungen der Säuredichte kann man sich nun auch in der Weise vollzogen denken, daß aus *A* Schwefelsäure nach *B* und aus *B* Wasser nach *A* befördert wird. Diese Transporte sind mit einem Arbeitsgewinn verbunden. Es ergibt sich dies aus folgenden Betrachtungen.

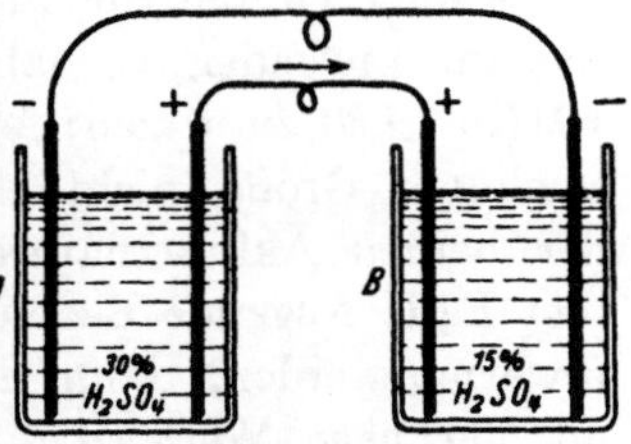

Abb. 8. Zwei gegeneinander geschaltete Zellen.

Gießt man in Wasser Schwefelsäure, so wird Wärme frei, und zwar ist die Wärmeentwicklung bei der Mischung von *a* Grammolekül[1] Schwefelsäure und *b* Mol Wasser nach Thomson

$$w = \frac{a \cdot b}{1{,}8\,a + b} \cdot 17860\,\text{cal}\,.$$

[1] Unter einem Grammolekül (abgekürzt „Mol") einer Substanz versteht man soviel Gramm der betr. Substanz wie das Molekulargewicht anzeigt. Das Molekulargewicht der Schwefelsäure ist 98, mithin ist ein Mol $H_2SO_4$ gleich 98 g.

Nehmen wir an, daß 1 Mol Schwefelsäure nicht auf einmal, sondern in kleinen Quantitäten nach und nach dem Wasser zugesetzt wird, etwa jedesmal 1 Gramm; es wird dann keineswegs bei jedem Zusatz die gleiche Wärmemenge frei; diese wird vielmehr allmählich kleiner. Es folgt dies schon aus dem Umstande, daß keine Wärme entwickelt wird, wenn man zu konzentrierter Schwefelsäure reine Schwefelsäure gießt. Wird umgekehrt einer Schwefelsäurelösung Säure entzogen, so wird Wärme gebunden, und zwar ist die (negative) Wärmetönung um so kleiner, je größer die Konzentration der Säure ist. Nennen wir also die Wärmeentwicklung, die der Beimischung von $a$ Gramm Schwefelsäure zu dem Elektrolyten des Akkumulators $B$ entspricht, $q_1$ und den Wärmeverbrauch bei der Wegnahme von $a$ Gramm Schwefelsäure aus $A$ $q_2$, so ist $q_1 > q_2$. Für die Wärmeentwicklung und den Wärmeverbrauch, mit der die Beimischung und Entnahme des Wassers verbunden ist, gilt das Umgekehrte wie eben. Die Wärmetönung des stromliefernden Prozesses besteht also aus vier Posten, von denen zwei positiv und zwei negativ sind.

Wollen wir die Helmholtzsche Gleichung (s. S. 14) auf unser System anwenden, so haben wir für $E$ die Differenz der beiden EMKe ($\Delta E$) zu setzen; ferner ist die in der Gleichung mit $c$ bezeichnete Größe nicht etwa der Temperaturkoeffizient eines der beiden Akkumulatoren. $c$ hat vielmehr in dem vorliegenden Falle folgende Bedeutung: $A$ sowohl wie $B$ möge um $1^0$ C erwärmt werden, dann nimmt $\Delta E$ einen etwas anderen Wert an, der neue Wert sei $\Delta E'$. Es ist dann

$$c = \Delta E' - \Delta E .$$

Da man die Temperaturkoeffizienten des Akkumulators für die verschiedenen Säuredichten kennt, so kann man denjenigen des Systems bestimmen. Es sind also alle Größen zur Berechnung der EMK ($\Delta E$) mit Hilfe der Helmholtzschen Gleichung bekannt.

Von der Besprechung des anderen Weges, den Dolezalek angibt, die Änderung der EMK mit der Säuredichte zu bestimmen, soll abgesehen werden. Aus der folgenden Tabelle ist zu ersehen, wie groß die Übereinstimmung zwischen Rechnung und Messung ist.

| Säuredichte | EMK berechnet | EMK gemessen |
|---|---|---|
| 1,553 | 2,39 V | 2,355 V |
| 1,420 | 2,25 V | 2,253 V |
| 1,266 | 2,10 V | 2,103 V |
| 1,154 | 2,06 V | 2,008 V |
| 1,035 | 1,85 V | 1,887 V |

Die bisherigen Darlegungen berechtigen zu der Aufstellung der These, daß nur diejenige über den Bleisammler aufgestellte Theorie einer streng wissenschaftlichen Prüfung standhalten kann, nach der der Sammler ein umkehrbares Element im Sinne unserer Reaktionsgleichung ist.

Wir wenden uns jetzt zu der Frage, wie man die Vorgänge, die sich im arbeitenden Bleisammler an den einzelnen Elektroden abspielen, vom Standpunkte der Ionentheorie aus erklären kann. Eine diesbezügliche Hypothese muß so beschaffen sein, daß die Addition aller die einzelnen Vorgänge wiedergebenden Gleichungen zu der Sulfatgleichung führt.

Theorie von Le Blanc. I. Entladung. Bei der Entladung spielt die Bleisuperoxydelektrode die Rolle der Kathode. Le Blanc nimmt an, daß das $PbO_2$ in der Säure in geringem Grade löslich ist und in Berührung mit Wasser vierwertige Bleiionen nebst Hydroxylionen bildet

$$PbO_2 + 2\,H_2O \rightleftarrows Pb^{::} + 4\,OH' \qquad (1)$$

Der Doppelpfeil deutet an, daß sich ein Gleichgewichtszustand ausbildet. Man muß annehmen, daß dieser Vorgang sich auch auf der Superoxydelektrode abspielt, so daß diese positiv geladen ist.

Da es chemische Verbindungen gibt, in denen das Blei vierwertig ist, so können auch vierwertige Bleiionen existieren; das Salz $PbCl_4$, dessen Existenz nachgewiesen ist, wird sich, wie man annehmen darf, nach der Gleichung

$$PbCl_4 = Pb^{::} + 4\,Cl'$$

in Wasser elektrolytisch spalten. Daß ferner ein chemischer Prozeß zu einer Ionenbildung führt, hat nichts Befremdendes mehr, wenn man die Ionen als chemische Verbindungen ansieht (s. S. 6).

Ferner haben Rixon und Elbs[1] nachgewiesen, daß sich in gebrauchter Akkumulatorensäure erhebliche Mengen von vierwertigem Blei befinden, nämlich bis 0,17 g $Pb(SO_4)_2$ im Liter.

[1] Z. Elektrochem. 1903, S. 267.

Bei Stromschluß geben die auf der Elektrode befindlichen und an ihr ankommenden — weil sie mit dem Strome wandern — vierwertigen Bleiionen zwei Ladungen ab:

$$Pb^{::} = Pb^{··} + 2\oplus .$$

Von den vier Elektronen sind, so wollen wir zur Erklärung hinzufügen, zwei nur locker gebunden, so daß sie sich leichter loslösen als die beiden anderen, ähnlich wie Superoxyde leicht ein Atom Sauerstoff abgeben.

Die verbrauchten vierwertigen Bleiionen werden aus dem festen $PbO_2$ ersetzt, weil das Gleichgewicht gestört ist. Das noch doppelt geladene Bleiion verbindet sich mit einem $SO_4$-Ion zu einem Molekül Bleisulfat. (Die Konzentration der Bleiionen steigt in den Poren der aktiven Masse stark an, so daß diese das Bestreben haben, den Ionenzustand zu verlassen.) Da dieses Salz nur in geringem Maße in verdünnter Schwefelsäure löslich ist, so ist der Elektrolyt in den Poren der aktiven Masse und dicht an der Oberfläche der Bleisuperoxydplatte, nachdem sich eine kleine Menge Bleisulfat gebildet hat, gesättigt; es wird sich also bei weiterer Stromentnahme Bleisulfat auf der positiven Platte niederschlagen.

Die beiden Ladungen, die das vierwertige Bleiion abgegeben hat, fließen durch die Leitung, gelangen zur negativen Elektrode und gehen mit einem Bleiatom in Lösung:

$$Pb + 2\oplus = Pb^{··} \quad \text{(s. elektrolyt. Lösungstension).}$$

Wie an der positiven Elektrode verbindet sich auch hier das Bleiion mit einem $SO_4$-Ion zu einem Molekül Bleisulfat, das sich niederschlägt.

Zwischen den beiden Elektroden spielen sich folgende Vorgänge ab. Wie wir gesehen haben, werden zwei $SO_4$-Ionen verbraucht. Diese sind durch Dissoziation von 2 Molekülen $H_2SO_4$ entstanden. Es sind also vier Wasserstoffionen im Überschuß vorhanden. Nun sind aber auch durch die Bildung des vierwertigen Bleiions 4 Hydroxylionen entstanden (s. Gleichung 1, S. 41). Vor der Stromentnahme war aber der Elektrolyt an letzterer Ionenart gesättigt. Die Dissoziation von 4 Molekülen Wasser[1] muß daher zurückgehen:

$$4\,H^{·} + 4\,OH' = 4\,H_2O .$$

[1] $4\,H_2O = 4\,H^{·} + 4\,OH'$.

Die verbrauchten Wasserstoff- und $SO_4$-Ionen werden ersetzt durch Dissoziation von 2 Molekülen $H_2SO_4$.

Wir wollen die Vorgänge übersichtlich zusammenstellen:

a) An der positiven Elektrode.

1. $PbO_2$-Moleküle gehen in Lösung und verbinden sich nach der Gleichung

2. $PbO_2 + 2\,H_2O = Pb^{::} + 4\,OH'$.

3. Die Bleiionen geben an die positive Elektrode zwei Ladungen (Elektronen) ab:

$$Pb^{::} = Pb^{\cdot\cdot} + 2\oplus .$$

Die beiden Elektronen gehen durch die Leitung hindurch zur Bleiplatte (s. Nr. 6).

4. $Pb^{\cdot\cdot} + SO_4'' = PbSO_4$.

5. Bleisulfat schlägt sich nieder.

b) An der negativen Elektrode.

6. Die beiden angekommenen positiven Elektronen treten, an ein Bleiatom gebunden und durch die elektrolytische Lösungstension getrieben, in den Elektrolyten ein:

$$Pb + 2\oplus = Pb\!<\!\begin{smallmatrix}\oplus\\ \oplus\end{smallmatrix} = Pb^{\cdot\cdot} .$$

7. Wie bei Nr. 4.

8. Wie bei Nr. 5.

c) Zwischen den Elektroden.

9. $4\,H^{\cdot} + 4\,OH' = 4\,H_2O$ und

10. $2\,H_2SO_4 = 4\,H^{\cdot} + 2\,SO_4''$.

Addiert man die sämtlichen Gleichungen und kürzt[1], so erhält man:

$$PbO_2 + Pb + 2\,H_2SO_4 = 2\,PbSO_4 + 2\,H_2O .$$

II. Ladung. Es wird gezeigt, daß sich jetzt die Vorgänge in umgekehrter Reihenfolge und in umgekehrtem Sinne abspielen.

Bleisulfat ist in verdünnter Schwefelsäure in geringem Maße löslich. Ein Teil der Bleisulfatmoleküle spaltet sich in der Säure elektrolytisch nach der Gleichung

$$PbSO_4 = Pb^{\cdot\cdot} + SO_4'' .$$

---

[1] Dies ist gestattet, da die zusammenfassende Endgleichung nur angeben soll, welche Substanzen vor und welche nach der Entladung vorhanden sind.

a) Positive Elektrode.

1. Auflösung von Bleisulfat — Umkehrung von I, 5.

2. Dissoziation des Bleisulfats — Umkehrung von I, 4.

3. Das Bleiion nimmt an der positiven Elektrode noch zwei Ladungen auf

$$Pb^{\cdot\cdot} + 2 \oplus = Pb^{::} \text{ (Umkehrung von I, 3).}$$

4. Erreicht die Konzentration der vierwertigen Bleiionen (die nur in ganz minimaler Menge existieren können) einen gewissen Grad, so verbinden sie sich mit vorhandenen Hydroxylionen zu Bleisuperoxyd und Wasser[1]:

$$Pb^{::} + 4\,OH' = PbO_2 + 2\,H_2O \text{ (Umkehrung von I, 2).}$$

5. Bleisuperoxyd ist nur in sehr geringer Menge in der Säure löslich (existenzfähig); es schlägt sich somit in den Poren und auf der Oberfläche der aktiven Masse nieder (Umkehrung von I, 1).

b) Negative Elektrode.

6. $PbSO_4$ geht in Lösung (Umkehrung von I, 8).

7. Dissoziation des Bleisulfates (Umkehrung von I, 7).

8. Das Bleiion wird von der negativen Elektrode angezogen, gibt seine beiden Ladungen ab (geht in den atomistischen Zustand über) und schlägt sich nieder (Umkehrung von I, 6).

c) Zwischen den Elektroden.

Es sind zwei neue $SO_4$-Ionen in die schon von vornherein mit diesen Ionen gesättigte Lösung gekommen (nämlich durch Dissoziation der beiden Bleisulfatmoleküle); anderseits sind, da vier OH-Ionen verbraucht wurden, vier Wasserstoffionen überschüssig.

Die beiden Ionenarten verbinden sich miteinander zu Schwefelsäure:

$$4\,H^{\cdot} + 2\,SO_4'' = 2\,H_2SO_4 \text{ (Umkehrung von 10).}$$

Die verbrauchten Hydroxyl- und Wasserstoffionen werden nachgeliefert durch Dissoziation von vier Molekülen Wasser

$$4\,H_2O = 4\,H^{\cdot} + 4\,OH' \text{ (Umkehrung von 9).}$$

---

[1] Nennt man die Konzentration der vierwertigen Bleiionen in der mit $PbO_2$ gesättigten Lösung (in den Poren) $c_1$, diejenige der OH-Ionen $c_2$, so erfolgt das Zusammentreten dieser beiden Ionenarten, sobald $c_1 \cdot c_2^4$ einen gewissen Wert erreicht hat.

Daß auch jetzt Addition aller Gleichungen, Kürzung und Vereinfachung zu unserer Reaktionsgleichung führt, ist selbstverständlich.

Theorie von Förster[1]. Diese weicht von der Ansicht Le Blancs nur bezüglich der an der positiven Elektrode sich abspielenden Vorgänge ab: Das in Lösung gegangene $PbO_2$ bildet mit Schwefelsäure Plumbisulfat oder Bleidisulfat, in dem das Blei vierwertig ist:

$$PbO_2 + 2\,H_2SO_4 = Pb(SO_4)_2 + 2\,H_2O\,. \qquad (1)$$

Durch Dissoziation dieses Salzes entsteht das vierwertige Bleiion:

$$Pb(SO_4)_2 = Pb^{\cdot\cdot\cdot\cdot} + 2\,SO_4''\,. \qquad (2)$$

Das positive Ion folgt bei Stromschluß seiner Neigung, in ein zweiwertiges Ion überzugehen usw. (s. Theorie von Le Blanc).

Von den beiden $SO_4''$ der Gleichung (2) bleibt eines in der Lösung und bildet einen Ersatz für das $SO_4''$, das an der negativen Platte für die Bildung von $PbSO_4$ verbraucht wurde. Es wird also bei der Entladung Schwefelsäure gebunden.

Bei der Ladung führt der Strom an der positiven Elektrode die durch Dissoziation des in Lösung gegangenen Bleisulfats entstandenen $Pb^{\cdot\cdot}$ in $Pb^{\cdot\cdot\cdot\cdot}$ über. Da diese Dissoziation auch an der negativen Platte vor sich geht und das Bleiion herauselektrolysiert wird, so sind zwei $SO_4''$ überschüssig. Diese bilden mit $Pb^{\cdot\cdot\cdot\cdot}$ ein Molekül Bleidisulfat. (Ein Zusammentreten ist nicht nötig. Wenn sich $K^{\cdot}$ und $OH'$ in einer Lösung befinden, so sagen wir, daß die Lösung KOH enthält.) Ist der Elektrolyt mit dem Disulfat gesättigt, so wird Bleisuperoxyd gebildet, das sich niederschlägt:

$$Pb(SO_4)_2 + 2\,H_2O = PbO_2 + 2\,H_2SO_4\,.$$

Theorie von Liebenow. Auch dieser um die Entwicklung des Bleisammlers verdiente Forscher geht von der Annahme aus, daß Bleisulfat in geringem Maße in der Säure löslich sei. Wird nun ein Bleisalz etwa zwischen Platinelektroden elektrolysiert, so wird auf der Kathode Blei, auf der Anode aber Bleisuperoxyd abgeschieden. Daher nimmt Liebenow an, daß sich in dem Elek-

[1] Elektrochemie der wässerigen Lösungen. Der Abschnitt „Sekundär-Elemente, Akkumulatoren" ist als besondere Schrift erschienen. Leipzig, Ambros. Barth.

trolyten eines Bleisammlers Bleisuperoxydionen befinden. Diese entstehen entweder dadurch, daß sich ein Teil[1] der vorhandenen Bleiionen mit Sauerstoffionen vereinigt nach der Gleichung[2]

$$Pb^{\cdot\cdot} + 2\,O'' = PbO_2'' \qquad (1)$$

oder hydrolytisch (unter Mitwirkung des Wassers):

$$Pb^{\cdot\cdot} + 2\,H_2O = PbO_2'' + 4\,H^{\cdot}. \qquad (2)$$

Letzteres wird im folgenden angenommen. Den Nachweis zu erbringen, daß $PbO_2$-Ionen wirklich existieren können, gelang Liebenow und Strasser folgendermaßen[3]. Eine Zelle wurde mit Kalilauge gefüllt, die mit Bleioxyd gesättigt war. Die in die Zelle tauchenden Elektroden waren mit einer nur für die Ionen durchlässigen Hülle umgeben, so daß nach Beendigung des Versuches die jede Elektrode umgebende Flüssigkeit für sich allein analysiert werden konnte. War die Flüssigkeit längere Zeit elektrolysiert worden, so fand man, daß der Bleigehalt des die positive Elektrode umhüllenden Elektrolyten größer geworden war. Daraus folgt, daß sich das Kaliumplumbit $Pb(KO)_2$ nicht in der Weise dissoziiert, daß Bleiionen entstehen. Denn hätten sich diese gebildet, so wären sie als positive Ionen nach der Kathode hingewandert, und man hätte dort eine Zunahme des Bleigehaltes beobachtet haben müssen. Mithin muß das Blei einen Bestandteil eines negativen Ions bilden und mit diesem an die Kathode gelangt sein. Man muß also annehmen, daß das Kaliumplumbit sich elektrolytisch nach der Gleichung

$$PbO_2K_2 = PbO_2'' + 2\,K^{\cdot}$$

spaltet, d. h. daß Bleisuperoxydionen existieren.

Wegen der „Überspannung" (s. S. 28) werden nun bei Stromzufuhr die Ionen des Bleis und des Bleisuperoxyds leichter, d. h. bei geringerer Klemmenspannung, herauselektrolysiert als die übrigen Ionen, die sich in der verdünnten Schwefelsäure befinden. Obschon die Konzentration der $Pb^{::}$ und der $PbO_2''$ eine nur ganz

[1] Der Einfachheit halber wollen wir im folgenden annehmen, daß von zwei durch Dissoziation des Bleisulfates entstandenen Bleiionen eines in ein Bleisuperoxydion übergeht.

[2] Die beiden positiven Elektronen des Bleiions verbinden sich mit zwei negativen Elektronen der Sauerstoffionen zu zwei Neutronen.

[3] Z. Elektrochem. 1896, S. 420 und 653.

geringe ist, kann doch ihre Abscheidung, falls nicht die Stromdichte gar zu sehr gesteigert wird, in einer dem Faradayschen Gesetze entsprechenden Weise erfolgen. Denn, sobald ein Bleiion und (gleichzeitig) ein Bleisuperoxydion abgeschieden ist, erfolgt neue Dissoziation von zwei Molekülen Bleisulfat; das eine Bleiion bildet mit Wasser ein neues Bleisuperoxydion. Das infolge der Elektrolyse verbrauchte Bleisulfat wird dem Elektrolyten zugeführt aus dem Vorrate, der auf den Elektroden angehäuft ist (bei der vorhergegangenen Entladung entstanden war).

Da sich während der Elektrolyse (Ladung) die negative Elektrode mit einer an Dicke allmählich zunehmenden Schicht metallischen Bleis und die positive Platte mit Bleisuperoxyd bedeckt, wird nach einer gewissen Zeit des Stromdurchgangs dem Bleisulfat der Eintritt in die Lösung immer mehr erschwert. Je ärmer aber der Elektrolyt an Bleisulfat bzw. an Blei- und Bleisuperoxydionen wird, um so mehr muß die Zersetzungsspannung gesteigert werden.

Durch Dissoziation der beiden Bleisulfatmoleküle entstehen zwei neue $SO_4$-Ionen; diese verbinden sich mit den vier Wasserstoffionen, die gemäß Gleichung (2) entstanden sind, zu 2 Molekülen Schwefelsäure.

Wir wollen auch jetzt die Vorgänge bei der L a d u n g kurz zusammenstellen:

Bleisulfat löst sich; 2 Moleküle spalten sich:

$$2\,PbSO_4 = 2\,Pb^{\cdot\cdot} + 2\,SO_4''.$$

Ein Bleiion reagiert mit Wasser:

$$Pb^{\cdot\cdot} + 2\,H_2O = PbO_2'' + 4\,H^{\cdot}.$$

Das zweite Bleiion gibt an der negativen Elektrode seine beiden Ladungen ab und schlägt sich nieder:

$$Pb^{\cdot\cdot} + 2 \ominus = Pb^*.$$

Das Bleisuperoxydion gibt an der positiven Elektrode seine beiden Ladungen ab und schlägt sich nieder:

$$PbO_2'' + 2 \oplus = PbO_2.$$

Endlich:

$$4\,H^{\cdot} + 2\,SO_4'' = 2\,H_2SO_4.$$

* Die beiden negativen Ladungen liefert die Stromquelle, ebenso die für die Entionisierung des Bleisuperoxydions nötige positive Elektrizität.

Man überzeugt sich leicht, daß durch Addition der fünf vorhergehenden Gleichungen und Kürzung die der Sulfattheorie entsprechende Reaktionsgleichung erhalten wird.

Es soll noch kurz gezeigt werden, daß sich bei der Entladung die eben geschilderten Vorgänge in umgekehrtem Sinne abspielen.

Das Blei sendet positive Ionen in die Lösung und wird daher negativ geladen; an der positiven Elektrode treten Bleisuperoxydionen in die Säure ein. Da nur ganz minimale Mengen der beiden Ionenarten in dem Elektrolyten existieren können, so treten die Bleiionen mit $SO_4$-Ionen zu Bleisulfat zusammen, und jedes Bleisuperoxydion vereinigt sich mit vier Wasserstoffionen zu einem Bleiion und zwei Molekülen Wasser:

$$PbO_2'' + 4\,H^{\cdot} = Pb^{\cdot\cdot} + 2\,H_2O\,.$$

Jetzt ist ein $SO_4$-Ion im Überschuß[1] vorhanden; dieses verbindet sich mit dem neuen Bleiion zu Bleisulfat. Die vier verbrauchten Wasserstoffionen und die beiden dem Elektrolyten entzogenen $SO_4$-Ionen werden neu gebildet durch Dissoziation von zwei Molekülen Schwefelsäure

$$2\,H_2SO_4 = 4\,H^{\cdot} + 2\,SO_4''.$$

Auf das Anwachsen der Klemmenspannung während der Ladung und die allmähliche Abnahme bei der Entladung soll später näher eingegangen werden.

# III. Die technischen Größen des Bleisammlers.

Als technische Größen eines Sammlers wollen wir bezeichnen die Größen, die bei der technischen Beurteilung eine Rolle spielen. Zu diesen gehört in erster Linie die

## 1. Kapazität.

Darunter versteht man diejenige in Amperestunden ausgedrückte Elektrizitätsmenge, die ein Sammler zu liefern ver-

[1] Den vier H der vorigen Gleichung entsprechen zwei $SO_4''$, von denen das eine sich mit dem Bleiion verbunden hat.

mag, wenn er nach Vorschrift behandelt wird. Diese Einschränkung bedarf einer näheren Erläuterung. Eine genaue Kapazitätsbestimmung hat vor allem zur Voraussetzung, daß der Entladung eine richtige oder sorgfältige Ladung vorausgegangen ist. Was darunter zu verstehen ist, wird im fünften Kapitel dargelegt. Ferner darf bei der Entladung eine bestimmte Stromstärke nicht überschritten werden; wie groß diese ist, hängt von der „Type" und von der Zeit ab, während deren die Zelle arbeiten soll. Man kann z. B. die Kapazität für dreistündige Entladezeit bestimmen. Endlich ist zu berücksichtigen, daß der Bleisammler nicht bis zur vollständigen Erschöpfung beansprucht werden darf, aus Gründen, die später erörtert werden sollen (s. Kap. 4); man hat vielmehr die Entladung als beendigt anzusehen, wenn die anfängliche Klemmenspannung um etwa 10% gesunken ist. Bei der üblichen Säuredichte beträgt die EMK eines geladenen Bleisammlers rund 2 V; man muß also mit der Entladung aufhören, wenn die Klemmenspannung — nicht die EMK (s. Erholung) — 1,8 V beträgt. Wird ein Sammler mit der konstanten Stromstärke $J$ Amp. entladen und dauert die Stromabgabe $t$ Stunden, so hat er bei $t$-stündiger Entladung die Kapazität $J \cdot t$ Ah.

Berücksichtigt man, daß die elektrische Energie, die ein Bleisammler liefert, aus chemischer Energie entsteht, so erkennt man, daß die Höhe der Kapazität begrenzt ist durch die Menge des Bleischwammes und diejenige des Superoxyds, die auf den Platten anwesend ist. Da auch die Säure an dem chemischen Umsatz beteiligt ist, so gehört sie ebenfalls zur aktiven Masse, und es ist selbstverständlich, daß von ihr eine genügend große Menge vorhanden sein muß. (Es sei auf die Berechnungen auf S. 32 und 33 hingewiesen). Die chemische Einwirkung kann aber nur an den Stellen erfolgen, wo die festen wirksamen Massen mit der Säure in Berührung sind und wo sie mittelbar oder unmittelbar, z. B. durch dazwischen liegende Teilchen des Bleischwammes, mit dem Bleiträger in Kontakt stehen. Die Tiefe, bis zu der die Stromlinien in die Platten eindringen, beträgt nur Bruchteile eines Millimeters; sie ist etwas größer, wenn sich in der aktiven Masse poröse Stoffe befinden. Je dünner die aktiven Schichten, um so besser die Ausnutzung für die Stromerzeugung.

Um die Kapazität zu steigern, ist man gezwungen, die Oberflächen der Platten groß zu machen. Ein Mittel, bei der positiven Elektrode dies zu erreichen, besteht darin, daß man die Platte mit zahlreichen Rippen versieht. Man erhält so die Großoberflächenplatte. Bei einer solchen unterscheidet man in der Technik zwischen der projizierten Oberfläche, wie sie sich durch Multiplikation von Länge und Breite ergibt, und der wirksamen, d. h. der von dem Elektrolyten benetzten Oberfläche; letztere nennt man auch die abgewickelte Oberfläche. Diese beiden Größen sind um so mehr voneinander verschieden, je poröser die aktive Masse ist und je mehr Rippen, Zähne oder dergleichen sich auf der Flächeneinheit befinden. Beträgt die gesamte projizierte Oberfläche der positiven Elektrode $a$ dm² und die Stromstärke $J$ Amp., so ist $\frac{J}{a}$ die Stromdichte. Häufig wird die Stromdichte auf die abgewickelte Oberfläche bezogen.

Würde man in Elementen für größere Leistungen nur eine positive und eine negative Platte verwenden, so würde diese bei geringer Breite eine sehr große Länge haben müssen. Man vereinigt daher in einer Zelle fast immer mehrere kleinere positive und negative Platten; die gleichnamigen Platten werden durch Bleileisten miteinander verbunden (s. die Abb. 64 und 66 in Kap. 8). Die Verwendung von mehreren Positiven und Negativen gewährt noch einen andern Vorteil; enthält nämlich eine Zelle nur zwei Platten (eine positive und eine negative), so sind fast nur die beiden sich gegenüberliegenden Flächen an der Stromlieferung beteiligt[1], es werden also bei jeder Platte nur etwas mehr als 50% der Gesamtoberfläche ausgenutzt. Besteht die Zelle aber aus einer Positiven und zwei Negativen, so sind von 6 Flächen schon 4 wirksam usw.

Die Anzahl der Negativen ist immer um 1 größer als die der Positiven, wenn die Zelle mehr als zwei Platten enthält; die erste, dritte usw. letzte Platte ist negativ. Positive Platten dürfen nicht als Endplatten verwendet werden, weil sie bei einseitiger Beanspruchung die Neigung haben, sich zu krümmen.

---

[1] Wird zwischen Platin- oder Kohlenelektroden verdünnte Schwefelsäure zersetzt, so steigen an den Außenseiten der Elektroden nur wenige Gasblasen empor. Bei der Ladung eines zweiplattigen Bleisammlers wird dementsprechend an der Außenseite der positiven und negativen Elektrode nur wenig Bleisuperoxyd bzw. Blei gebildet.

Die negativen Endplatten (Halbplatten) haben eine geringere Kapazität als die negativen Mittelplatten; sie sind meist dünner, und ihre nach außen gekehrte Fläche wird durch Belegen mit Beiblechen od. dgl. unwirksam gemacht. Würde man eine normale Negative als Endplatte benutzen, so würde die Außenseite der benachbarten Positiven stärker beansprucht als ihre Innenseite; die betreffende Positive würde sich krümmen.

Den Begriff Kapazität kann man auf die einzelnen Platten oder Plattensysteme des Sammlers ausdehnen. Es sei nach der Ladung die auf der positiven Elektrode vorhandene Superoxydmenge $A$ g; dann ist die ideale oder absolute Kapazität dieser Elektrode $\frac{A}{4{,}43}$ Ah[1]. Nennen wir ferner die vorhandene Bleischwammenge $B$, so ist die absolute Kapazität der Negativen $\frac{B}{3{,}85}$ Ah. Beim praktischen Gebrauch wird nie die ganze aktive Masse ausgenutzt. Sind also $a$ und $b$ Zahlen, die kleiner als 1 sind, so kann man die wirklich am Umsatz oder an der Stromlieferung beteiligten Mengen gleich $A \cdot a$ und $B \cdot b$ setzen. Die Einzelkapazitäten wären also $\frac{A}{4.43} \cdot a$ und $\frac{B}{3{,}85} \cdot b$ Ah. Welche Werte $a$ und $b$ haben, hängt außer von der Konstruktion der Platten, der Dicke der aktiven Schichten und der Porosität[2] ab von der Entladedauer oder der Entladestromstärke[3]. Je größer diese letztere bei einer gegebenen Type ist, um so kleiner sind $a$ und $b$. Bei einem im Betrieb befindlichen Sammler kann man $A$ und $B$ in zwei Summanden zerlegen. Der eine gibt an, wieviel aktive Masse bei der vorletzten Entladung übriggeblieben ist, der zweite, wieviel bei der letzten Ladung hinzukam. Man erkennt, daß man einem Sammler u. U. mehr Elektrizität entnehmen kann, als bei der vorhergegangenen Ladung in ihn hineingepumpt wurde.

Auf die Abhängigkeit der Kapazität von der Entladestromstärke soll noch etwas näher eingegangen werden. Bei der Stromentnahme wird Schwefelsäure für die Sulfatbildung verbraucht, und zwar sowohl an der Oberfläche wie in den Poren der

---

[1] Siehe S. 32.

[2] Diesbezügliche Versuche wurden von P. Schoop, später von Heim ausgeführt. ETZ 1915, S. 287.

[3] Roloff fand, daß bei dreistündiger Entladung von Afa-Akkumulatoren von der anfänglich vorhandenen aktiven Masse der Positiven 45% und der Negativen 25% ausgenutzt wurden.

aktiven Masse. Die Nachlieferung erfolgt entweder durch Diffusion, durch Bewegungen der Schwefelsäuremoleküle und ihrer Ionen[1], oder durch Strömungen, indem die spezifisch leichter gewordene Säure emporsteigt und die schwerere nachrückt. Der erstere Ersatz findet hauptsächlich in den Poren statt, der letztere hauptsächlich an der Oberfläche. Die Vorgänge in den Poren sind offenbar die wichtigeren. Je größer nun die Entladestromstärke einer gegebenen Type, um so größere Mengen Bleischwamm und Superoxyd bleiben unausgenutzt, d. h. sie sind an der Stromlieferung nicht beteiligt. Es sind aber noch zwei weitere Umstände zu berücksichtigen. Das Bleisulfat ist ein schlechter Leiter der Elektrizität. Bildet es sich, was bei schneller Entladung der Fall ist, in größerer Menge an der Oberfläche, so sind die darunterliegenden Teile der aktiven Masse dem Strome schlecht zugänglich. Am wichtigsten aber scheinen mir die mit dem chemischen Umsatze verbundenen Volumänderungen zu sein. Das aus 1 g Blei oder Bleisuperoxyd entstandene Bleisulfat nimmt einen größeren Raum ein als das Blei oder Bleisuperoxyd selbst. Während der Entladung werden sich daher die vorhandenen Poren verengen und schließlich mit Bleisulfat ganz ausfüllen. Wird mit schwachem Strom entladen, so verengt sich die Pore in den verschiedenen Querschnitten nahezu gleichmäßig; bei großer Stromdichte aber wird sie hauptsächlich an der dem Elektrolyten zugewendeten Seite enger und schließt sich; die Säurediffusion wird sehr erschwert und hört bald auf. Bei der Ladung verringert sich das Volumen der aktiven Masse, und die Poren erweitern sich. Nach dieser Erklärung müßte die Aufnahmefähigkeit bei der Ladung (Ladungskapazität) weniger von der Stromdichte abhängig sein als die Kapazität bei der Entladung. Die Erfahrung zeigt, daß dies tatsächlich der Fall ist.

Ferner muß man schließen, daß die Kapazität der Negativen in höherem Maße von der Entladezeit oder von der Stromdichte bei der Entladung abhängig ist als diejenige der Positiven.

Denn der Unterschied im Volumen einer bestimmten Menge (z. B. 3,85 g) Blei und des daraus hervorgehenden Bleisulfats ist größer als die Differenz

---

[1] Es sei daran erinnert, daß nach der kinetischen Theorie der Materie alle Teilchen des Elektrolyten in beständiger Bewegung begriffen sind.

des Volumens der äquivalenten Menge Bleisuperoxyd (z. B. 4,46 g) und des aus diesem entstandenen Bleisulfats.

Durch eingehende Untersuchung gelangt auch E. Sieg zu diesem Resultate (l. c. S. 83), er findet nämlich, „daß die Bleischwammplatten bei genau gleicher ‚absoluter‘ Kapazität, d. h derjenigen Kapazität, die von den Platten geleistet werden kann, wenn die Entladestromstärke sehr klein gewählt wird, gegen Erhöhung der Beanspruchung empfindlicher sind als Superoxydplatten“. Daraus würde sich dann der Schluß ergeben, daß bei Bleisammlern, die mit großer Stromdichte entladen werden sollen, die absolute Kapazität der negativen Platten größer zu wählen ist als diejenige der positiven.

Dolezalek folgert aus dem Umstande, daß die Konzentrationsänderungen an der Superoxydelektrode erheblich größer sind als an der Bleischwammelektrode (weil an ersterer auch Wasser gebildet wird), daß die Kapazität der Superoxydelektrode geringer sein muß als die einer aus gleicher Paste formierten Bleischwammplatte. Wenn demnach die Konzentrationsänderungen allein maßgebend wären, so müßte die positive Platte die empfindlichere sein.

Bei stationären Bleisammlern geht man in der Regel nicht unter dreistündige Entladung herab. Nennt man die dieser entsprechende Kapazität $c_3$, so ist diejenige für 10stündige Entladung etwa $\frac{4}{3}\,c_3$. Für einen Sammler mit Großoberflächenanoden gelten folgende Zahlen:

| | | | | | |
|---|---|---|---|---|---|
| Entladezeit ..... | 3 | 5 | 7 | 10 | Stunden |
| Stromstärke ..... | 36 | 25 | 19 | 14,5 | Ampere |
| Kapazität ...... | 108 | 124 | 130 | 144 | Ah. |

Schröder[1] gelangte auf Grund von Untersuchungen an Akkumulatoren der Afa zu der Formel

$$K \cdot \sqrt[3]{J^2} = m\,,$$

wo $K$ die Kapazität in Amperestunden, $J$ die Entladestromstärke und $m$ eine für den betreffenden Akkumulator charakteristische Konstante ist. Für die meistens in der Praxis vorkommenden Intervalle von $J$ liefert die Formel hinreichend genaue Werte. — C. Liebenow fand, daß für schwache Entladungen, wenn $K$ und $c$ Konstante sind,

$$K = \frac{m}{1 + c \cdot J}\,.$$

Nach Peukert[2] ist

$$J^n \cdot t = \text{konst.},$$

wo $t$ die Entladedauer, $n$ eine durch Versuche zu bestimmende Zahl bedeutet; $n$ lag bei den untersuchten Typen zwischen 1,35 und 1,72.

---

[1] ETZ 1904, S. 587. [2] ETZ 1897, S. 287.

Die Abhängigkeit der Kapazität von der Entladezeit bzw. von der Stromdichte zeigt für ein stationäres Element mit Gitterplatte die Abb. 9. Diese ist aus Versuchen entstanden, die von den KAW ausgeführt wurden. Während bei 5stündiger Entladung die Kapazität rund 18 Ah betrug, belief sie sich bei 160stündiger auf etwa 39 Ah. Dies ist aber noch nicht die absolute Kapazität. Denn es ist unmöglich, bei endlicher Dicke der aktiven Massen so weit zu entladen, daß alle Blei- und Superoxydteilchen in Sulfat umgewandelt werden.

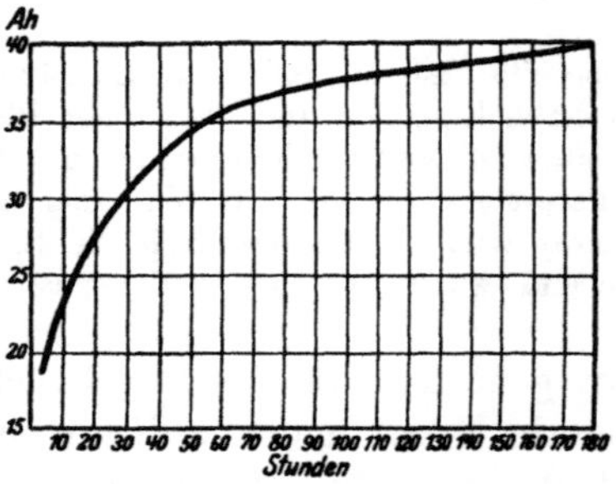

Abb. 9. Kapazität und Entladezeit.

Ist eine Zelle mit sehr kleiner Stromdichte entladen worden, so muß man bei der folgenden Ladung ebenfalls eine sehr geringe Stromdichte wählen, weil sonst erhebliche Mengen von Bleisulfat zurückbleiben, wodurch Sulfatation begünstigt wird (s. S. 72). In der Praxis wird man die starke kapazitive Inanspruchnahme unterlassen, weil sie mit großer Volumzunahme der aktiven Masse verbunden ist, die Lockerung des Zusammenhangs zwischen dem Bleiträger und der aktiven Masse bewirken kann.

Außer von der Entladestromstärke hängt die Kapazität von der Dicke der aktiven Schicht, der Dichte und Temperatur der Säure sowie von dem Plattenabstand ab. Ist das Bleisuperoxyd und ebenso der Bleischwamm als sehr dünner Überzug auf einer großen Oberfläche verteilt, so kann die für die Bleisulfatbildung nötige Säure leichter zu den Teilchen der aktiven Masse gelangen, als wenn die wirksame Masse eine dickere Schicht mit kleinerer Oberfläche bildet.

Der Forderung, möglichst dünne Platten in größerer Anzahl zu verwenden, stehen Bedenken im Wege: Die Lebensdauer der Platten verringert sich, die Platten müssen eine gewisse mechanische Festigkeit haben, der Einbau wird umständlicher.

Die Abhängigkeit der Kapazität von der Säuredichte hat zuerst Heim[1] näher untersucht. Er fand, daß die Kapazität, wenn man die Säuredichte vergrößert, zuerst steigt und dann wieder abnimmt; das Maximum lag bei einem spezi-

[1] ETZ 1889, S. 88.

lischen Gewichte von 1,1. Nach **Earle** ist die Kapazität am größten, wenn die Säuredichte etwa gleich 1,25 ist. Da bei dieser Dichte verdünnte Schwefelsäure ungefähr das Maximum der Leitfähigkeit besitzt, so darf man die Kapazität als eine Funktion des Leitungsvermögens des Elektrolyten ansehen, ein Schluß, der mit unseren früheren Überlegungen in Einklang steht. Die Stromlinien dringen eben um so tiefer in das Innere der aktiven Masse ein, die Umwandlung in Bleisulfat ist um so vollständiger, je besser die Säure leitet. Wahrscheinlich spielt auch die **Viskosität** der Säure eine Rolle (s. unten). Sie verhindert den schnellen Säureausgleich. Je größer aber die Säuredichte, um so größer die Viskosität. Sie ist daher für beide Elektroden während des Stromdurchganges verschieden, da ja die Wanderung der Ionen Konzentrationsverschiebungen zur Folge hat (s. S. 24).

**Der Einfluß der Temperatur auf die Kapazität** ist nicht unerheblich. Durch Messungen von **Heim**[1] ergab sich, daß die Kapazität pro 1° Temperaturerhöhung innerhalb der Grenzen 14° und 45° um 2,6% des der Temperatur 19° entsprechenden Betrages stieg (nach **Liebenow** 1%, nach **Lucas**[2] 2%). Dieses Anwachsen kann durch den rascheren Ausgleich der Konzentrationsänderungen (infolge größerer Beweglichkeit der Säureteilchen), sowie durch die Zunahme des Leitungsvermögens des Elektrolyten erklärt werden. In der Praxis kann man von der Kapazitätssteigerung durch Erwärmung der Säure schon aus dem Grunde keinen Gebrauch machen, weil sie eine vorzeitige Abnutzung der Platten zur Folge hat.

Bei Temperaturerhöhung ändert sich die **Viskosität** (Zähigkeit) der Säure. Reines Wasser hat eine geringe Viskosität, durch Zusatz gewisser Stoffe, z. B. von Seife, wird diese vergrößert (Seifenblasen). Die Viskosität der Schwefelsäure ist bedeutend größer als diejenige des Wassers. Eine Flüssigkeit wird aber offenbar um so schneller diffundieren, je kleiner ihre Viskosität ist. Steigt die Temperatur der Säure, so nimmt die Viskosität ab, die Diffusion (Nachtransport von Säure zur aktiven Masse in den Kanälen) geht leichter vor sich, die Kapazität wächst. Möglich ist es, daß bei Temperaturerhöhung die Kanäle etwas weiter werden, wodurch der Säureausgleich offenbar erleichtert würde.

---

[1] ETZ 1901, S. 811. [2] Die Akkumulatoren. Leipzig.

Von praktischer Bedeutung ist die zwischen Kapazität und Temperatur bestehende Beziehung für Bleisammler, die in Luftfahrzeugen Verwendung finden. Hier können Temperaturen vorkommen, die tief unter Null liegen, bei Fahrten in großer Höhe selbst im Sommer. Ausgedehnte Versuche über die Kapazitätsänderungen haben G. W. Vinal und C. L. Synder ausgeführt[1]. Sie fanden, um nur ein Beispiel zu erwähnen, daß für eine kleine Zelle mit leichten pastierten Platten die Kapazität der Positiven bei — 17° nur etwa 40% derjenigen bei 25° betrug, wenn die Säure bei Beginn der Entladung die Dichte 1,28 hatte; für die Negativen war das Verhältnis noch kleiner. Steigende Säuredichte bewirkte, daß der Einfluß der Temperatur bei den Anoden sich verringerte, bei den Negativen sich vergrößerte.

Ferner ist die Kapazität eines Bleisammlers, der mit Ruhepausen entladen wird, verschieden von derjenigen eines Elementes, das mit gleicher Stromstärke ohne Unterbrechung beansprucht wird; sind die Ruhepausen nicht so groß, daß die Selbstentladung merkliche Verluste verursacht (s. Kap. 4), so ist die Kapazität im ersteren Falle die größere.

B. Albrecht fand merkwürdigerweise, daß bei Bleisammlern mit positiven Großoberflächenplatten (s. Kap. 7) eine merkliche Zunahme der Kapazität infolge der Ruhepausen nicht stattfand. Wahrscheinlich ist dieser Umstand der Selbstentladung zuzuschreiben. Bei den Masseplatten wurde eine ganz bedeutende Vergrößerung der Kapazität infolge der Unterbrechungen beobachtet; sie ist prozentual um so bedeutender, je größer die Entladestromstärke ist. Die Untersuchungen wurden allerdings nur mit Platten einer Firma ausgeführt.[2]

Daß endlich der Plattenabstand einen Einfluß auf die Kapazität ausübt, ist leicht einzusehen. Je kleiner dieser nämlich ist, um so weniger Säure steht für den chemischen Umsatz zur Verfügung, um so schneller sinkt bei der Entladung die Spannung bis zur zulässigen Grenze. Dieser Einfluß wird sich bei schneller Entladung in höherem Grade bemerkbar machen als bei Entladung mit geringer Stromdichte. Ist man aus technischen Gründen gezwungen, den Plattenabstand klein zu machen (trans-

---

[1] Näheres siehe ETZ 1929, S. 126 (Referat vom Lucas).
[2] Näheres s. ETZ 1907, S. 539.

portable Zellen), so sucht man die hierdurch bedingte Verringerung der Kapazität dadurch aufzuheben, daß man die Konzentration der Säure erhöht.

Die Kapazität eines Bleisammlers ändert sich im Laufe der Zeit. In der Regel nimmt sie in den ersten Betriebszeiten zu, erreicht ein Maximum und sinkt später. Hierbei ist zu beachten, daß verschiedene Fabriken die Platten in nicht fertig formiertem Zustande liefern, so daß in der ersten Zeit die Formation fortschreitet und die Aufnahmefähigkeit steigt. Auch bei Platten, die soweit als möglich in der Fabrik formiert wurden, kann die Kapazität wachsen; es gilt dies besonders von positiven Großoberflächenplatten (s. Planté-Formation). Anderseits kann die Kapazität im Gebrauche geringer werden, weil aktive Masse aus dem Gitter herausfällt oder abbröckelt. Eintretende Sulfatierung und Verbleiung, zwei Erscheinungen, von denen später die Rede sein wird, haben ebenfalls eine Verringerung der Kapazität zur Folge.

„Die Beschaffenheit der Elektroden übt", wie P. Schoop in seinem Werke Die Sekundär-Elemente sagt, „einen schwer kontrollierbaren Einfluß auf die Kapazität aus." Ist eine Batterie längere Zeit nicht benutzt worden, so ist die Kapazität geringer. Durch mehrmaliges Laden und Entladen muß man dann die Platten auffrischen.

Eine Kapazitätsprobe wird häufig bei der Abnahme einer gelieferten Batterie ausgeführt; auch empfiehlt es sich, eine solche vorzunehmen, wenn man über den Zustand der Batterie im Zweifel ist, besonders wenn sie längere Zeit nicht benutzt worden ist. Die Prüfung geschieht folgendermaßen: Die Batterie wird mit normaler Stromstärke (etwa der der fünfstündigen Ladung entsprechenden) geladen; kurze Zeit nach der Ladung (mit Ruhepausen) soll die Entladung beginnen. Man reguliert die Stromstärke so, daß sie den für die betreffende Entladezeit (z. B. fünf Stunden) vorgeschriebenen Wert hat und hält sie tunlichst konstant. Am einfachsten bestimmt man die abgegebene Elektrizitätsmenge mittels eines Coulomb- oder Amperestundenzählers; benutzt man einen einfachen Strommesser, so muß man in Zeitabschnitten von 10 bis 15 Minuten die Stromstärke ablesen. Durch ein mit den Klemmen der Batterie verbundenes Voltmeter wird die Spannung gemessen. Der Versuch ist natürlich abzubrechen, sobald die untere Spannungsgrenze erreicht ist,

d. h. wenn die Klemmenspannung um etwa 10% der anfänglichen gesunken ist[1].

Die Cadmiummessung. Hat sich ergeben, daß die Kapazität eines Bleisammlers zurückgegangen ist, so ist es von Wichtigkeit zu wissen, ob die Schuld an den Positiven oder an den Negativen liegt. Um dies zu prüfen, bedient man sich der Fuchsschen Methode. Das Verdienst, diese in die Akkumulatorentechnik eingeführt zu haben, gebührt C. Liebenow[2]. Man benutzt eine sog. Hilfselektrode, am einfachsten ein amalgamiertes Zinkstäbchen oder am besten ein Cadmiumblech. Die Meßelektrode[3] taucht man so in die Säure ein, daß sie von möglichst wenig Stromfäden getroffen wird. Sie bildet in verdünnter Schwefelsäure sowohl mit Bleisuperoxyd als auch mit Bleischwamm ein galvanisches Element. Die EMKe $e_1$ und $e_2$ betragen bei der gewöhnlichen Säuredichte bei Beginn der Entladung

| | | | |
|---|---|---|---|
| für Zink | und | Bleisuperoyxd | 2,41 V, |
| „ „ | „ | Bleischwamm | 0,40 V, |
| „ Cadmium | „ | Bleisuperoxyd | 2,17 V, |
| „ „ | „ | Blei | 0,16 V. |

$e_1 - e_2$ ist, wenn die Zelle keinen Strom abgibt, mit großer Annäherung die EMK des Elementes[4]. Entnimmt man der Zelle

---

[1] Näheres über diesen Gegenstand findet man in dem Buche: Die Krankheiten des stationären elektrischen Blei-Akkumulators von F. E. Kretzschmar. München: R. Oldenbourg.

[2] Z. Elektrochem. 1902, S. 616.

[3] Liebenow empfiehlt als Meßelektrode eine kleine Zelle aus Ton (porös), in der sich Cadmiumamalgam und eine konzentrierte Lösung von Cadmiumsulfat in Akkumulatorensäure befindet. Ein durch einen Glasstab isolierter Draht geht bis zum Cadmiumamalgam. Man stellt die Zelle auf die Oberkante der Platten; ihr unteres Ende muß dann von der Säure benetzt werden. Die Anordnung entspricht einem Voltaschen Elemente, bei dem eine Elektrode in einer mit verdünnter Schwefelsäure angefüllten Tonzelle steht. Die Tonzelle, deren Widerstand ein sehr hoher und schwankender ist, wurde später von der Afa durch ein amalgamiertes von einem durchlöcherten Hartgummirahmen umgebenes Cadmiumblech ersetzt, das bei Messungen auf die Platten gelegt wird. Durch den Hartgummi wird Kurzschluß vermieden. Für kleine Zellen kann man auch ein Cadmiumstäbchen mit Klemme verwenden, das durch die Füllöffnung geht. Die Spannungen sind mit einem Präzisionsvoltmeter zu bestimmen, das bei etwa 100 Ohm Widerstand Hundertstel Volt abzulesen gestattet.

[4] Dies folgt ohne weiteres aus der Nernstschen Theorie der Stromerzeugung.

Strom, so ändern sich $e_1$ und $e_2$ etwas, und es ist jetzt ihre Differenz gleich der Klemmenspannung, wenn der innere Widerstand des Akkumulators so klein ist, daß man das Produkt $J \cdot w_i$ vernachlässigen kann.

Man macht während der Entladung eine größere Reihe von Messungen und trägt die Werte von $e_1$ und $e_2$ sowie diejenigen für die Klemmenspannung auf Millimeterpapier nach der Zeit auf, d. h. man macht die Zeit zu Abszissen und die Spannungen zu Ordinaten. Man erhält so drei Kurven, die den Verlauf der Klemmenspannung und der EMKe der beiden Kombinationen

| | | |
|---|---|---|
| Hilfselektrode | verdünnte Schwefelsäure | Bleisuperoxyd |
| „ | „ „ | Bleischwamm |

anzeigen (s. Abb. 10). Die Spannungen $e_1$ und $e_2$ müssen sich bei fortschreitender Entladung einander allmählich nähern, da die positive und die negative Platte immer mehr einander ähnlich werden. Bei gleicher Kapazität der beiden Platten müssen offenbar die Kurven zur selben Zeit, nämlich bei Beginn des starken Abfalls der Klemmenspannung, stark umbiegen, die eine nach unten, die andere nach oben. Die Positive des Sammlers, auf den sich unsere Abbildung bezieht, hatte gegenüber der Negativen eine zu geringe Kapazität. Die starke Änderung der Spannung gegen Cadmium beginnt nämlich bei der positiven Elektrode schon nach etwa $5^1/_2$ Stunden, bei der negativen Platte aber erst nach 7 Stunden.

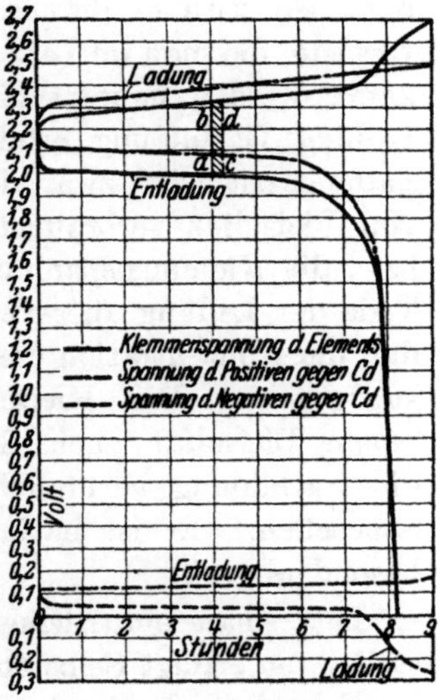


Abb. 10. Cadmiummethode.

Nach Sieg sind die positiven Platten entladen, sobald sie gegen Cadmium unter 2 V anzeigen, die negativen, sobald sie gegen Cadmium über 0,2 V haben.

## 2. Wirkungsgrad.

Nennt man die einem Element während der Ladung zugeführte Elektrizitätsmenge, ausgedrückt in Amperestunden (oder in Coulomb), $Q_1$ und die während der Entladung von der Zelle abgegebene Elektrizitätsmenge $Q_2$, so ist

$$\frac{Q_2}{Q_1} \text{ der Wirkungsgrad}^1.$$

Multipliziert man den erhaltenen Bruch mit 100, so erhält man den Wirkungsgrad in Prozenten der hineingeladenen Elektrizitätsmenge.

Da $Q_1$ und $Q_2$ von der Stromdichte, also auch von der Dauer der Ladung und Entladung, abhängig sind, so empfiehlt es sich, bei Bestimmung des Wirkungsgrades mit derselben Stromdichte zu entladen, mit der geladen wurde (s. Kapazität).

Obschon der Bleisammler ein umkehrbares Element ist, beträgt der Wirkungsgrad doch weniger als 100%. Für Lichtbatterien wird er durchschnittlich etwa 90% betragen. Stromverluste, die man im Laboratorium auf 3 bis 4% herunterdrücken kann, werden hauptsächlich dadurch verursacht, daß bei der Ladung Gasbildung erfolgt. Während des größten Teiles der Ladungszeit wird zwar der ganze Strom für die Umwandlung von Bleisulfat verbraucht, vorausgesetzt, daß die Stromdichte bzw. die Klemmenspannung nicht anormal hoch ist. Im letzten Teile der Ladung aber verarmt der Elektrolyt an Bleisulfat, so daß die Konzentration der Bleiionen an beiden Elektroden stark zurückgeht. Die Klemmenspannung steigt so hoch, daß neben Bleisulfat auch Schwefelsäure zersetzt wird. Die für die Gasbildung verbrauchte Elektrizitätsmenge ist als Verlust anzusehen. Er ist natürlich, wenn „Überladung" stattfindet, besonders groß.

Läßt man ein Element nach erfolgter Ladung unbenutzt stehen, so erfolgt Selbstentladung, die eine Verringerung von $Q_2$ zur Folge hat. Je länger also die zwischen Ladung und Entladung liegende Zeit ist, um so geringer wird der Wirkungsgrad.

---

[1] Was hier „Wirkungsgrad" genannt ist, wird von einigen Autoren als „Güteverhältnis" auch als „Mengenverhältnis" bezeichnet, während das Verhältnis der entnommenen Energie zu der bei der Ladung aufgewendeten Energie vielfach als Wirkungsgrad bezeichnet wird (entsprechend der Bedeutung dieses Wortes bei Maschinen). Förster nennt das obige Verhältnis den Nutzeffekt in bezug auf die Strommenge.

## 3. Der Nutzeffekt.

Man versteht darunter den Quotienten, den man erhält, wenn man die von einem Sammler während der Entladung abgegebene Energie (gemessen in Wattstunden) durch die ihm bei der vorhergegangenen Ladung zugeführte Energie (in Wattstunden) dividiert. Beispiel: Ein Bleisammler wurde mit 50 Amp. 4 Stunden lang geladen; die mittlere Ladespannung war 2,3 V; die dem Elemente zugeführte Energie $w_1$ betrug

$$w_1 = 2{,}3 \cdot 50 \cdot 4 = 460 \,\text{Wh}\,.$$

Die Zelle wurde etwa $^1/_2$ Stunde nach der Ladung mit 50 Amp. entladen; nach ungefähr $3^3/_4$ Stunden war die Klemmenspannung auf 1,8 V gesunken. Da die mittlere Spannung, wie Messungen ergaben, jetzt rund 1,9 V betrug, so belief sich die vom Akkumulator abgegebene Leistung $w_2$ auf

$$50 \cdot 3{,}75 \cdot 1{,}9 \,\text{Wh.} = 356{,}25 \,\text{Wh.}$$

Mithin war in diesem Falle der Nutzeffekt gleich

$$\frac{w_2}{w_1} = \frac{356{,}25}{460} = 0{,}77 \text{ oder } 77\,\%\,.$$

Im Laboratorium kann, wenn mit geringer Stromdichte geladen und entladen wird, ein Nutzeffekt von 90% und noch mehr erzielt werden. Mit zunehmender Entladestromstärke nimmt der Quotient ab. In der Praxis rechnet man mit einem Nutzeffekte von 70 bis 75%. (Auf die Rolle, die die zwischen Ladung und Entladung liegende Zeit spielt, ist schon aufmerksam gemacht worden.)

Die Energieverluste werden durch verschiedene Umstände verursacht. 1. Sowohl bei der Ladung wie bei der Entladung wird in dem Element Wärme erzeugt. Sie ist in einem bestimmten Augenblick dem jeweiligen innern Widerstand der Zelle proportional. Dieser ist, wie wir sehen werden, eine veränderliche Größe. Aber die für die Erzeugung von Joulescher Wärme verbrauchte Energie ist gering gegenüber den beiden folgenden Posten. 2. Wir haben eben gesehen, daß sich bei normalen Ladungen Wasserstoff und Sauerstoff bilden. Den betreffenden Stromverlusten entsprechen natürlich Energieverluste. Werden 10% der bei der Ladung der Zelle zugeführten Coulomb für die direkte oder indirekte Wasserzersetzung verbraucht, so ist der betreffende

Energieverlust größer als 10%. Denn die Gasentwicklung erfolgt bei einer Spannung, die über der mittleren Ladespannung liegt. 3. Aber der Hauptgrund dafür, daß der Nutzeffekt weit unter 100% liegt, ist darin zu erblicken, daß die mittlere Ladespannung wesentlich höher liegt als die mittlere Entladespannung. Das Verhältnis dieser Größen bezeichnet man nach Förster als Nutzeffekt in bezug auf die Spannung. Bei normalem Betrieb wird es für stationäre Elemente zwischen 75 und 80% liegen. Die Gründe sind z. T. schon im 2. Kapitel besprochen worden; wir werden auf sie aber im 5. Kapitel noch näher eingehen. 4. Geringe Verluste werden durch Konzentrationsverschiebungen verursacht, die bei Stromdurchgang innerhalb des Elektrolyten erfolgen.

Daß durch die Konzentrationsänderungen, die sich sowohl bei der Ladung wie bei der Entladung vollziehen, Arbeitsverluste verursacht werden, kann man sich folgendermaßen klarmachen: Mischt man zwei Schwefelsäurelösungen verschiedener Konzentration, so wird Wärme frei; sollen umgekehrt die beiden miteinander vermischten Säuren getrennt, soll also ein Konzentrationsunterschied hergestellt werden, so muß Arbeit aufgewendet werden. Dolezalek leitet eine Formel für die betreffenden Energieverluste ab, aus der sich ergibt, daß der Nutzeffekt abhängig ist von dem mechanischen Bau (Porosität) der Platten, von der Leitfähigkeit der Plattensäure, von der Stromstärke und von der Zeit. Beachtenswert ist, daß diese Energieverluste, ebenso wie die der Jouleschen Wärme entsprechenden, der Leitfähigkeit der Säure umgekehrt proportional sind.

Die Arbeitsverluste kann man graphisch bestimmen, wenn man die Lade- und Entladekurve aufgenommen hat. Wählt man nämlich für die beiden Kurven dieselben Koordinatenachsen (Zeiten als Abszissen, Spannungen als Ordinaten), so schließen sie eine Fläche ein, die ein Maß für die Energieverluste ist (s. Abb. a. S. 59). Um dies zu beweisen, denken wir uns die Zeit in die Abschnitte $t_1$, $t_2$... zerlegt, die so klein sind, daß man von den Änderungen der Spannungen während eines jeden Intervalls absehen kann. Nennen wir die zu den einzelnen Zeitteilchen gehörigen Ladespannungen $E_1$, $E_2$..., und die Entladespannungen $e_1$, $e_2$..., bezeichnen wir ferner die (konstante) Stromstärke, die bei der Ladung und Entladung die gleiche sein muß, mit $J$, so ist die

| | | | | | | |
|---|---|---|---|---|---|---|
| Ladearbeit | während | der | Zeit | $t_1$ | gleich | $E_1 \cdot J \cdot t_1$, |
| " | " | " | " | $t_2$ | " | $E_2 \cdot J \cdot t_2 \dots$; |
| Entladearbeit | " | " | " | $t_1$ | " | $e_1 \cdot J \cdot t_1$, |
| " | " | " | " | $t_2$ | " | $e_2 \cdot J \cdot t_2 \dots$. |

Der Energieverlust während der Zeit $t_1$ ist mithin $(E_1 - e_1) J \cdot t_1$, d. h. er ist proportional $(E_1 - e_1) \cdot t_1$. Durch dieses Produkt wird aber das der Zeit $t_1$ entsprechende Stück der zwischen den beiden Kurven liegenden Fläche gemessen. Dieses Flächenelement kann man nämlich als ein Rechteck ansehen, dessen Grundlinie $t_1$ und dessen Höhe $E_1 - e_1$ ist. Eines der Vierecke ist in der Abb. 10 a. S. 59 mit *abcd* bezeichnet. *ab* ist die Differenz der beiden Spannungen, *ac* das Zeitteilchen.

## 4. Der innere Widerstand.

Wird ein Sammler geladen, so tritt der Strom an der positiven Klemme ein, er durchfließt die verschiedenen Teile der positiven Elektrode, nämlich die Bleileiste, den Kern, die aktive Masse und die in den Poren befindliche Säure; dann geht er durch die äußere Säure und gelangt zur negativen Elektrode, deren verschiedene Teile er durchfließt[1]. Wir können also den inneren Widerstand der Zelle in drei Teile zerlegen.:

| | | | | | |
|---|---|---|---|---|---|
| Widerstand | in | der | positiven | Elektrode | $w_p$ |
| „ | „ | „ | negativen | „ | $w_n$ |
| „ | „ | „ | äußern Säure | | $w_s$ |

Zu $w_s$ haben wir auch den Widerstand zu rechnen, den der Strom in den Brettchen findet, die zwischen die einzelnen Platten geschoben werden.

Jeder der drei Summanden ändert sich sowohl während der Ladung wie bei der Entladung beständig. Je mehr Bleisulfat nämlich zwischen den Blei- bzw. Bleisuperoxydpartikelchen verteilt ist, um so größer werden $w_p$ und $w_n$; ferner steigt bzw. sinkt die Konzentration der Säure in den Poren; endlich hat die Erzeugung von Joulescher Wärme eine Temperaturerhöhung zur Folge. Auch mit dem Alter der Platten ändern sich die beiden Widerstände (s. Lebensdauer). Die Veränderlichkeit von $w_s$ folgt aus dem Umstande, daß die Säuredichte während der Ladung stetig wächst und während der Entladung sinkt. Verringerung hat aber für das hier in Betracht kommende Intervall[2] eine Erhöhung des spezifischen Widerstandes zur Folge. Noch ein Umstand ist zu berücksichtigen: Beim Durchgang der Elektrizität

[1] Bei der Entladung ist der Stromweg der umgekehrte.
[2] Näheres siehe Kap. 8.

wird in der Säure Stromwärme erzeugt. Wir haben aber gesehen, daß die Leitfähigkeit der Elektrolyte in hohem Grade von der Temperatur abhängig ist.

Um eine Vorstellung von den einzelnen Teilen des innern Widerstandes zu erwecken, seien einige Ergebnisse von Messungen wiedergegeben, die von Roloff an Afa-Elementen mit eingebauten Brettchen ausgeführt worden sind.

| Type | Entladestrom b. 3std. Entl. | $w_s$ | $w_p + w_n$ | $w_i$ | $w'_i$ |
|---|---|---|---|---|---|
| $3 \times J_1$ | 27 A | 0,00097 | 0,00021 | 0,0012 | 0,0018 |
| $3 \times J_2$ | 54 A | 0,00049 | 0,00023 | 0,00072 | — |
| $50 \times J_{12}$ | 5400 A | 0,000006 | 0,000008 | 0,000014 | — |

$w'_i$ ist der Widerstand am Ende der Entladung; die Erhöhung beträgt 50%. Bildet man das Produkt $J \cdot w_i$, das den Spannungsverlust im Element angibt, so findet man, daß es bei der großen Type (0,075 V) fast doppelt so groß ist wie bei der Type $3 \times J_2$ (0,039 V). Das wird damit zusammenhängen, daß der durchschnittliche Stromweg in einer langen Platte größer ist als in einer kurzen Platte.

Haagn fand, daß der innere Widerstand einer kleinen Zelle, die in 5 Stunden entladen wurde, im Anfang 0,018 Ohm und gegen Ende 0,045 Ohm betrug. Nach Häberlein ist das Verhältnis von Anfangswiderstand zu Endwiderstand ungefähr das von Roloff ermittelte.

Der Widerstand, den ein Akkumulator im stromlosen Zustande hat, kann wie derjenige eines jeden andern elektrolytischen Apparates bestimmt werden. Bei der einfachen Brückenschaltung mit den von F. Kohlrausch angegebenen Modifikationen (Wechselströme, Telephon) erhält man, besonders bei größern Zellen, deren Widerstand, wie wir gesehen haben, sehr klein ist, wegen der Übergangswiderstände an den Klemmen keine genauen Resultate. Diese werden bei der Brückenschaltung von Matthiesen und Hockin eliminiert.

Wäre die EMK eines Sammlers eine konstante Größe, so könnte man $w_i$ leicht bestimmen. Bezeichnen wir nämlich die EMK mit $E$ und die Klemmenspannung mit $e$, so wäre während der Ladung

$$J = \frac{e - E}{w_i}$$

und während der Entladung

$$J = \frac{E - e}{w_i}.$$

Es würde genügen, „den Stromkreis für kurze Zeit zu öffnen" und die Spannung abzulesen, die das mit den Klemmen verbundene aperiodische Voltmeter anzeigt ($E$). Wie jedoch aus den im 5. Kapitel wiedergegebenen Kurven hervorgeht, erfolgen die Änderungen der EMK so schnell, daß die „Unterbrechungsmethode" als unzuverlässig zu bezeichnen ist. Will man den Widerstand einer Zelle während des Stromdurchganges genau bestimmen, so kann man die Methode von Uppenborn[1] oder die von Nernst und Haagn angegebene benutzen. Letztere unterscheidet sich von der gewöhnlichen Brückenmethode dadurch, daß zwei Widerstände durch Kondensatoren ersetzt sind, außerdem wird noch ein Hilfskondensator eingeschaltet, der verhindert, daß die Zelle Strom in die Brückenanordnung sendet[2]. (Eine ausführliche Beschreibung der verschiedenen Meßmethoden findet man in dem bekannten Werke von F. Kohlrausch, Leitfaden der Physik.)

# IV. Die Vorgänge im ruhenden Bleisammler.

## 1. Erholung.

Wir haben gesehen, daß die Klemmenspannung eines Bleisammlers während der Entladung allmählich abnimmt, weil u. a. der Elektrolyt im Innern der Elektroden und dicht an ihren Oberflächen an Schwefelsäure verarmt. Die Dichte dieser „innern" Säure beträgt z. B. am Ende der Entladung nach einer Angabe der Afa nur 1,04, während diejenige der äußern Säure etwa 1,16 war. Wird der Stromkreis geöffnet oder die Stromstärke sehr stark herabgesetzt, so erfolgt ein Ausgleich des Konzentrationsunterschiedes, indem Schwefelsäuremoleküle in die Platten hinein- und Wasserteilchen herauswandern. Die EMK steigt daher langsam bis zu dem der Dichte der ganzen Säure entsprechenden Werte an. Will man sich also ein Urteil über die Frage bilden, ob ein Bleisammler

[1] Näheres in Uppenborns Kalender für Elektrotechniker.
[2] Z. Elektrochem. 1897, S. 421.

ganz oder teilweise entladen ist, so genügt es nicht, seine Ruhespannung zu messen. Dies geht auch aus den folgenden Beobachtungen hervor: Eine Zelle, die bei 4stündiger Entladung eine Kapazität von etwa 16 Ah hatte, wurde mit 4 Amp. entladen; die EMK betrug anfänglich 2,08 V. Nach einer Stunde zeigte das Voltmeter eine Klemmenspannung von 1,95 V an. Dann folgte eine 15stündige Ruhepause, an deren Ende die Ruhespannung den Wert 2,03 V hatte. Daran schloß sich eine $3^1/_6$stündige Stromentnahme; die Klemmenspannung sank auf 1,82 V. Nach 5 Stunden Ruhepause wurde eine EMK von 2,02 V gemessen. Bei Entnahme von 4 Amp. fiel die Klemmenspannung in wenigen Minuten wieder auf 1,82 V.

## 2. Selbstentladung.

Läßt man einen geladenen Bleisammler unbenutzt stehen, so nimmt seine Kapazität auch bei guter Isolation von Tag zu Tag mehr ab, und die Säuredichte sinkt allmählich. Es spielen sich also in der offenen Zelle chemische Vorgänge ab. Diese Erscheinung bezeichnet man als Selbstentladung.

Die Umwandlung von Blei und Superoxyd in Sulfat, die erfolgt, ohne daß der Akkumulator Strom abgibt, kann durch verschiedene Erscheinungen verursacht werden.

a) Der Bleischwamm kann von selbst aus Schwefelsäure Wasserstoff entwickeln; für je zwei H-Atome, die frei werden, geht ein Pb-Atom in die Lösung, d. h. es bildet sich Bleisulfat. Sind aber das Blei und die Säure ganz rein, so sind die hierdurch bedingten Verluste nur ganz unerheblich.

b) An der Oberfläche der Säure wird Sauerstoff der Luft absorbiert, der durch Diffusion in das Innere und schließlich z. T. an die negative Elektrode gelangt, wo er oxydierend wirkt. Da die Absorption und Diffusion nur langsam vor sich gehen, so spielt die betreffende Kapazitätsabnahme ebenfalls nur eine untergeordnete Rolle.

c) Bei der Ladung sättigt sich die Säure in der Nähe der Platten und in den Poren der aktiven Masse mit Sauerstoff bzw. mit Wasserstoff; auch werden von den Elektroden selbst geringe Mengen dieser Gase aufgenommen (Okklusion). Nach beendigter Ladung diffundiert der Wasserstoff langsam in die Säure hinein und gelangt nach der positiven Elektrode, wo er reduzierend wirkt; der Sauerstoff wandert langsam nach der Bleiplatte, wo er Oxydation hervorruft. Auch die diesen Vorgängen entsprechenden Verluste sind unbedeutend.

d) Nach Förster (l. c. S. 213) kann sich auch die positive Elektrode selbst entladen. Sie sendet nämlich kleine Mengen von vierwertigen Bleiionen (s. S. 41) in den Elektrolyten, die durch Diffusion zur negativen Platte gelangen. Jedes dieser Ionen bildet dort mit zwei $SO_4$-Ionen und einem Bleiatom zwei Bleisulfatmoleküle. Da also die aus Bleisuperoxydteilchen entstandenen vierwertigen Bleiionen als solche verschwinden, so wird der Elektrolyt mit ihnen nicht gesättigt, so daß eine dauernde Nachlieferung, also ein Verbrauch von $PbO_2$ an der positiven Elektrode, stattfindet.

e) Größere Elektrizitätsverluste können durch die Anwesenheit fremder Metalle in dem Elektrolyten verursacht werden. Jedoch sind keineswegs alle Metalle zu den schädlichen zu rechnen, sondern nur diejenigen, die mit Blei in verdünnter Schwefelsäure ein galvanisches Element bilden, bei dem Blei der negative Pol ist. Wir werden hierauf später noch näher eingehen. Einstweilen nehmen wir an, daß ein schädliches Metall, etwa Platin, in dem Elektrolyten enthalten sei. Durch Blei wird Platin ausgefällt, es schlägt sich also Platin auf der Bleischwammelektrode nieder, wie sich Kupfer auf einem Zinkstabe niederschlägt, den man in die Lösung eines Kupfersalzes eintaucht. Ferner wird bei der Ladung Platin an der Kathode abgeschieden. Es sei jetzt an folgenden Versuch erinnert: Befinden sich ein Zinkstab und eine Kupferplatte in verdünnter Schwefelsäure, und läßt man die Pole sich innerhalb der Säure berühren, so beobachtet man an der Berührungsstelle lebhafte Gasentwicklung (Wasserstoff). Die Anordnung bildet ein innerhalb der Säure kurzgeschlossenes Voltasches Element; der Strom geht vom Kupfer durch die Berührungsstelle zum Zink, durch die Säure zum Kupfer zurück. In unserem Akkumulator befinden sich nun außerordentlich viele sehr kleine kurzgeschlossene Elemente; jedes Platinteilchen bildet nämlich mit seiner Unterlage ein solches. Die Vorgänge sind ähnlich denjenigen, die sich in dem Voltaschen Element abspielen (s. S. 17); sie können durch die Gleichung dargestellt werden

$$Pb + H_2SO_4 = PbSO_4 + H_2 .$$

Der Strom hört erst dann auf zu fließen, wenn das Platinteilchen nur mit Bleisulfat in Berührung steht.

Die eben erwähnten sehr kleinen Elemente nennt man Lokalelemente und die entsprechenden chemischen Vorgänge Lokalaktion. Da diese zur Umwandlung von Blei in Bleisulfat führt, so muß die Kapazität der negativen Platte abnehmen.

Je leichter die Wasserstoffentwicklung an einem der schädlichen Metalle erfolgt, um so stärker ist die Lokalaktion, um so schneller erfolgt die Selbstentladung. Wenn man daher die Metalle nach dem Grade ihrer Schädlichkeit zu einer Reihe ordnen will, so muß man die „Überspannung" mitberücksichtigen (s. S. 28). Beträgt diese bei einem Metall mehr als die EMK der Kombination Blei | verdünnte Schwefelsäure | Wasserstoffelektrode, so kann eine Wasserstoffentwicklung, falls sich das betreffende Metall in der Säure bzw. auf der Bleischwammelektrode befindet, nicht erfolgen und demnach auch keine Umwandlung von Blei in Bleisulfat. Nach Dolezalek[1] sind folgende Metalle dem Akkumulator gefährlich: Platin, Gold, Eisen, Silber, Nickel, Kupfer, und zwar Platin am meisten, Kupfer am wenigsten[2].

Daß Platin dem Bleisammler schädlich ist, zeigt ein einfacher Versuch: Berührt man mit einem Platindrahte oder mit einem Platinblech innerhalb der Säure eine negative Platte, so beobachtet man lebhafte Gasentwicklung. — Spuren von Platin können in die Schwefelsäure gelangen, wenn diese in einem Platintiegel eingedampft wird. Es genügt eine ganz minimale Menge dieses Metalles, den Akkumulator unbrauchbar zu machen; die andern Metalle sollen, wenn sie nur in sehr geringer Menge zugegen sind, im Laufe der Zeit an Schädlichkeit abnehmen, wahrscheinlich, weil sie sich mit dem Blei langsam legieren.

Kupfer kann besonders bei offenen Zellen in die Säure gelangen, wenn Messingklemmschrauben oder Kupferdrähte unmittelbar an den Polen befestigt sind. Durch Säuredämpfe oder durch Säurepartikeln, die bei der Ladung von den entweichenden Gasblasen mitgerissen werden, vielleicht auch durch „kriechende" Säure, wird das Kupfer angegriffen, es bildet sich ein Kupfersalz, von dem sich Teilchen loslösen usw. — Stehen

[1] Dolezalek: l. c. S. 75.

[2] Verbindet man eine frisch geladene Bleischwammelektrode und ein Kupferblech (beide in verdünnter Schwefelsäure) mit einem empfindlichen Voltmeter, so findet man, daß die Spannung schnell auf einige Millivolt fällt.

Akkumulatoren in der Nähe einer Dynamomaschine, bei der Kupferbürsten benutzt werden, so können kleine Kupferteilchen in die Säure fliegen.

Eine bis jetzt noch nicht aufgeklärte Beobachtung hat Kugel[1] gemacht. Er fand, daß, wenn mehrere Metalle, die für sich allein nur in geringem Grade schädlich sind, gleichzeitig in der Säure zugegen sind, eine stärkere Selbstentladung erfolgt.

Wenn durch metallische Verunreinigungen eine Selbstentladung verursacht wird, so gasen die Negativen nach Unterbrechung des Ladestromes noch längere Zeit nach (Nachkochen); die Dichte der Säure nimmt ab, dementsprechend sinkt die Ruhespannung langsam.

Um eine angenäherte Vorstellung von der Stärke des Nachgasens und damit zugleich von der Größe der an den Negativen stattfindenden Selbstentladung zu gewinnen, kann man ein von der Afa angegebenes Verfahren anwenden. Ein Uhrglas, dessen Boden mit einer Öffnung versehen ist, legt man so auf die Plattenkanten, daß sich das Loch oben befindet (s. Abb. 11). Bei richtiger Höhe der Säure wird das ganze Glas von dem Elektrolyten bedeckt. Ein Reagenzglas *RG*, das mit einer Marke versehen ist, wird ganz mit Säure gefüllt (durch Eintauchen) und, ohne daß die Mündung die Säure verläßt, auf das Uhrglas geschoben. Die unterhalb des Uhrglases sich bildenden Wasserstoffbläschen sammeln sich in dem Meßglase. Die Zeit, innerhalb deren die Säure bis zur Marke verdrängt wird, bildet ein Maß für die Stärke des Nachkochens. Durch einfache Schlüsse kann man auch ermitteln, wieviel Wasserstoff sich in der ganzen Zelle innerhalb eines bestimmten Zeitraumes entwickelt. Der durch das schwaches Gasen bedingte Kapazitätsverlust ist nicht bedeutend; es entsprechen nämlich bei 15° erst etwa 440 cm³ Wasserstoff einer Abnahme von 1 Ah.

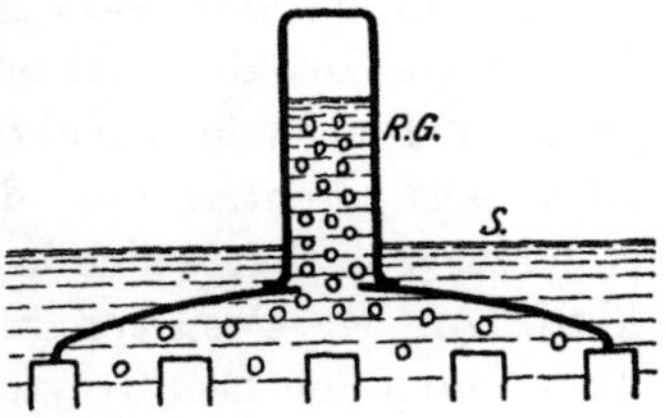

Abb. 11. Messung der Stärke des Nachgasens.

Ferner ist die Anwesenheit schädlicher Metalle in den Platten selbst zu erwähnen. Hier gelten dieselben Betrachtungen

[1] ETZ 1892, S. 12.

wie eben. Natürlich kann eine Verunreinigung nur dann Selbstentladung verursachen, wenn sie mit der Säure in Berührung kommt. Wie wir später sehen werden, setzt man dem Blei häufig Antimon zu. Von diesem werden sich geringe Mengen in der Säure lösen. Das Metall schlägt sich bei der Ladung auf dem Bleischwamm nieder und verursacht wahrscheinlich ein schwaches Nachgasen.

f) Lokalaktion an der positiven Platte. Dort findet eine Berührung zwischen Blei- und Bleisuperoxydteilchen statt, die mit hinzutretender Säure sehr kleine Akkumulatoren bilden. Die Lokalaktion besteht in der Umwandlung von Bleisuperoxyd der aktiven Masse und Blei des Trägers in Bleisulfat, sie bewirkt also eine Abnahme der augenblicklichen Kapazität der positiven Platten, aber auch eine Zunahme der spätern (s. Formation). „Sie wird durch einen kleinen Gehalt des Elektrolyten an Salpetersäure oder an Salzsäure befördert, deshalb dürfen diese nicht anwesend sein." (Förster: l. c. S. 213.)

g) Während der Ladung sinkt konzentrierte Säure zu Boden. Der untere Teil der Platten ist also nach der Ladung mit Säure größerer Dichte in Berührung als der obere Teil. Da nun das Elektrodenpotential von der Säurekonzentration abhängig ist, so bildet jede Platte eine in sich kurzgeschlossene Konzentrationskette. An der Positiven z. B. geht ein Strom von dem untern Teile durch den Elektrolyten zum oberen Teile. Unten geht $PbO_2$ in $PbSO_4$ über, oben ist es umgekehrt. Es findet also nur eine Verschiebung, eine Änderung in der Verteilung der aktiven Masse statt. Wir haben schon gesehen, daß durch kräftiges Gasen die Unterschiede in der Säuredichte beseitigt oder doch verringert werden.

h) Endlich kann eine langsame Selbstentladung durch Verunreinigungen der Säure herbeigeführt werden, die leicht oxydierbar sind und in zwei verschiedenen Oxydationsstufen vorkommen, z. B. durch Eisen, das Ferro- und Ferrisalze bildet. Die Oxydule oder die Metalle selbst nehmen an der positiven Elektrode Sauerstoff auf, diffundieren als sauerstoffreiche Verbindungen nach der negativen Elektrode hin, geben dort Sauerstoff ab, gelangen durch Diffusion wieder nach der positiven Platte usw. Sind größere Mengen Eisen in der Säure, so bewirken sie merkliche Selbstentladung beider Platten, aber ohne daß Gasentwicklung erfolgt. Eine solche Entladung nennt man wohl einen chemischen Kurzschluß. Ähnlich wie Eisen wirken Mangan und Chrom.

Über den Einfluß, den Verunreinigungen im Bleisammler bewirken, hat Helen Gilette eingehende Versuche angestellt[1]. Im Gegensatz zu der Ansicht, daß Metalle, die zwei Wertigkeiten besitzen, einen recht schädlichen Einfluß auf die Kapazität ausüben, stellte sich heraus, daß dies nur bei Silber und Mangan der Fall war. — Zusatz von Antimon (als Salz) bewirkte zwar eine Zeitlang Erniedrigung der Spannung, aber nach einigen Ladungen und Entladungen war die ursprüngliche Spannung wieder erreicht. Das Antimon wird wahrscheinlich auf der Negativen abgeschieden und dadurch unschädlich gemacht. — 0,00001 % Platin verkürzt die Lebensdauer schon merklich und bewirkt starke Erweichung der Positiven.— Mangan wurde als Kaliumpermanganat zugesetzt. Eine Beschleunigung der Selbstentladung war schon bemerkbar, wenn nur 0,005 % dieses Metalles anwesend waren. Nach vierwöchigem Stehen war die Zelle mit gepasteten Platten unbrauchbar. Die Positive war aufgetrieben, löcherig, bucklig, die Paste weich. — Silbernitrat bewirkte durch ausfallendes Silbersulfat Kurzschluß und starke Verringerung der Kapazität, die aber nach 6 Ladungen (und Entladungen) den Anfangswert wieder erreichte. Auf die Schädlichkeit der Essigsäure wird später eingegangen (s. Kap. 8).

Die Größe der Selbstentladung. Sie hängt von der Säuredichte ab, weil die EMKe der verschiedenen vorhin erwähnten Elemente mit der Konzentration wachsen. Ist diese eine hohe, so kann sich auch chemisch reines Blei unter lebhafter Wasserstoffentwicklung auflösen. Die durch Selbstentladung bewirkte, auf einen Tag bezogene Kapazitätsabnahme hängt von Zufälligkeiten ab, vor allem von der Reinheit der Materialien und von der Konstruktion der Platten. Für die positive Elektrode wird sie im allgemeinen eine andere sein als für die negative. Ferner dürfte die Selbstentladung um so größer sein, je weiter die sog. Oberflächenentwicklung der Positiven getrieben ist; lehrt doch die Erfahrung, daß für derartige Platten der Verlust durch freiwillige Entladung in einer bestimmten Zeit bedeutend größer ist als für sog. Masseplatten[2]. Je mehr Superoxydteilchen mit metallischem Blei in Berührung sind, um so mehr Lokalelemente sind vorhanden. In den ersten Tagen nach der Ladung ist der prozentuale Verlust größer als später.

Auf die Schlüsse, die sich aus der Selbstentladung für die

---

[1] Vgl. den Bericht von Lucas in ETZ 1924, S. 377.

[2] Man vgl. die Untersuchungen von Albrecht: ETZ 1907, S. 539.

Praxis ergeben, wird später näher eingegangen (s. Kap. 8). Hier sei nur darauf aufmerksam gemacht, daß man bei der Wahl des Systems in manchen Fällen auf die Selbstentladung Rücksicht nehmen muß. Je größer diese ist, um so größer ist die Gefahr, daß der Bleisammler Schaden leidet, wie sich aus dem folgenden Abschnitte ergibt.

## 3. Sulfatierung.

Läßt man einen Bleisammler in entladenem Zustande längere Zeit stehen, so beobachtet man, daß sich auf der Oberfläche der Platten weiße Flecke bilden, die im Laufe der Zeit an Größe zunehmen; schließlich (nach mehreren Wochen) ist die ganze Oberfläche mit einer weißen Schicht bedeckt; die Positiven werden hellrot. Wie die chemische Analyse zeigt, besteht die Masse, die sich auf den Platten ansetzt, aus reinem Bleisulfat, daher der Name Sulfatierung oder Sulfatation. Die Schicht unterscheidet sich von dem bei Stromentnahme entstehenden Bleisulfat dadurch, daß sie aus größeren Kristallen besteht, während letzteres einen mit Schwefelsäure überall durchtränkten Überzug bildet. Wir müssen also schließen, daß es sich bei der Sulfatierung um einen physikalischen Vorgang handelt. Elbs[1] gibt folgende Erklärung: Die Löslichkeit des Bleisulfats in verdünnter Schwefelsäure nimmt mit der Temperatur schnell zu. Nun unterliegt die Temperatur des Raumes, in dem sich der Sammler befindet, und daher auch die Temperatur der Säure, fortwährenden Schwankungen. Steigt die Temperatur (am Tage), so geht ein Teil des an den Elektroden vorrätigen Bleisulfats in Lösung; sinkt die Temperatur (abends, in der Nacht), so scheidet sich Salz in kristallinischem Zustande ab. Bei dem folgenden Temperaturanstieg geht wieder Sulfat in Lösung. Da sich aber das strukturlose, bei der vorhergegangenen Entladung entstandene Salz leichter löst, so nehmen die schon vorhandenen Kristallnadeln nur wenig an Größe ab. Bei der nächsten Abkühlung geht wieder Bleisulfat aus der Lösung heraus und setzt sich an die Kristalle an. Diese wachsen also im Laufe der Zeit auf Kosten des „normalen" Sulfates, bis schließlich die ganze Oberfläche mit einer zusammenhängenden, für Flüssigkeiten fast undurchdringlichen Kruste bedeckt ist.

---

[1] Elbs: Die Akkumulatoren, 5. Aufl., S. 46.

Für die Richtigkeit dieser Erklärung dürfte der folgende vom Verfasser angestellte Versuch sprechen: In verdünnte Schwefelsäure, in der sich fein verteiltes Bleisulfat befand, wurde eine Bleiplatte eingetaucht. Nach Verlauf von mehreren Wochen war diese zum Teil mit einer ziemlich dicken, weißen Kruste bedeckt. Besonders stark hatte sich das Bleisulfat an dem Teile der Platte angesetzt, der sich in der Nähe der Oberfläche der Säure befand. Dort nimmt die Säure am leichtesten die Temperatur der Umgebung an. Das Glasgefäß war luftdicht abgeschlossen.

Schließt man eine Zelle, in der stärkere Sulfatierung erfolgt ist, an ein Voltmeter an, so findet man, daß ihre Spannung 0,1 bis 0,2 V kleiner ist als die normale. Die folgende Ladung ist mit erheblichen Schwierigkeiten verbunden, weil der innere Widerstand der Zelle ein ungewöhnlich großer ist; die Sulfatschichten erschweren dem Strome das Eindringen in den Elektrolyten[1]. Nimmt die Zelle Strom auf, so wird der innere Widerstand allmählich kleiner.

Die Neigung einer Zelle zu sulfatieren wächst mit der Säuredichte stark, weil die Löslichkeit des Bleisulfats — für das hier in Betracht kommende Intervall — mit dem Schwefelsäuregehalt schnell steigt[2] und damit die Geschwindigkeit einer Umkristallisierung. Ferner ist die Gefahr, daß Sulfatation eintritt, um so größer, je tiefer der Akkumulator entladen ist, je mehr normales Bleisulfat also mit der Säure in Berührung ist.

Auf den ersten Blick hat es den Anschein, als ob bei einer Zelle, die zu einer Batterie gehört, Sulfatierung ausgeschlossen sei, wenn die Batterie nach Vorschrift geladen und entladen wird. Dies ist aber keineswegs der Fall. Angenommen nämlich, bei einer Zelle, die wir mit $Z$ bezeichnen wollen, sei eine leitende Verbindung zwischen einer positiven und einer negativen Platte entstanden. Es fließt dann fortwährend Strom von der positiven Elektrode durch den Kurzschluß nach der negativen Platte, so daß die Zelle viel früher entladen ist als die übrigen Elemente. Erfolgt die nächste Ladung, so fließt in $Z$ nur ein Teil des Ladestromes durch die Säure und bewirkt chemischen Umsatz an den Platten. Sind also die übrigen Zellen vollgeladen, so ist $Z$ noch

[1] Daß der Elektrolyt, wie vielfach behauptet wird, stark an Säure verarmt, konnte der Verfasser nicht finden.

[2] Aus dem vorhandenen Beobachtungsmaterial muß man schließen, daß die Löslichkeit des Bleisulfates mit der Säuredichte zuerst abnimmt, bei etwa 1,1 ein Minimum hat und dann stark steigt.

weit zurück. Nach der Ladung entlädt sich die betreffende Zelle ziemlich schnell. Sie befindet sich also fast immer im entladenen Zustand, wodurch die Sulfatierung begünstigt wird. Denn je mehr fein verteiltes Sulfat vorhanden ist, um so leichter kann sich kristallisiertes bilden.

Ferner kann Sulfatierung erfolgen, wenn die Kapazität eines Elementes aus irgendeinem Grunde kleiner ist als diejenige der übrigen Zellen, mit denen es in Reihe geschaltet ist, wenn z. B. ein altes Element mit neuen zusammenarbeitet. Die betreffende Zelle wird dann bei jeder Entladung der Batterie zu stark beansprucht; die Ladung wird erschwert, die zwischen Ladung und Entladung liegende Zeit ist bei ihr größer als bei den übrigen Elementen.

Die Sulfatierung ist oft mit einer Krümmung der Platten verbunden, durch die ein innerer Kurzschluß herbeigeführt werden kann. Das sog. Wachsen der Platten soll nach der Ansicht von Fachleuten ebenfalls mit der Sulfatierung in Zusammenhang stehen. Daß sie auch bei Zellen vorkommen kann, die lange nach der Ladung unbenutzt stehen, hängt mit der vorhin besprochenen Selbstentladung zusammen.

Beseitigung der Sulfatation. Die Erfahrung hat gezeigt, daß man die eben beschriebene Krankheit des Bleisammlers häufig dadurch heilen kann, daß man eine Ladung mit Ruhepausen bei geringer Stromdichte vornimmt: Man lädt die Zelle etwa eine Stunde lang, schaltet den Strom für etwa eine halbe Stunde ab, lädt weiter usf. Während der Ruhepausen sättigt sich der Elektrolyt wieder mit Bleisulfat, das von den schwer löslichen Kristallen geliefert wird. Bei den Negativen hilft dieses Verfahren fast immer; dagegen ist es häufig unmöglich, eine sulfatierte positive Platte in Ordnung zu bringen. Dies gelingt aber — allerdings auf Kosten der Lebensdauer — dadurch, daß man falsch lädt, d. h. die positive Platte zur Kathode macht; dann wird richtig geladen.

Für kleinere transportable Bleisammler mit weit vorgeschrittener Sulfatation kann die Behandlung mit Ätznatron empfohlen werden. Man nimmt, wenn möglich, den Plattensatz aus der Säure heraus und bringt ihn in ein größeres Glasgefäß, das mit destilliertem Wasser gefüllt ist. Nach 12 bis 14 Stunden wird das Wasser ausgegossen und durch 5proz. Ätznatronlösung ersetzt. Dann lädt man mit normaler Stromstärke etwa 6 Stunden lang. Es ist darauf zu achten, daß der Elektrolyt alkalisch bleibt. Um dies zu prüfen, taucht man rotes Lackmuspapier in die Lösung ein; dieses muß sich blau färben. Reagiert der Elektrolyt sauer, so wird ein Teil desselben entfernt und frische Lauge nachgefüllt. Man kann auch die erste Ätznatronlösung nach dreistündigem Laden durch neue ersetzen. Nach beendigter Ladung werden die Platten mit destilliertem Wasser sorgfältig ausgewaschen. In der eigentlichen Zelle, die mit Schwefelsäurelösung von 26 bis 27 Grad Bé gefüllt wird, muß eine neue Ladung erfolgen. Ist diese beendigt, so sorgt man dafür, daß die Säuredichte etwa 1,18 ist. Das Verfahren führt schneller zum Ziele als die Ladung mit sehr schwachem Strom, die 3 bis 5 Tage beansprucht. Es empfiehlt sich, vor dieser Ladung die Säure stark zu verdünnen und sie später wieder auf die normale Dichte zu bringen.

# V. Ladung und Entladung.

Zunächst soll das Verhalten des Bleisammlers bei der Ladung besprochen werden. Vor allem ist hier von Bedeutung die Änderung der EMK bzw. der Klemmenspannung.

## 1. Ladung.

Beträgt die Säuredichte im entladenen Zustand 1,15, so ist die EMK bei Beginn der Ladung rund 2 V. Wird der Strom eingeschaltet, so steigt die Klemmenspannung sofort um den Betrag $J \cdot w_i$, also bei normaler Ladung um einige Hundertstel Volt[1]. Aber schon in der ersten Minute erfolgt ein weiteres Wachsen der Klemmenspannung, wie aus der Abb. 12 zu ersehen ist. Hat die Klemmenspannung den Wert von etwa 2,14 V erreicht, so geht das weitere Wachsen eine Zeitlang ganz langsam und stetig vor sich. Wollen wir also mit gleichbleibender Stromstärke die Ladung durchführen, so müssen wir irgendeine Stromregulierungsmethode anwenden. Gegen Ende der Ladung steigt die Zeit-Spannungskurve steiler empor. Bei etwa 2,4 V beginnt die Gas-

[1] Es sei daran erinnert, daß der positive Pol des Elementes mit dem positiven Pol der Ladestromquelle zu verbinden ist; siehe das Schema in Abb. 7 auf S. 31.

entwicklung; an den Negativen wird Wasserstoff frei, an den Positiven Sauerstoff. Da auf 2 Raumteile des erstern Gases nur 1 Raumteil des letztern kommt, so ist das „Gasen“ bei den Negativen am besten zu sehen. Bei seinem Beginn setzt ein starker Anstieg der Spannung ein, der, wie aus Abb. 13 zu ersehen, in hohem Grade von der Ladestromstärke abhängig ist. Die Abb. 12 und 13 beziehen sich auf eine Zelle, die aus 5 Platten bestand, 2 positiven und 3 negativen (10 cm × 14 cm); die ersteren waren Großoberflächenplatten. Die Stromdichte betrug zuerst etwa 0,6, später etwa 0,4 Amp. je Quadratdezimeter der projizierten Oberfläche der Positiven; sie war also verhältnismäßig klein.

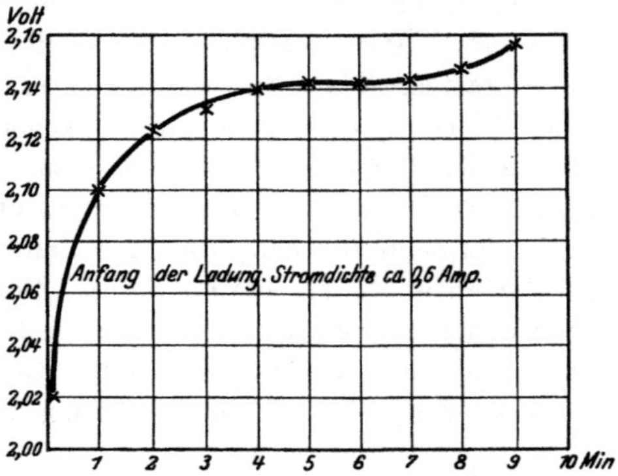


Abb. 12. Änderung der Klemmenspannung bei Beginn der Ladung.

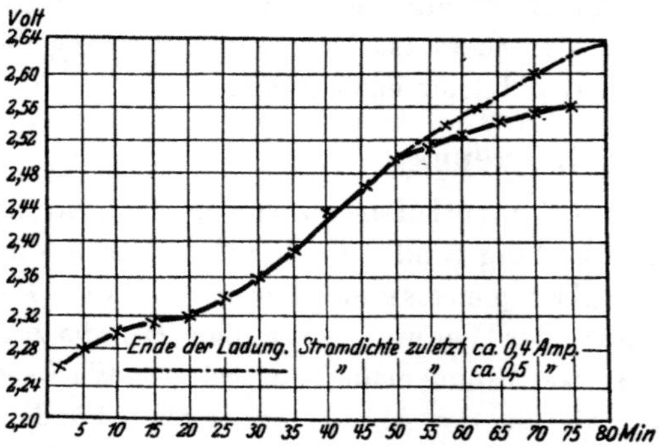


Abb. 13. Änderung der Klemmenspannung gegen Ende der Ladung.

Untersucht man mit Hilfe der Cadmiumelektrode das Verhalten der einzelnen Platten, so findet man (s. Abb. 10 auf S. 59), daß der starke Anstieg der Spannung hauptsächlich an den Positiven erfolgt. Die Spannung der Negativen bleibt während der ganzen Ladezeit fast unverändert auf 0,05 V gegenüber Cadmium. Erst bei Beginn der Gasentwicklung erfolgt schnelle Änderung; die Spannung geht durch Null hindurch und wird dann negativ. Dies ist vermutlich auf die Tendenz des okkludierten Wasserstoffs zurückzuführen, in den Ionenzustand zurückzukehren. Von mancher Seite wird freilich behauptet, daß wegen der geringen Okklusionsfähigkeit des Bleis die Gaspolarisation überhaupt keine Rolle spielt.

Man beobachtet zuweilen, daß kurze Zeit nach Beginn der Ladung die Potentialdifferenz der Klemmen etwas sinkt und dann wieder ansteigt, daß also die Ladekurve einen kleinen Höcker aufweist. Diese Erscheinung ist nach Dolezalek auf eine Änderung des Widerstandes zurückzuführen, den der Strom in den Platten findet. Während der der Ladung voraufgegangenen Ruhepause haben sich die Elektroden, so kann man annehmen, mit einer sehr dünnen Schicht von sehr schlecht leitendem Bleisulfat bedeckt (s. Sulfatierung). Dieses wird, wenn die Ladung beginnt, in kurzer Zeit gelöst, so daß dann $w_i$ den normalen Wert annimmt. Im übrigen wird durch die während der Ladung erfolgende Änderung des innern Widerstandes die Klemmenspannung nur wenig beeinflußt. Das anfängliche schnelle und das spätere langsame Wachsen der Klemmenspannung ist z. T. auf die Änderung der Konzentration der Säure in den Poren der wirksamen Masse und der äußern Säure zurückzuführen. Sobald die Stromzufuhr beginnt, wird in den Poren Säure frei, die Konzentration (und damit die EMK) steigt so lange, bis in jedem Zeitteilchen gerade soviel Säure durch Diffusion nach außen gelangt, wie in den Poren durch den chemischen Umsatz erzeugt wird. Diesem Gleichgewichtszustande entspricht ungefähr der Punkt *b* der Kurve in Abb. 14. Je größer die Stromdichte ist, um so größer wird der Unterschied in der Konzentration der beiden Säuren, um so größer wird die EMK und daher auch die Klemmenspannung. Die Differenz der beiden Konzentrationen können wir, wenn mit konstanter (nicht zu großer) Stromdichte geladen wird, als konstant ansehen; wächst also die Dichte der äußern Säure (was ja während der Ladung der Fall ist), so nimmt auch diejenige der Säure in den Poren zu (Stück *bc* der Kurve).

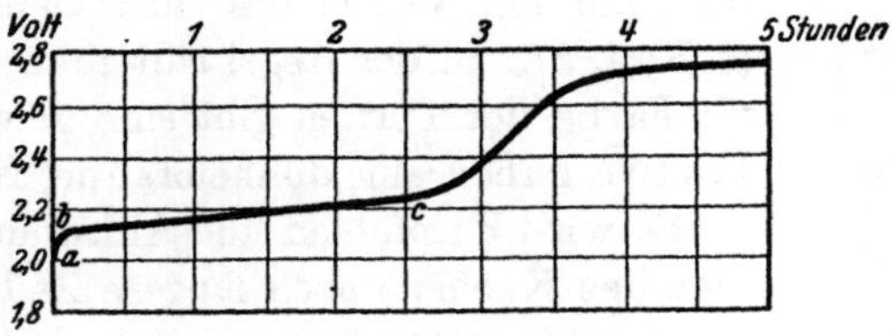

Abb. 14. Ladekurve.

Über die Höhe, die die Dichte der innern, d. h. der mit der aktiven Masse in Berührung stehenden Säure, erreicht, liegen m. W. nur Schätzungen vor. Nehmen wir an, sie erreicht den

Höchstwert von 1,35. Die entsprechende EMK beträgt rund 2,2 V. Der Spannungsabfall in der Zelle beläuft sich auf etwa 0,06 V. Die Klemmenspannung wäre also 2,26 V. Es ist dies mit großer Annäherung die Abszisse des Punktes *c* in Abb. 14.

Es ist noch ein Umstand zu erwähnen, der ein Anwachsen der Ladespannung zur Folge hat: Während der Stromzufuhr bedecken der Bleischwamm und das Superoxyd immer mehr das noch vorhandene Bleisulfat. Der Elektrolyt verarmt an diesem Salze; die Konzentration der Blei- bzw. Bleisuperoxydionen geht zurück. Dies hat aber, wie wir gesehen haben, eine Erhöhung der Klemmenspannung zur Folge.

Die Frage, *wie man erkennt, wann man die Ladung eines Bleisammlers als beendigt anzusehen hat*, ist von großer praktischer Bedeutung. Der beste Anhaltspunkt ist die Änderung der Säuredichte. Man beobachtet sie mit einem Aräometer (s. Kap. 8). Bei stationären Elementen beträgt die Säuredichte des vollgeladenen Sammlers in der Regel etwa 1,2; bei Starterbatterien liegt sie höher. Im übrigen hat man sich nach den Angaben der Fabriken zu richten. Ein zweites Kriterium ist die Klemmenspannung. Wie hoch diese am Ende der Ladung ist, hängt von der Type, vor allem aber von der Ladestromstärke ab. Es empfiehlt sich diese, sobald an beiden Platten lebhafte Gasentwicklung einsetzt, etwa auf die Hälfte bzw. auf ein Viertel des normalen Ladestromes herabzusetzen (s. Kap. 8). In der Regel lädt man bis zu 2,7 oder 2,75 V. Auch die Farbe der Platten gibt eine gewisse Auskunft. Gut geladene Positive haben eine dunkelbraune, Negative eine hellgraue Farbe.

Es wird empfohlen, die Akkumulatoren ab und zu nach Beginn des Kochens noch längere Zeit, etwa 2 bis 3 Stunden lang, mit verminderter Stromstärke weiter zu laden. Der Zweck der Überladung, die im allgemeinen schädlich ist, weil durch die entweichenden Gase Teilchen der aktiven Masse abgerissen oder abgesprengt werden, die ferner eine nicht unwesentliche Verringerung des Nutzeffektes zur Folge hat, ist ein zweifacher. Es kommt zuweilen vor, daß einzelne Zellen einer Batterie aus irgendeinem Grunde gegen die übrigen „zurückbleiben". Bei diesen erfolgt die Umwandlung von Bleisulfat in Blei bzw. Bleisuperoxyd langsamer als bei den Elementen, die sich im normalen Zustande befinden. Während der Überladung geht nun die chemische Umwandlung in den kranken Zellen noch weiter vor sich, so daß ihnen

Gelegenheit gegeben wird, sich zu erholen. Ferner werden durch die entweichenden Gasblasen Strömungen in der Säure hervorgerufen, die Säure wird aufgewühlt; dies hat zur Folge, daß eine Vermischung der untern, dichtern Schichten mit den obern, weniger dichten, erfolgt. Die Konzentrationsverschiebungen kommen dadurch zustande, daß während der Ladung Schwefelsäure zu Boden sinkt. Man kann sie leicht nachweisen, indem man mittels eines Hebers Säure aus den obern und den untern Schichten entnimmt und mittels des Aräometers die Dichten mißt.

Aufladung. Darunter versteht man eine Ladung, für die ganz besondere Vorschriften gelten: Geringe Unterschiede im Ladezustand lassen sich manchmal nicht ganz vermeiden. Um einen Ausgleich herbeizuführen, nimmt man etwa alle 3 Monate eine Ladung mit eingeschalteten Ruhepausen vor. Die Batterie wird zunächst so lange ohne Unterbrechung geladen, bis lebhafte Gasentwicklung an beiden Elektroden erfolgt. Dann soll die Batterie sowohl von der Maschine wie vom Netz abgeschaltet werden, so daß sie weder Strom aufnehmen noch abgeben kann. Nach etwa 1 Stunde wird mit stark verminderter Stromstärke wieder bis zur lebhaften Gasentwicklung geladen. Das Verfahren wird so lange fortgesetzt, bis sofort nach dem Einschalten an beiden Plattensorten kräftiges Gasen erfolgt. — Während der Ruhepausen kann sich die Säure mit Bleisulfat sättigen, das sich bei den kranken Zellen nur langsam löst. — Eine Aufladung mit Ruhepausen hat auch dann zu erfolgen, wenn eine Batterie bei der vorhergegangenen Entladung zu stark beansprucht worden ist, oder wenn frühere Ladungen unvollständig waren.

Die Stromdichte darf bei der Ladung einen gewissen obern Grenzwert nicht überschreiten, weil sonst 1. die Umwandlung nur oder fast ausschließlich an der Oberfläche der Platten vor sich geht (s. Kapazität), 2. die Ladespannung einen zu hohen Wert hat (s. Nutzeffekt) und 3. infolge der schnellen, den chemischen Umsatz begleitenden Volumänderungen der Zusammenhang zwischen der aktiven Masse und der Bleiunterlage sich lockern kann. Dies gilt besonders für positive Gitterplatten, weil die Volumänderungen hier besonders groß sind und das $PbO_2$ nur lose mit dem Träger zusammenhängt. Die Größe der „maximalen Stromstärke" hängt von der Größe der wirksamen Oberfläche, von der Dicke der aktiven Schicht und von der Porosität der Platten ab. In der Regel ist für Großoberflächen-Elemente der maximale Ladestrom nach den Preislisten der Fabriken gleich der der dreistündigen Entladung entsprechenden Stromstärke. Beträgt z. B. die Kapazität bei dreistündiger Entladung 120 Ah, so ist die maximale Ladestromstärke gleich 40 Amp.

Kennt man die maximale Ladestromstärke nicht, so bestimme man die projizierte Oberfläche der Positiven; ist die Länge einer Platte $a$ cm, die Breite $b$ cm, so ist die Oberfläche einer Platte $2a\,b\,\mathrm{cm}^2$; pro Quadratdezimeter darf man 0,6 bis 0,8 Amp. rechnen.

Eine untere Grenze für die Ladestromstärke gibt es nicht; im Gegenteil, je kleiner die Stromstärke, um so günstiger die Ökonomie, um so gründlicher erfolgt der chemische Umsatz. Besonders dann, wenn Zellen zu stark in Anspruch genommen worden sind, oder einige Zeit in entladenem Zustande gestanden haben, ist eine Ladung mit schwachem Strome am Platze.

Über die Ladung von Akkumulatoren bei konstanter Spannung hat Heim[1] eingehende Versuche ausgeführt: Auf eine Reihe von Ladungen mit (angenähert) konstanter Stromstärke, wie sie für drei- bis vierstündige Ladung vorgeschrieben ist, d. h. von normalen Ladungen, folgten Ladungen mit konstanter Spannung von 2,4 V, später von 2,5 V je Zelle. Hierbei ist die anfängliche Stromstärke eine verhältnismäßig sehr große, sie sinkt aber schnell. Die Zellen nehmen in jedem Augenblicke diejenige Elektrizitätsmenge auf, die ihrem momentanen Ladezustand angemessen ist; bei Beginn der Ladung ist die Stromausnutzung eine sehr große. Es ergab sich, daß „der Nutzeffekt beim Laden mit konstanter Spannung von 2,4 bis 2,5 V und einer Ladezeit von etwa $^1/_2$ Stunde nicht sehr wesentlich ungünstiger ausfällt, als man ihn bei $3^1/_2$- bis 4stündigen Ladungen und 3stündigen Entladungen mit konstantem Strome erzielt“. Ferner fand Heim, daß durch eine $1^1/_2$stündige Ladung bei konstanter Spannung von 2,4 V die Zellen nicht ganz, bei 2,5 V dagegen fast so weit geladen werden, wie durch $3^1/_2$stündige Ladungen mit gleichbleibender Stromstärke. Durch $^1/_2$stündige Ladung bei 2,4 V erreicht man die Hälfte, durch $^1/_2$stündiges Laden mit 2,5 V zwei Drittel der beim Laden mit konstanter Stromstärke erzielbaren Kapazität. Der Wirkungsgrad war fast so günstig wie bei der Ladung mit konstanter Stromstärke.

Von der Schnelladung wird man aber nur in Ausnahmefällen Gebrauch nachen, z. B. dann, wenn die Zeit, die für die Ladung zur Verfügung steht, knapp bemessen ist. Ihrer Anwendung steht nämlich die schnellere Abnutzung der Platten und vielfach auch der hohe Betrag der anfänglichen Stromstärke im Wege. War doch die Stromstärke bei Beginn der Ladung mit 2,5 V 6- bis 7mal größer als der höchste zulässige Ladestrom, und zwar bei einer Type „für starke Entladung“.

---

[1] ETZ 1900, Nr. 14ff.

## 2. Technisches über die Ladung.

Am einfachsten gestaltet sich die Ladung, wenn vorhanden ist

**A. Anschluß an ein Gleichstromnetz.** Da bei falschem Anschluß, d. h. wenn der positive Pol einer Batterie mit der negativen Lichtleitung verbunden ist, eine sehr starke Krümmung der Platten, besonders der positiven, erfolgt, indem die Zellen, obschon sie entladen sind, sehr starken Strom abgeben müssen und nach vollständiger Erschöpfung verkehrt geladen werden, so ist es vor allem erforderlich, die Polarität der Leitungen zu bestimmen. Steht kein gepoltes Voltmeter zur Verfügung, so kann man die elektrochemische Methode anwenden. Man kann z. B. einen Wasserzersetzungsapparat (Glas mit verdünnter Schwefelsäure) mit den Drähten des Netzes verbinden, wobei eventuell durch einen Vorschaltwiderstand der Strom abzuschwächen ist; diejenige Elektrode, an der die Gasentwicklung am stürmischsten erfolgt, ist mit der negativen Leitung verbunden. Meistens benutzt man Polreagenzpapier[1]. Dieses wird vor dem Gebrauch mit Wasser angefeuchtet und auf eine isolierende Unterlage (die Tischplatte) gelegt. Die Enden der Drähte, deren Polarität man bestimmen will, drückt man in etwa 15 mm Entfernung gegen das Papier; dieses färbt sich, wenn es mit der Lösung eines Alkalisalzes (+ Phenolphthalein) imprägniert ist, dort rot, wo es von dem negativen Leitungsdrahte berührt wird.

Wie man die zu ladenden Zellen schaltet, hängt von der Netzspannung und von der Anzahl der Elemente ab. Beträgt z. B. die Netzspannung 110 V, und rechnen wir als Endspannung jeder Zelle 2,75 V, so können $\frac{110}{2{,}75} = 40$ Elemente in Hintereinanderschaltung geladen werden. Soll eine größere Anzahl von Zellen geladen werden, handelt es sich beispielsweise um 80 Zellen, so werden je 40 Zellen in Reihe geschaltet; wir erhalten dann vier freie Pole, zwei positive und zwei negative. Man verbindet nun die beiden positiven Pole durch einen Draht miteinander und ebenso die beiden negativen; an die beiden Verbindungsdrähte wird das Netz angeschlossen. Dieses Verfahren nennt man die Ladung in zwei Reihen oder Hälften[2].

---

[1] Über die Anfertigung siehe Lüpke-Bose: Grundzüge der Elektrochemie.

[2] Über die Micka-Schaltung siehe S. 87.

In den Ladestromkreis schaltet man einen Strommesser und einen veränderlichen Widerstand ein. Je größer die Spannung des Netzes und je kleiner die Anzahl der zu ladenden Zellen ist, um so größer muß der Rheostat sein.

Beispiel: Netzspannung 110 V, Anzahl der Zellen 20, Ladestromstärke 15 Amp. Da die Spannung jeder Zelle bei Beginn der Ladung rund 2 V beträgt, so müssen in dem Vorschaltwiderstand 110 — 40 = 70 V abgedrosselt werden. Der Spannungsabfall in einem Widerstande von $w$ Ohm beträgt aber, wenn ein Strom von $i$ Amp. hindurchgeht, $w \cdot i$ Volt. Mithin muß der Vorschaltwiderstand $\frac{70}{15} = 4{,}7$ Ohm haben. Ist er etwas kleiner, so schadet das weiter nichts, da die Gegenspannung jeder Zelle in ganz kurzer Zeit über 2 V steigt. —

Will man mit konstanter Stromstärke laden, so muß von Zeit zu Zeit eine Stufe des Vorschaltwiderstandes abgeschaltet werden.

Sollen bei hoher Netzspannung nur wenige Zellen geladen werden, so kann man statt eines Kurbelrheostaten Glühlampen als Vorschaltwiderstand benutzen (Lampenwiderstand). 16kerzige Kohlenfadenlampen[1] für 110 V verbrauchen rund 0,5 Amp, haben also bei normalem Stromdurchgang einen Widerstand von etwa 220 Ohm (der Widerstand des Kohlenfadens nimmt mit steigender Temperatur ab). Schaltet man $n$ solcher Lampen parallel, so entsprechen diese einem Widerstand von $\frac{220}{n}$ Ohm; je größer man also $n$ macht, um so stärker wird der Ladestrom. Das Schaltungsschema ist in Abb. 15 dargestellt: $L_1$ und $L_2$ sind die Drähte der Starkstromleitung, $LW$ ist der Lampenwiderstand, $B$ die Batterie. Einen Strommesser kann man zur Not entbehren.

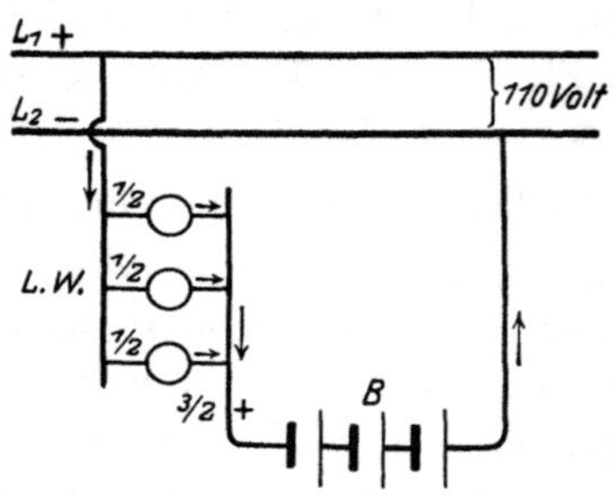

Abb. 15. Lampenwiderstand.

Als Vorschaltwiderstände verwendet man in neuerer Zeit vielfach Eisenwiderstände. Sie werden unter dem Namen Variatoren von der Osram-Gesellschaft auf den Markt gebracht.

[1] Sind besonders geeignet, da gegen Erschütterungen fast unempfindlich.

Ein solcher besteht aus einem Glasgefäß von länglicher Form, in dem dünne Eisendrähte ausgespannt sind. Damit das Eisen nicht oxydiert, wird die Luft ausgepumpt und durch verdünnten Wasserstoff ersetzt. Durch dieses leicht bewegliche Gas wird eine schnelle Wärmeabfuhr bewerkstelligt. Die Widerstandslampen sind mit normalen Sockeln versehen, so daß man sie in jede Edisonfassung einschrauben kann. Sie dürfen nur hängend oder stehend, nicht liegend angeordnet werden. Die Wirkungsweise der Variatoren beruht darauf, daß sich der Leitungswiderstand des Eisens mit der Temperatur stark ändert.

Nennt man den Widerstand eines Eisendrahtes bei $0^0$ C $w_0$ und denjenigen bei $t^0$ $w_t$, so ist

$$w_t = w_0(1 + at + bt^2),$$

wo $a$ und $b$ die sog. Temperaturkoeffizienten sind. Diese haben für Eisen viel höhere Werte als für andere billige Metalle. Ist $t$ klein, z. B. $20^0$, so kann man das Glied $b \cdot t^2$ gegenüber $1 + a \cdot t$ vernachlässigen. Bei höhern Temperaturen aber ist das quadratische Glied größer als das lineare. $a$ und $b$ sind für große Intervalle nicht konstant. Für sog. weiches Eisen ergibt sich bei Benutzung der im Handbuch der Elektrotechnik (I, 2) für die Temperaturkoeffizienten angegebenen Werte, daß bei $600^0$ der Widerstand des Eisens ca. 5mal so groß ist wie bei $0^0$. Erwärmt man darüber hinaus, so ändert sich der Widerstand noch schneller; bei $700^0$ ist er schon 6,2mal so groß wie bei $0^0$.

Versuche haben ergeben, daß die Widerstandsänderungen besonders groß sind, wenn die Drähte bis zur schwachen Rotglut erhitzt sind. In diesem Zustande setzt also das Eisen einer Änderung der Stromstärke einen großen Widerstand entgegen. Für den Variator, auf den sich die Abb. 16 bezieht, ist bei der Potentialdifferenz oder der abgedrosselten Spannung 15 V die Stromstärke nahezu die gleiche wie bei 45 V. Bei der Ladung einer Batterie ist es aber die Aufgabe eines Vorschaltwiderstandes, bei Beginn der Stromzufuhr eine große und gegen Ende eine kleine Spannung abzudrosseln, ohne daß sich die Stromstärke wesentlich ändert.

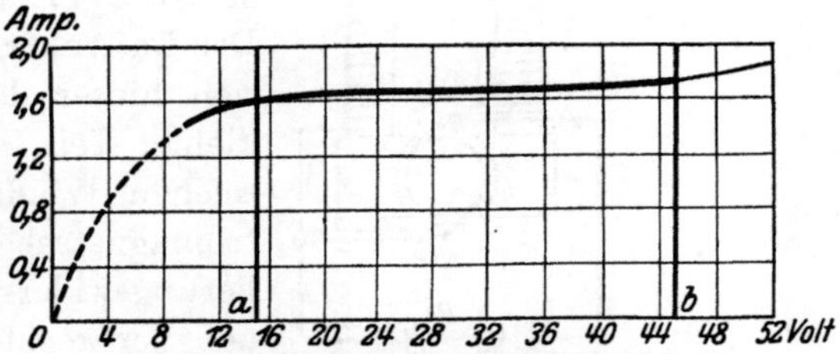

Abb. 16. Verhalten eines Eisenwiderstandes bei veränderlicher Belastung.

Die Bedeutung der Charakteristik in Abb. 16 soll noch etwas näher erläutert werden. Es handle sich um eine kleine Batterie von 40 Zellen, die aus einem Netz von 110 V Gleichspannung geladen werden soll. Bei Beginn der Ladung sei die Spannung jeder Zelle 2,1 V; im Eisenwiderstand müssen also 26 V vernichtet werden, die Stromstärke ist ungefähr 1,65 Amp. Die Spannung sei je Zelle auf 2,25 V gestiegen; abzudrosselnde Spannung 20 V, Stromstärke etwa 1,63 Amp. Selbst dann, wenn die Klemmenspannung jeder Zelle 2,5 V erreicht hat, beträgt die Stromstärke noch 1,6 Amp. Erst im letzten Stadium der Ladung fällt die Stromstärke stark ab — was erwünscht ist.

Die Verwendung eines Eisenwiderstandes bei der Ladung von Sammlern gewährt also den großen Vorteil, daß eine Beaufsichtigung des Vorganges nicht nötig ist. Allerdings muß der Widerstand der Ladestromstärke und der zu vernichtenden Spannung angepaßt sein. Von besonderem Werte ist die Konstanthaltung der Stromstärke, wenn zwei oder mehrere Batterien in Parallelschaltung geladen werden sollen (s. S. 87). Werden diese nämlich, wie es meistens der Fall ist, vorher in Hintereinanderschaltung entladen, so ist es unbedingt nötig, daß jeder einzelnen Gruppe bei der Ladung in jedem Zeitpunkte die gleiche Stromstärke zugeführt wird, wenn Überladungen vermieden werden sollen.

**B. Ladung mittels einer Gleichstrommaschine.** Am besten eignet sich die Nebenschlußmaschine. Eine solche mit angeschlossener Batterie ist in Abb. 17 schematisch dargestellt. Der im Anker $A$ erzeugte Strom teilt sich hinter der positiven Bürste; ein kleiner Teil ($i$) fließt durch die zahlreichen Windungen des linken Elektromagnetschenkels, durch den Regulierungswiderstand $R$, die Windungen auf der rechten Seite und kehrt endlich durch die Bürste $B_{II}$ zum Anker zurück. Der Hauptstrom $J$ fließt durch die Akkumulatorenbatterie, deren positiver Pol mit der positiven Bürste verbunden sein muß.

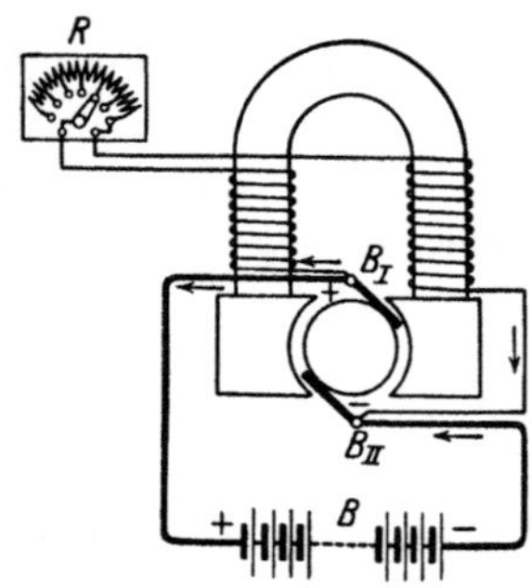

Abb. 17. Nebenschlußdynamo.

Wird bei einer bestimmten Klemmenspannung der Widerstand in $R$ (durch Drehen der Kurbel) verringert, so wächst $i$, der

Erregerstrom, und es wird, falls die Feldmagnete nicht schon vorher gesättigt waren, das magnetische Feld verstärkt, so daß die EMK der Maschine steigt. Da man mit Hilfe des Rheostaten die Spannung ändern kann, so nennt man ihn Regulator[1]. Die Spannungsregulierung kann in ziemlich weiten Grenzen vorgenommen werden. Im allgemeinen wird nun die Maschine so gebaut, daß ihre Feldmagnete bei der normalen Spannung (z. B. 110 V) nahezu gesättigt sind. Soll eine Nebenschlußdynamo also zeitweise eine wesentlich höhere Spannung liefern, als man sie gewöhnlich von ihr verlangt, so muß der Magnetismus der Feldmagnete bei der normalen Spannung noch ziemlich weit vom Maximum entfernt sein, d. h. das Material (das Eisen) wird nur zeitweise gut ausgenützt. Die Maschine ist also verhältnismäßig teuer.

Die Gründe dafür, daß sich die Nebenschlußmaschine für die Ladung von Akkumulatoren besonders eignet, sind folgende: Da die Klemmenspannung eines Akkumulators während der Ladung um 30 bis 40% steigt, so muß, wenn man nicht durch einen Vorschaltwiderstand den Strom zuerst abschwächen will, die EMK der Lademaschine allmählich erhöht werden, was sich, wie schon gezeigt, bei der Nebenschlußmaschine leicht bewerkstelligen läßt. Nehmen wir ferner an, die EMK der Maschine sinke aus irgendeinem Grunde, etwa infolge Gleitens des Riemens, plötzlich so stark, daß sie kleiner wird als die Spannung der angeschlossenen Batterie. Es schickt dann die Batterie Strom in die Maschine[2]. Man erkennt nun leicht, wenn man die Abb. 17 betrachtet, daß der durch die Elektromagnetwicklung fließende Strom der Akkumulatoren dieselbe Richtung hat wie der von der Maschine selbst vor Eintritt der Störung in den Nebenschluß geschickte. Die Feldmagnete ändern also ihre Polarität nicht, sie werden nicht umpolarisiert[3]. Es behält daher auch die im Anker induzierte EMK ihre Richtung bei; sie ist mithin stets der Batterie-

[1] Eine Spannungserhöhung kann auch dadurch erzielt werden, daß man die Umdrehungszahl der Antriebsmaschine erhöht. Von diesem Mittel wird aber wohl nur selten Gebrauch gemacht.

[2] Man kann durch Einschaltung eines Schwachstromautomats (Minimalausschalters) in die Ladeleitung verhindern, daß die Batterie Strom in die Dynamo schickt; jedoch kann es vorkommen, daß der Automat versagt.

[3] Bei der Hauptstrommaschine würden die Feldmagnete umpolarisiert werden.

spannung entgegengesetzt gerichtet. Hört die Störung auf, so wächst die induzierte EMK, die Maschine schickt wieder Strom in die Batterie.

Wie sich die Ladung gestaltet, hängt von verschiedenen Umständen ab. Es soll nur ein bestimmter, in der Praxis häufig vorkommender Fall besprochen werden.

Es handle sich um eine Anlage mit 110 V; die Anzahl der Zellen sei 60, die Spannung der Nebenschlußmaschine möge bis zu 160 V erhöht werden können. Die Steigerung der Spannung um 50 V wird nun nicht allein durch Vergrößerung der Feldstärke des Magnetsystems, sondern auch durch Verringerung der Ankerrückwirkung herbeigeführt. Da aber diese letztere von der Ankerstromstärke abhängig ist, so ist man gegen Ende der Ladung, um die letzte Spannungserhöhung zu erzielen, gezwungen, den Strom zu verringern. — Bevor man die Dynamo auf die Batterie schaltet, mißt man die Klemmenspannung der Batterie, diese sei $E$. Dann erregt man die leer laufende Dynamo (mittels des Nebenschlußregulators) so, daß ihre Spannung um einige Volt höher ist als $E$ und verbindet (durch Drehen des Schalters) die Dynamo mit der Batterie; unter Beobachtung des Strommessers wird die EMK der Maschine derartig reguliert, daß der gewünschte Ladestrom zustande kommt. Im Verlaufe der Ladung muß von Zeit zu Zeit eine Nachregulierung erfolgen.

Bei den angenommenen Verhältnissen kann die ganze Batterie so lange geladen werden, bis die Spannung je Zelle $\frac{160}{60} = 2{,}65$ V beträgt. Will man bis zu 2,75 V laden, so müssen gegen Ende der Ladung einige Zellen abgeschaltet werden (s. Zellenschalter).

Ist eine Dynamo vorhanden, die nur die für den normalen Betrieb nötige Spannung (z. B. 220 V) liefern kann, so wird in vielen Fällen eine Zusatzdynamo verwendet, die mit der Hauptmaschine in Reihe geschaltet wird und die fehlende Spannung liefert. Meistens wird die Zusatzdynamo durch einen Elektromotor angetrieben, dem Strom aus dem Netze zugeführt wird. Ein anderes Verfahren besteht darin, daß man die Batterie in zwei Hälften lädt (s. S. 81). Es ist meistens mit größeren Energieverlusten verbunden.

Häufig wird die von Micka angegebene Schaltung angewandt, wenn es sich um eine Batterie handelt, für deren volle Ladung die

Maschinen- oder Netzspannung nicht ausreicht. Worin sie besteht, soll an einem Beispiel erläutert werden: Die zur Verfügung stehende Spannung sei konstant und betrage 110 V; die zu ladende Batterie bestehe aus 60 Zellen. Diese werden in 3 Gruppen zerlegt, die in Abb. 18 mit *A, B, C* bezeichnet sind. *A* und *B* werden parallel und dann mit *C* in Reihe geschaltet. *C* erhält den ganzen Ladestrom *J*, während *A* und *B* nur der Strom $\frac{J}{2}$ zugeführt wird. Ist nun die große Gruppe *C* vollgeladen, so wird sie von der Maschine getrennt; *A* und *B* werden dann in Reihe geschaltet (Abb. 19) und mit dem Strome *J* geladen. Dieses Verfahren ist vom akkumulatorentechnischen Standpunkte nur dann einwandfrei, wenn es gelingt, die Stromstärke in *A* und *B* während des ersten Teiles der Ladung genau gleich zu halten. Dies wird durch die Einschaltung der Eisenwiderstände in die Zweige ermöglicht. Bei der zweiten Ladestellung müssen die Gruppen der Eisenwiderstände parallel geschaltet werden (Abb. 19), damit auch jetzt jeder Widerstand mit dem Strome $\frac{J}{2}$ belastet wird[1].

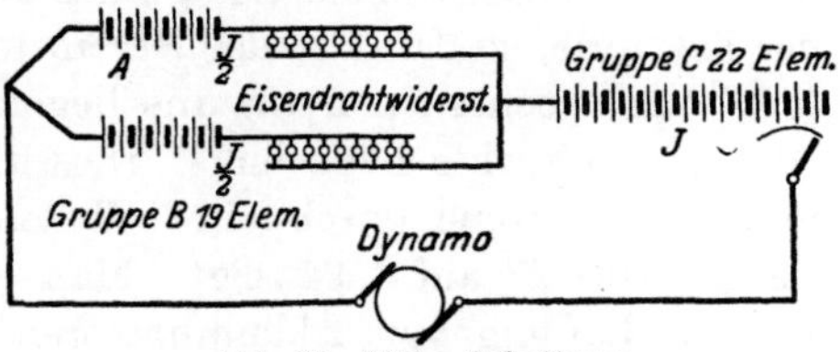


Abb. 18. Micka-Schaltung.

Benutzt man bei dem Micka-Verfahren Eisenwiderstände, so ist die richtige Verteilung der Elemente auf die einzelnen Gruppen von Wichtigkeit. Sie muß so vorgenommen werden, daß bei den beiden Teilladungen die Widerstände in den gleichen Spannungsgrenzen beansprucht werden (man betrachte die Abb. auf S. 83). Dies ist nicht der Fall, wenn die Batterie in 3 gleich große Gruppen zerlegt wird. Um die richtige Unterteilung rasch

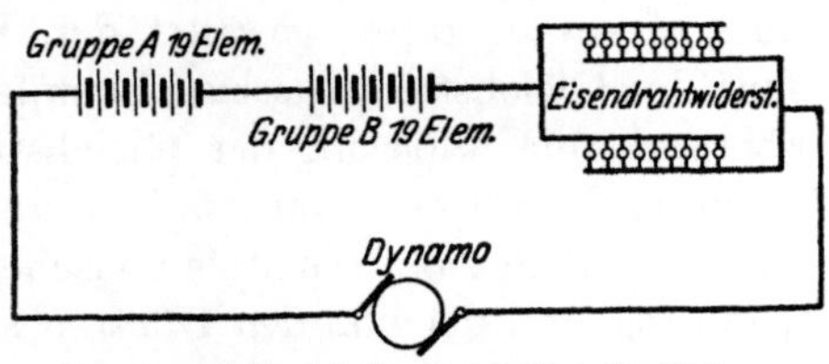


Abb. 19. Micka-Schaltung, zweites Stadium.

[1] Wie früher dargelegt wurde, erfüllen die Eisenwiderstände ihre Aufgabe am besten, wenn sie bis zur Rotglut erhitzt werden. Der Strom muß also eine bestimmte Stärke haben.

zu finden, bediene man sich der von der Afa in einer Druckschrift angegebenen Formel

$$X = 0{,}323\,N\,.$$

Hier ist $X$ die Anzahl der Elemente in $A$ und $B$, $N$ die Gesamtzahl. $X$ wird auf die nächst niedrigere Zahl abgerundet.

C. **Anschluß an ein Wechselstromnetz.** Unter Wechselstrom versteht man einen Strom, der bald in dem einen, bald in dem entgegengesetzten Sinne durch die Leitung fließt. Bei den technischen Wechselströmen erfolgt der Richtungswechsel 100mal in der Sekunde, so daß also der Strom in jeder Sekunde 50mal von links nach rechts einen vor uns liegenden Draht durchfließt und 50mal von rechts nach links. Dieses Verhalten wird bei sinusförmigem Strome durch eine Wellenlinie veranschaulicht, wie sie die Abb. 23 auf S. 94 zeigt. Man ersieht, daß Wechselströme für die Ladung von Akkumulatoren ganz ungeeignet sind. Es gibt aber Mittel und Wege, den Wechselstrom in Gleichstrom umzuwandeln oder ihm doch wenigstens Gleichstromcharakter zu verleihen.

Die sog. Umformung erfolgt entweder in einem Motorgenerator (Motordynamo) oder in einem Einanker-Umformer, auch rotierender Umformer genannt. Jener besteht aus einem Wechselstrommotor und einer von diesem angetriebenen Gleichstrommaschine, dieser ist eine Dynamomaschine, deren Anker auf der einen Seite mit Schleifringen, auf der andern mit einem Kommutator (Kollektor) versehen ist. Die Benutzung eines Motorgenerators gewährt den Vorteil, daß man die Spannung der Gleichstrommaschine in einfacher Weise regulieren kann, während eine Änderung der Gleichstromspannung bei einem rotierenden Umformer zwar möglich, aber ziemlich umständlich ist. Es ist nämlich das Verhältnis zwischen der eingeleiteten Wechselspannung und der von den Bürsten abgenommenen Gleichstromspannung ein festes[1], und zwar geben theoretisch bei Einphasenstrom-Gleichstromumformern 100 V zugeführter Spannung 141 V

[1] Man muß also, wenn man die Gleichspannung variieren will, die Spannung des Wechselstromes ändern; es kann dies durch Einschaltung von Drosselspulen oder mittels Transformatoren mit abschaltbaren Spulen geschehen.

$\left(100 : \sqrt{\frac{1}{2}}\right)$ Gleichspannung, und bei Drehstrom-Gleichstromumformern entsprechen 100 V Spannung zwischen zwei Schleifringen (Phasenspannung) 163 V $\left(100 : \frac{1}{2}\sqrt{\frac{3}{2}}\right)$ an den Bürsten.

Die Ladung einer Batterie aus einem Wechselstromnetz gestaltet sich am einfachsten, wenn man sich eines Gleichrichters bedient. Diesen wichtigen Apparaten ist das folgende Kapitel gewidmet.

Selbsttätiger Ladeschalter. In manchen Fällen ist es wünschenswert, daß die Ladung einer Batterie bei geringer Aufsicht, wenn möglich ohne jegliche Bedienung erfolgen kann. Dies gilt besonders dann, wenn nur die Nacht zur Verfügung steht, weil die Batterie am nächsten Tage wieder in Betrieb genommen werden soll (Personenwagen, Lastkarren u. dgl.). Es liegt der Gedanke nahe, die Batterie, um Überladungen zu vermeiden, durch einen selbsttätigen Schalter vom Netz trennen zu lassen, sobald die Spannung je Zelle 2,7 V beträgt. Betrachtet man aber die Ladekurve (s. Abb. 20), so erkennt man, daß sie in der gekennzeichneten Nähe fast horizontal verläuft. Der Selbstschalter wird daher nicht in dem richtigen Augenblick in Tätigkeit treten. Es ist nun festgestellt, daß eine gegebene Zelle von dem Augenblicke ab, wo sie bei der Ladung eine Spannung von 2,4 V erreicht hat, immer die gleiche Energie bis zur Volladung verbraucht, gleichgültig, ob sie bei der vorhergegangenen Entladung schwach oder stark beansprucht worden war. Wir wollen diese Energie die zusätzliche nennen. Man erhält sie in Amperestunden, wenn man die konstant angenommene Stromstärke mit 0,3 und mit der in Stunden ausgedrückten Zeit multipliziert, die nach Erreichung von 2,4 V bis zur vollen Ladung verfließen muß. Diese Zeit wäre also eine konstante Größe. Der Punkt *a* fällt in den steilsten Teil der Kurve; kleinen Zeiten entsprechen große Änderungen der Spannung.

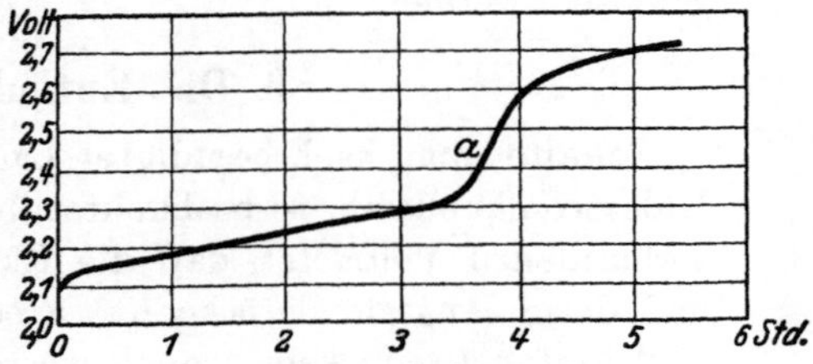

Abb. 20. Ladekurve.

Ein Relais sei mit den Klemmen der Batterie verbunden; der Kraft, mit der sein Anker angezogen wird, wirke eine Spiralfeder entgegen. Durch richtiges Spannen der Feder können wir es erreichen, daß der Anker sich erst dann bewegt, wenn die Batteriespannung den Wert 2,4 · $n$ Volt erreicht hat, wo $n$ die Anzahl der Zellen sei. Sollte die Einstellung nicht ganz genau sein, so schadet dies nicht viel, weil sich ja die elektrische Spannung schnell ändert. Unser Relais hat die Aufgabe, einen Stromkreis zu schließen, in dem ein Auslösungsmechanismus liegt. Ist die Auslösung oder die Beseitigung der Sperre erfolgt, so beginnt ein Uhrwerk abzulaufen. Nach einer bestimmten Zeit wird dann ein Schalter geöffnet, durch den der Ladestrom unterbrochen wird. Dies sind die Gedanken, die dem selbsttätigen Ladeschalter System Pöhler zugrunde liegen. Die Uhr ist einstellbar für eine Laufzeit von $^1/_4$ bis 3 Stunden. Was die technischen Einzelheiten anbelangt, so muß auf die Druckschriften der Akkumulatorenfabriken hingewiesen werden.

## 3. Die Entladung.

Schaltet man nach beendigter Ladung eines Bleisammlers die Ladestromquelle ab, so beobachtet man an einem mit den Polen verbundenen Voltmeter, daß die EMK der Zelle zuerst schnell und dann langsam zurückgeht. Erst nach Verlauf von 40 bis 50 Minuten (wenn kein nennenswerter Strom entnommen wird) bleibt die Spannung konstant und hat dann den der Säuredichte entsprechenden Wert von 2 bis 2,1 V (s. S. 37). Für die Abnahme der Spannung lassen sich verschiedene Gründe angeben: (Verschwinden der Gaspolarisation ?), Abnahme der hohen Säurekonzentration in den Poren, die zuerst schnell, dann langsam erfolgt, Eindringen von Bleisulfat in den Elektrolyten, das eine Zunahme der Konzentration der Blei- und Bleisuperoxydionen zur Folge hat. Ferner ist zu berücksichtigen, daß ein Teil der Ladespannung, wenn Gasentwicklung erfolgt, als Überspannung anzusehen ist, die wegfällt, sobald man den Ladestrom abschaltet.

Manchmal beobachtet man, daß nach Trennung von der Ladestromquelle noch eine ziemlich starke, kurze Zeit dauernde Gasentwicklung erfolgt. Dolezalek (l. c., S. 63) erklärt diese Erscheinung folgendermaßen: „Hat man durch lange Überladung alles auf der Elektrode befindliche Sulfat zersetzt, so bildet sich

Sulfat durch freiwillige Entladung zurück, was sich durch eine starke, kurz dauernde Wasserstoffentwicklung bei Öffnung des Ladestromes zu erkennen gibt." Es ist aber auch möglich, daß das sog. Nachkochen durch metallische Verunreinigungen hervorgerufen wird (s. Selbstentladung), oder dadurch, daß okkludierte und adsorbierte Gase entweichen.

Wird der Bleisammler entladen, so sinkt die Klemmenspannung zunächst sofort um den Betrag $w_i \cdot J$; hierzu kommt in den ersten Minuten ein ziemlich starker Abfall der EMK, der durch den Schwefelsäureverbrauch in den Poren der aktiven Masse und in unmittelbarer Nähe der Elektrodenoberfläche zu erklären ist (s. S. 38). Wie man ferner aus der Entladekurve, von der ein Teil in Abb. 21 wiedergegeben wird, ersehen kann, bleibt die

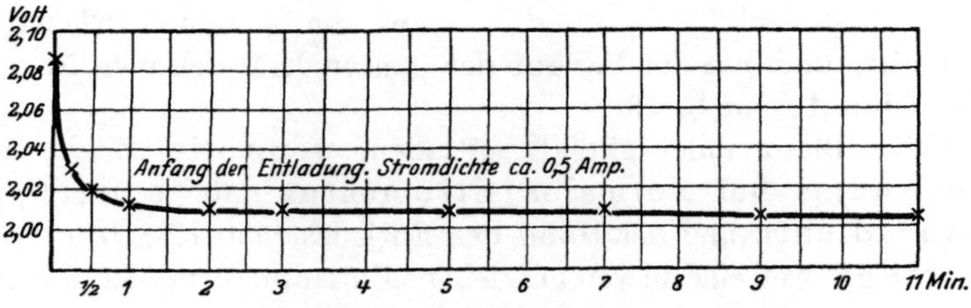


Abb. 21. Abnahme der Spannung bei Beginn der Entladung.

Spannung nach der ersten Abnahme längere Zeit nahezu konstant: das Hineindiffundieren der Säure in die Poren hält gleichen Schritt mit dem Verbrauch für die Sulfatbildung (Gleichgewichtszustand). Den betreffenden Unterschied zwischen der Konzentration der äußern ($C_a$) und derjenigen der innern Säure ($C_i$) wollen wir $\delta$ nennen. Nun nimmt im Laufe der Entladung $C_a$ ab; soll also $\delta$ konstant bleiben, so muß auch $C_i$ kleiner werden. Die Spannung muß demnach langsam sinken. Diese Abnahme der EMK beträgt 0,02 bis 0,03 V. Je mehr Elektrizität man dem Akkumulator entnimmt, um so mehr wird, wie schon gezeigt wurde, der Säure das Eindringen in die aktive Masse erschwert. Daher ist gegen Ende der Entladung ein schnellerer Spannungsabfall[1] zu erwarten (s. Abb. 22).

Auch wird ein langsames Sinken der Klemmenspannung durch

[1] Die Stromdichte betrug bei dem betr. Sammler etwa 0,6 Amp., bezogen auf die Positiven.

die Änderung des inneren Widerstandes bedingt, der gegen Ende der Entladung etwa doppelt so groß ist wie bei Beginn. Die Hauptabnahme der Spannung ist aber auf die Verarmung des Elektrolyten an Säure in den Poren der aktiven Massen und in unmittelbarer Nähe der Platten zurückzuführen. Wie groß diese ist, und wie sie sich auf die Entladezeit verteilt, hängt von der Konstruktion und dem Alter der Platten, von der Porosität der aktiven Massen, vor allem aber von der Stromdichte ab. Wie sich der Spannungsabfall auf die einzelnen Elektroden verteilt, und wie der Verlauf der ganzen Entladekurve ist, zeigt die Abb. 10 auf S. 59.

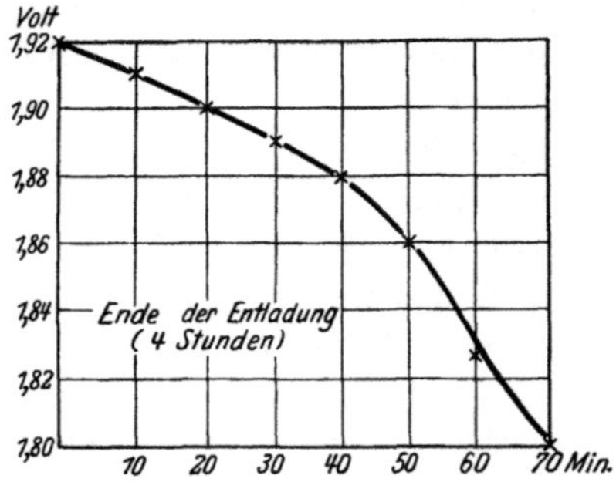

Abb. 22. Spannungsabfall gegen Ende der Entladung.

Ein Bleisammler gilt als entladen, wenn die Klemmenspannung bei normaler Stromentnahme je nach der Säuredichte und der Höhe des Entladestroms 1,83 bis 1,75 V beträgt, weil eine zu weit getriebene Entladung dem Akkumulator schädlich ist und durch sie die folgende Ladung erschwert wird; auch gibt ein Element, das bis zu dem angegebenen Punkte entladen ist, keine größere Elektrizitätsmenge mehr ab. (S. auch „Erholung“ S. 65 und „Behandlung“ Kap. 8). Ein wiederholtes zu tiefes Entladen ist bedenklich. Es ist nämlich für gutes Arbeiten des Sammlers erforderlich, daß das in den Elektroden befindliche nichtleitende Bleisulfat nach allen Richtungen hin von feinen Adern aus leitender Masse durchsetzt ist.

Für Sammler, die in Zentralen Verwendung finden, kommt noch ein Umstand hinzu. Wollte man nämlich noch unter die angegebene Entladegrenze herabgehen, so wäre nicht nur das Konstanthalten der Netzspannung umständlich, sondern es müßte auch die Anzahl der Zellen vergrößert werden. Denn diese ist ja durch die Endspannung eines Elementes gegeben. Bei 220 V Netzspannung sind $\frac{220}{1,8}$ Zellen erforderlich.

Wie bei der Ladung, so darf auch bei der Entladung eine gewisse Stromdichte nicht überschritten werden — wenigstens für längere Zeit nicht, weil sich die Platten bei zu starker Stromentnahme infolge der schnellen und starken Volumänderungen krümmen („werfen") und die aktive Masse abbröckeln kann. Durch eine stärkere Krümmung der Platten kann ein innerer Kurzschluß herbeigeführt werden, der, falls er nicht bald beseitigt wird, zu einem vollständigen Ruine der Zelle führt. Die maximale Stromstärke wird von den Fabriken für die einzelnen Typen angegeben und ist für Lichtbatterien meistens gleich der maximalen Ladestromstärke (s. auch „Behandlung").

# VI. Die Gleichrichter

Seit einigen Jahren hat die Verwendung der Gleichrichter sehr stark zugenommen[1]. Viele kleine, ja selbst größere Städte, die in ihren Elektrizitätswerken Gleichstrom erzeugten, sind dazu übergegangen, die Maschinen stillzulegen und die elektrische Energie aus Überlandzentralen zu beziehen, weil diese den Strom billiger liefern, als die Städte ihn zu erzeugen vermögen. Da die angeschlossenen Motoren und sonstigen Apparate für Gleichstrom eingerichtet waren, so mußte der gelieferte Drehstrom gleichgerichtet werden. Damit ferner bei einer eintretenden Störung, z. B. bei einer solchen in den viele Kilometer langen Hochspannungsleitungen, die Stromversorgung nicht stockt, wird der gleichgerichtete Strom in den Zeiten niedrigen Tarifs in einer Akkumulatorenbatterie aufgespeichert. Ferner werden Gleichrichter mittlerer Leistung für die Ladung von Automobilbatterien vielfach verwendet. Kleine Typen endlich haben weiteste Verbreitung bei Rundfunkteilnehmern für die Ladung von Heiz- und Anodenbatterien aus einem Wechselstromnetz gefunden. Es ist daher durchaus am Platze, den Gleichrichtern eine etwas ausführlichere Betrachtung zu widmen.

Schickt man Wechselstrom durch einen Leiter, so ändert sich die Spannungsdifferenz an den Enden des Leiters periodisch. Der Spannungsverlauf wird bei sinusförmigem Strome durch eine Wellenlinie dargestellt, wie sie Abb. 23 zeigt. Jede Periode umfaßt zwei Halbwellen, die wir als die positive und die negative

---

[1] Eine genaue Beschreibung der verschiedenen Arten von Gleichrichtern findet man in der Schrift: Übersicht über den heutigen Stand der Gleichrichter. Von Prof. Dr. Guntershausen u. Dr. Germershausen. Hachmeister & Thal, Leipzig. Sonderabdruck aus Helios 1925, Nr. 1 bis 6.

bezeichnen wollen. Das Lot $e$ nennt man die Scheitelspannung, während die durch ein Wechselstromvoltmeter, z. B. durch ein Hitzdrahtinstrument, gemessene Spannung als effektive Spannung bezeichnet wird, oder kurz als die Spannung. Die Scheitelspannung oder Amplitude erhält man, indem man die effektive Spannung mit $\sqrt{2}$ multipliziert. Will man nun Gleichstromwir-

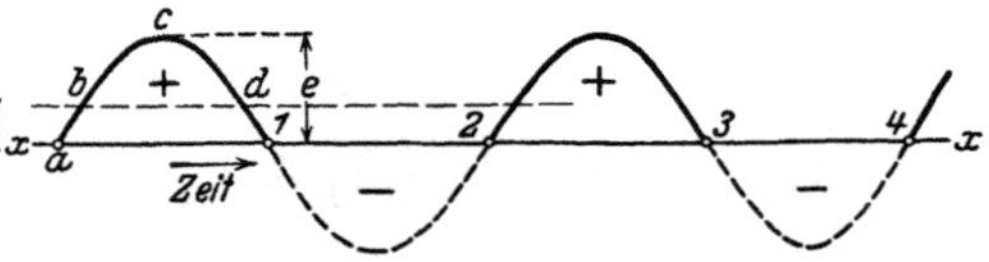

Abb. 23. Sinusförmiger Wechselstrom.

kungen erzielen, so muß man die positiven oder die negativen Halbwellen unterdrücken; es seien die gestrichelten. Schickt man den pulsierenden und intermittierenden Strom durch eine Batterie, so fällt bei jeder der ankommenden Halbwellen noch ein Stück fort. Hat z. B. die Batterie die Ladespannung 20 V, so kann erst dann Strom durch sie hindurchgehen, wenn die Spannung des hinkenden Gleichstromes auf 20 V gestiegen ist, und die Stromlieferung hört auf, wenn die Spannung auf 20 V gesunken ist. Es kommt also nur das Stück $bcd$ zur Geltung, wenn allgemein $e_B$ die Batteriespannung ist. Die Ladung dauert in diesem Falle lange Zeit. Wir wollen jetzt statt der Spannung den Strom betrachten. Die Stromschwankungen werden bedeutend geringer, wenn die negativen Halbwellen umgeklappt werden. Der Spannungs- oder Stromverlauf wird jetzt durch die Abb. 24 dargestellt. Der Gleichstromcharakter kann noch dadurch erhöht werden, daß man den pulsierenden Strom durch eine Drosselspule schickt. Eine Spule mit Eisenkern (Drossel), durch die ein in seiner Stärke schwankender Strom fließt, widersetzt sich jeder Stromänderung. Es hängt dies damit zusammen, daß in der Spule eine EMK erzeugt wird, wenn der Strom steigt oder fällt. Die Spule, die man als Glättungs-

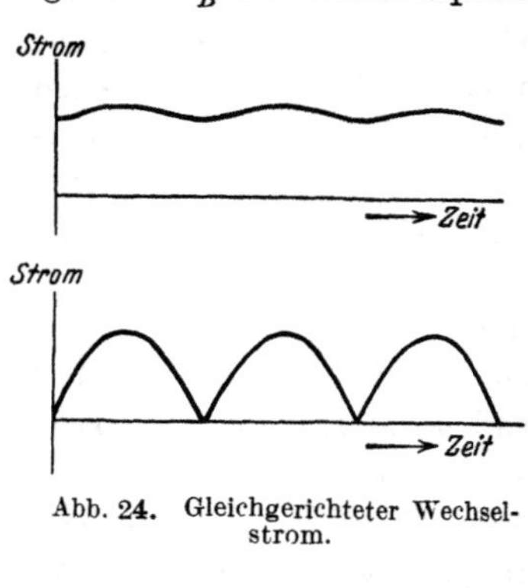

Abb. 24. Gleichgerichteter Wechselstrom.

drossel bezeichnet, ist gleichsam ein Akkumulator, der Energie aufnimmt, wenn der Strom stark ist, und Energie abgibt, wenn der Strom schwach wird. Die Stromkurve sieht bei Verwendung einer Drossel ungefähr so aus, wie es der obere Teil der Abb. 24 zeigt. Wir gehen jetzt zu der Besprechung der verschiedenen Gleichrichterarten über.

a) Die mechanischen Gleichrichter stehen auf dem Aussterbeetat. Die meisten Firmen nämlich, die sich früher mit dem Bau solcher Apparate beschäftigten, haben die Herstellung ganz eingestellt. Es genügen daher wenige Worte. Die mechanischen Gleichrichter beruhen darauf, daß ein Hebel, eine Metallzunge oder ein Pendel durch einen vom Wechselstrom durchflossenen Elektromagneten im Takte des Stromes bewegt wird. Dadurch wird ein Kontaktsystem für die eine Hälfte der Periode geschlossen (Durchlaß) und für die andere Hälfte geöffnet (Sperre). Wird nur ein Kontakt verwendet, wie es bei den einfach wirkenden Gleichrichtern der Fall ist, so wird eine Halbwelle ganz unterdrückt [1]; sind zwei Kontakte vorhanden (doppeltwirkende Gleichrichter), so kann man durch geeignete Schaltung den durch Abb. 24 angedeuteten Stromverlauf erzielen. Die Stromunterbrechungen müssen möglichst in den Augenblicken erfolgen, in denen die Spannung durch den Nullpunkt geht.

Trockengleichrichter. Sie sind erst vor kurzem von Siemens & Halske auf den Markt gebracht worden [2]; das Prinzip aber, auf dem sie beruhen, ist schon lange bekannt. Es ist das gleiche wie dasjenige der Detektoren, die beim Radioempfang ausgedehnte Verwendung finden. Schwefelmetalle zeigen je nach der Richtung eines hindurchgeleiteten Stromes einen verschiedenen Leitungswiderstand. L. O. Grondahl in Amerika fand, daß eine Kupferplatte, auf der durch Erhitzen eine Schicht von Kupferoxydul ($Cu_2O$) erzeugt worden war, besonders für die Gleichrichtung geeignet ist. Der Strom geht viel besser durch, wenn das Kupfer positiv, als wenn es negativ ist. Die Frage, wie man dies zu erklären hat, ist noch nicht geklärt. In Deutschland hat

[1] Wenn die eine Hälfte jeder Welle unterdrückt wird, so bedeutet dies nicht einen Energieverlust von 50%. Wenn nämlich kein Strom fließt, so wird auch keine Energie dem Wechselstromnetz entnommen.

[2] Auch auf den Trockenplatten-Gleichrichter der AEG, den sogen. Gea-Lader, sei hingewiesen.

sich besonders das Siemenswerk mit der Schaffung eines Trockengleichrichters beschäftigt. Die Arbeiten führten zu einem vollen Erfolge; es entstand der Protos-Gleichrichter. Er setzt sich, wenn eine höhere Wechselspannung gleichgerichtet werden soll, aus mehreren Elementen zusammen, die hintereinander geschaltet werden, so daß auf jedes nur ein Teil der Spannung entfällt. Jedes Element enthält eine mit Kupferoxydul bedeckte Kupferscheibe von Kreisform, die in der Mitte mit einer Öffnung versehen ist (s. Abb. 25). Um den Strom der ganzen Schicht zuführen

Abb. 25. Kupferplatte ohne und mit Oxydul.

zu können, wird gegen sie eine Bleiplatte gedrückt (s. Abb. 26). Man nennt sie die Gegenelektrode. Das Ganze hat große Ähnlichkeit mit einem elektrolytischen Apparat; dem Elektrolyten entspricht das Kupferoxydul. Da dieses bei höherer Temperatur seine Ventilwirkung verliert, muß die erzeugte Stromwärme schnell abgeführt werden. Um dies zu erreichen, schiebt man das Element zwischen zwei Kühlplatten, die größer sind als die Elektroden. Alle Teile werden nebst zwei Druckplatten auf einen Bolzen geschoben und durch Verschrauben fest gegeneinander gepreßt. Diese Platten und der Bolzen sind gegen die einzelnen wirksamen Teile isoliert Die Stromzufuhr und -abfuhr kann durch die Kühlplatten erfolgen.

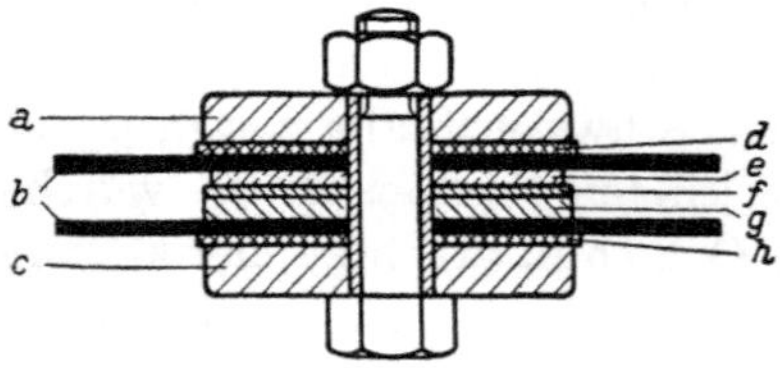


Abb. 26. Einrichtung des Protos-Gleichrichters.
*a, c* = Druckplatten. *b* = Kühlplatten, *d, h* = Isolation, *g* = Cu-Platte, *f* = Oxydulschicht.

Die Ventilwirkung ist, wie aus der Stromkurve in Abb. 27 zu ersehen ist, keine ganz vollkommene. Aber der in der Sperrrichtung fließende Strom ist nur ein kleiner Bruchteil des in der Durchlaßrichtung fließenden. Damit dem Gleichrichter die richtige Spannung zugeführt wird, bedient sich man eines Transformators, wie dies in Abb. 27 angedeutet ist, in der $G$ den Gleichrichter darstelle. Die Batterie, die geladen werden soll, wird an die Punkte + und — angeschlossen. Die angedeutete Anordnung heißt Halbwellenschaltung. Um jede Halbwelle des Wechselstromes ausnutzen zu können, wendet man die Schaltung nach Abb. 28 an. In der Mitte der sekundären Wicklung des Transformators herrscht stets das Potential Null, sie wird Anzapfungspunkt genannt. In die beiden Zweige wird je ein Gleichrichter gelegt. Wenn $a$ positiv und $b$ daher negativ ist, geht der Strom durch $G_1$, der Weg über $G_2$ ist gesperrt. Der Strom ist daher gezwungen, durch die Batterie zu fließen, um zum Transformator zurückkehren zu können. Während der zweiten Halbperiode ist $a$ negativ und $b$ positiv. Jetzt fließt der Strom durch $G_2$, zur Batterie und von dort zum Mittelpunkte des Transformators.

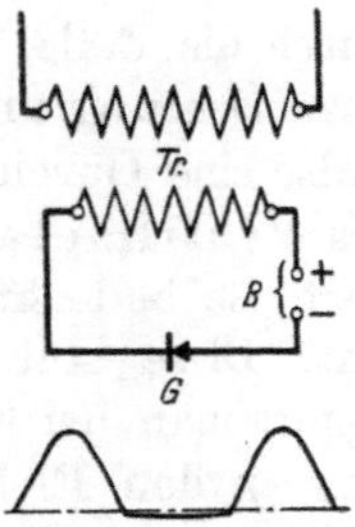


Abb. 27. Halbwellenschaltung.

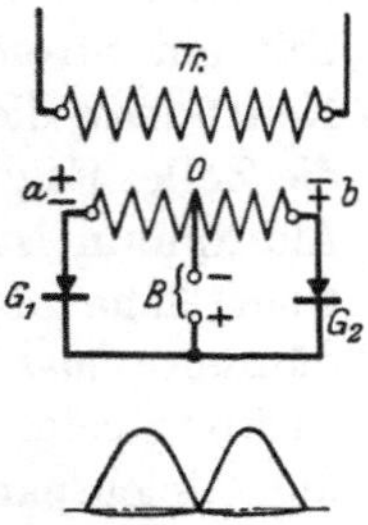


Abb. 28. Schaltung zur Ausnutzung beider Halbwellen.

Der Protos-Gleichrichter eignet sich gut für die Ladung von Heizbatterien. Um Ladestromstärken von mehr als 1 Amp. zu erzielen, werden Gleichrichtereinheiten parallel geschaltet. Der Wirkungsgrad beträgt etwa 50%. Er ist größer als derjenige der meisten andern Gleichrichter für kleine Leistungen. Im übrigen ist es dem Rundfunkteilnehmer ziemlich gleichgültig, ob er etwas mehr oder weniger Strom dem Netze für die Ladung seiner Batterie entnimmt. Worauf er aber Gewicht legt, das ist Sauberkeit, Bequemlichkeit und Einfachheit der Bedienung. Diese Eigenschaften besitzt der Protos in hohem Grade.

Die elektrochemischen Gleichrichter[1] beruhen auf der

[1] Auch diese werden durch die Gasentladungs-Gleichrichter immer mehr verdrängt.

unipolaren elektrolytischen Leitung. Sie soll an einem Beispiele erläutert werden. Bildet man aus einer Aluminiumelektrode, einer indifferenten zweiten Elektrode, etwa einer Bleiplatte, und Schwefelsäurelösung einen elektrolytischen Apparat, so fließt beim Anlegen einer Gleichspannung, deren Höhe einen gewissen Wert nicht überschreitet, nur während einer sehr kurzen Zeit ein Strom durch die Zelle, falls das Aluminium Anode ist. Kehrt man die Stromrichtung um, so geht dauernd Strom durch die Zelle. Es gibt also eine Durchlaß- und eine Sperrichtung. Das Aluminium ist das Ventilmetall. Ist es Anode, so wird seine Oberfläche oxydiert, sie bedeckt sich außerdem mit einer sehr dünnen Gasschicht. Diese soll die Hauptursache der Ventilwirkung sein. Steigert man bei konstant bleibender Stromstärke die Gleichspannung an den Elektroden allmählich, so wird die Schicht dicker (Formierung). Bei gewissen Metallen wird durch den in der Durchlaßrichtung fließenden Strom die Oxydschicht zerstört; bei andern bleibt sie bestehen. Zu diesen gehören Aluminium, Eisen und Tantal. Es eignen sich natürlich nur die letztern Metalle für die Herstellung eines Gleichrichters. Die höchste Spannung, bis zu der sich die Sperrwirkung treiben läßt, hängt von der Konzentration und von der Natur des Elektrolyten ab. Je kleiner die Konzentration, um so größer die Höchstspannung. Der Verwendung von Elektrolyten sehr niedriger Konzentration steht aber der Nachteil im Wege, daß der Leitungswiderstand der Zelle groß wird. Die Scheitelspannung eines zugeführten Wechselstromes darf natürlich die höchste Sperrspannung nicht übersteigen. Die erwähnte Oxyd-Gas-Schicht erschwert bei Verwendung von Wechselstrom auch derjenigen Halbwelle den Durchgang, für die das Ventilmetall Kathode ist: die Spannung muß bis zu einer gewissen Höhe steigen, bevor der Strom durchgelassen wird. Diese Mindestspannung muß natürlich möglichst gering sein. Sie ist abhängig von der Dicke der isolierenden Schicht, von dem Kation des Elektrolyten und von der Konzentration der Lösung; auch die Natur des Ventilmetalls spielt eine Rolle. In 0,2 normaler Lösung (0,2 Mol im Liter) von Kalium- oder Natriumnitrat beträgt sie an Tantal, nachdem es bis zu 85 V formiert ist, etwa 10 V und an Aluminium etwa 7 V. Temperaturerhöhung ist einerseits günstig, weil der spezifische Widerstand des Elektrolyten geringer wird, anderseits ist sie ungünstig, weil bei höherer Temperatur die Ventilwirkung abnimmt, sei es, daß die Oxydschicht leitend wird, sei es, daß sie sich löst. Bei etwa 50° hört die Ventilwirkung meistens ganz auf. Um die erzeugte Stromwärme abzuführen, gibt man dem Elektrolyten eine genügend große Oberfläche.

Die verschiedenen Schwierigkeiten, die hier nur zum Teil besprochen wurden, hatten zur Folge, daß die Versuche, „einen lebensfähigen Gleichrichter für 100 V Gleichspannung herzustellen, scheiterten“ (l. c. S. 16), dagegen sind solche für Gleichspannungen bis zu etwa 10 V als betriebssicher zu bezeichnen.

Sollen die **beiden** Halbwellen des Wechselstromes ausgenutzt werden, so wendet man die in Abb. 29 angegebene Schaltung an, die als Grätzsche Vierzellenschaltung bekannt ist. In dem Momente, in dem die linke Bürste positiv ist, geht der Strom durch die Zelle *2*, die zu ladende Batterie *B*, die Zelle *3* und von dort zur Maschine zurück; ist die rechte Bürste positiv, so fließt der Strom durch Zelle *4*, *B* und Zelle *1*. Es sind also immer zwei Zellen hintereinander geschaltet, so daß die Maximalspannung den doppelten Betrag des für einen Gleichrichter geltenden haben darf.

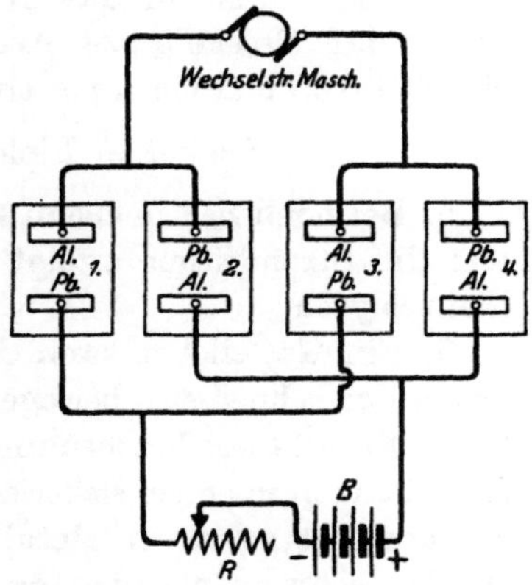

Abb. 29. Grätzsche Schaltung (schematisch).

Von den auf den Markt gebrachten elektrochemischen Gleichrichtern sei nur der von den Physikalischen Werkstätten in Göttingen hergestellte kurz beschrieben. Das Gefäß des sog. Phywe-Gleichrichters ist ein Kasten aus starkem Eisenblech, der zugleich als Elektrode dient. Ein Aluminiumstab bildet das Ventilmetall; er wird isoliert durch den Deckel geführt. Der Elektrolyt besteht aus einer wässerigen Lösung von Ammoniumkarbonat (Hirschhornsalz). Die Zelle kann bis zu 30 V Wechselspannung beansprucht werden; diesen entsprechen bei 1 Amp. etwa 15 V Gleichspannung. Bei der Grätzschen Vierzellenschaltung kann man also bis zu 60 V Wechselspannung gehen. Um die Netzspannung auf die erforderliche Höhe zu bringen, wird ein Transformator verwendet.

Die Elektronenröhre als Gleichrichter. Der Beschreibung der Elektronenröhre wollen wir einige Leitsätze über die Bewegung der Elektrizität in Gasen vorausschicken, die auch das Verständnis der übrigen noch folgenden Gleichrichter erleichtern werden.

1. Ein vollkommenes Vakuum ist ein absoluter Nichtleiter.

2. Man kann einen Strom in einem Vakuum nur dadurch erhalten, daß man in ihm Elektronen erzeugt und dafür sorgt, daß diese eine geordnete Bewegung ausführen.

3. Ein Gas im natürlichen Zustand ist ebenfalls ein Nichtleiter.

4. Man kann ein Gas ionisieren. Die Ionisierung besteht darin, daß Moleküle bzw. Atome des Gases zerlegt werden in je ein Elektron und einen positiv geladenen Rest, ein schweres Ion:

$$\text{Molekül} = \text{Elektron} + \text{positives Ion.}$$

5. Befinden sich in einem Gas Ionen, so leitet es die Elektrizität; die Stromleitung erfolgt in der gleichen Weise wie bei den Elektrolyten.

6. Ein Gasteilchen kann durch einen heftigen Zusammenstoß mit einem schnell sich bewegenden Ion in 2 Ionen zerlegt werden (siehe Nr. 4). Diese Erscheinung nennt man Stoßionisation[1]. Da das Elektron in einem elektrischen Felde, z. B. zwischen zwei entgegengesetzt geladenen Metallplatten, sich viel schneller bewegt als das schwere positive Ion, so wirkt das Elektron besonders stark ionisierend. Die Stoßionisation findet aber nur dann statt, wenn das Elektron eine gewisse Geschwindigkeit erlangt oder eine gewisse Spannung durchlaufen hat; diese ist für die verschiedenen Gase verschieden.

7. In einem ionisierten Gase finden auch Wiedervereinigungen statt (s. S. 7).

Die Elektronenröhre beruht auf der Erscheinung, daß ein glühender Körper Elektronen aussendet. Die Emission wächst sehr schnell mit der Temperatur. Um einen hohen Hitzegrad erreichen zu können, verwendet man meistens einen Draht aus dem sehr schwer schmelzbaren Wolfram, durch den ein Strom von bestimmter Stärke geschickt wird, der sog. Heizstrom. Damit sich die Elektronen ungehindert bewegen können, ordnet man den

[1] Statt Ionenstoß sagte man besser Durchquerung eines Atoms oder Moleküls durch ein Elektron.

Heizdraht in einem so weit wie möglich evakuierten Glasgefäß an. Als zweite Elektrode dient in der Regel ein Metallzylinder, in dessen Achse sich der Draht befindet. In dem Schema der Abb. 30 ist die Anode als Scheibe gezeichnet. Wird sie mit dem positiven Pole einer Batterie *A. B.*, verbunden und die Kathode, nämlich der Heizdraht, mit dem negativen Pole, so fliegen die Elektronen von der Kathode weg und nach der Anode hin. Diese Bewegung stellt einen elektrischen Strom dar. Nun pflegt man als Stromrichtung diejenige Richtung anzusehen, in der sich die positive Elektrizität bewegt. Solche fließt aber gar nicht durch die Röhre; sie wird allerdings von der Stromquelle an die Anode geliefert, dient aber dort nur zur Neutralisation der ankommenden Elektronen. Wir denken uns statt dessen, daß die positive Elektrizität durch die Röhre zum Heizdraht geht. Die Stromrichtung wird also durch den äußeren Pfeil angegeben. Man kann auch folgendermaßen schließen: Negative Elektrizität, die von unten nach oben fließt, übt die gleiche Wirkung aus wie positive Elektrizität, die von oben nach unten strömt. Wird die Anode negativ geladen, d. h. mit dem negativen Pol der Batterie *AB* verbunden, so werden die Elektronen zurückgestoßen, eine geordnete Bewegung findet in der Röhre nicht statt, sie ist stromlos. Verbindet man also *An* und *K* mit einem Wechselstromnetz (statt mit der Batterie), so wird nur diejenige Halbwelle durchgelassen, für die die Anode positiv ist. Die negativen Halbwellen werden ganz unterdrückt, selbst wenn die Wechselspannung eine sehr hohe ist. Jede Elektronenröhre ist also ein Gleichrichter.

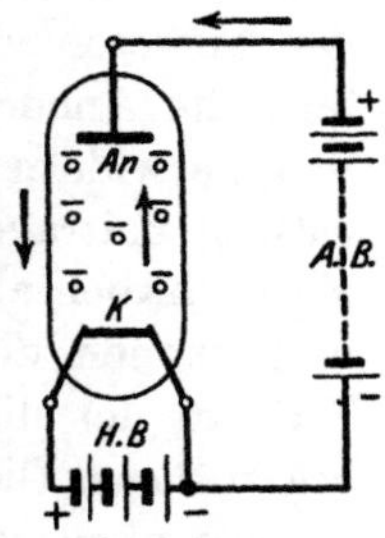

Abb. 30. Elektronenröhre.

Gleichrichter mit Wehnelt-Kathode. Wehnelt fand, daß die Oxyde der Erdalkalien, z. B. Kalziumoxyd, schon bei verhältnismäßig niedriger Temperatur Elektronen in großer Menge aussenden. Das Oxyd wird auf ein Metallblech oder auf einen Draht aufgetragen, dem Strom zugeführt wird. Es genügt, bis zur hellen Rotglut zu heizen. Dieser Oxydkathode steht, wie bei der gewöhnlichen Elektronenröhre, eine Anode gegenüber. Nun ist bei sehr hohem Vakuum der Spannungsverlust in jeder Röhre ein bedeutender. Es hat sich aber gezeigt, daß dieser sehr stark, nämlich auf etwa 17 V, herabgedrückt werden kann, wenn man die Röhre nach der Evakuation mit stark verdünntem Argon füllt. Die Anwesenheit des Gases übt noch eine andere günstige Wirkung aus: Durch die nach der Anode eilenden Elektronen werden Ionen erzeugt. Da diese sich ebenfalls an der Stromleitung beteiligen, so ist die Stromstärke größer als im Hochvakuum. Auf den Einwand, daß die Gleichrichterwirkung wegen der Anwesenheit positiver Ionen keine ganz reine sei, weil diese, falls die Anode negativ geladen ist, sich nach ihr hin bewegen, ist zu erwidern, daß die positiven Ionen nur sehr wenig zur Stromleitung beitragen, weil sie bei gleicher Ladung eine viel größere Masse haben als das Elektron (s. S. 5). Aber die positiven Ionen verursachen doch eine Schwierigkeit; sie bewegen sich in der Zeit, in der die Anode positiv ist, zu der Kathode und prallen gegen diese. Dies hat zur Folge, daß das Oxyd verdampft und die Wirksamkeit der Kathode allmählich nachläßt, um schließlich ganz aufzuhören. Um dies zu verhüten, hat die Afa die Kathode so gestaltet, daß ein größerer Vorrat von Oxyd vorhanden ist. Für Gleichrichter kleinerer Leistungen hat sich die in Abb. 31 wiedergegebene Anordnung bewährt. Der Leiter, durch den der Heizstrom geht, bildet eine Spirale $S$, die ein Oxydstäbchen umschlingt. Dieses verdampft langsam; die Dämpfe schlagen sich größtenteils auf der Spirale nieder, so daß sie stets mit Oxyd bedeckt ist. Bei einer Heizenergie von 30 Watt kann eine solche Kathode im ganzen etwa 12000 Ah liefern.

Abb. 31. Oxydkathode der Afa.

Die Wehnelt-Gleichrichter werden meist mit zwei Anoden versehen, damit beide Halbwellen des Wechselstromes ausgenutzt werden können. Die Abb. 32 zeigt das Schaltungsschema. $P$ ist die primäre Wicklung eines Transformators, durch den die Netzspannung auf die erforderliche Höhe gebracht wird. Die sekundäre Wicklung $S$ ist in zwei Hälften zerlegt (Divisorschaltung). Eine zweite sekundäre Wicklung von wenigen Windungen $H$ liefert den Heizstrom. Die Anoden sind mit $A_1$ und $A_2$ bezeichnet. Außerdem ist noch nahe bei der Kathode eine kleine Elektrode $Z$ angeordnet, die als Zündanode bezeichnet wird. Sie tritt beim Einschalten in Tätigkeit und leitet den Stromdurchgang ein. Damit der Zündstrom nicht zu stark wird, ist in die Zuleitung zur Hilfsanode ein Silitwiderstand *Si* von etwa 10000 Ohm geschaltet. Der Gleichrichter zündet auch dann wieder selbsttätig, wenn der Wechselstrom vorübergehend aussetzen sollte. Beim Gebrauch wird zuerst der Wechselstrom eingeschaltet; die Kathode leuchtet hellgelb. Dann wird der Gleichstromschalter geschlossen; der Stromdurchgang beginnt, und das Glasgefäß leuchtet blaurot. Beim Ausschalten verfährt man umgekehrt.

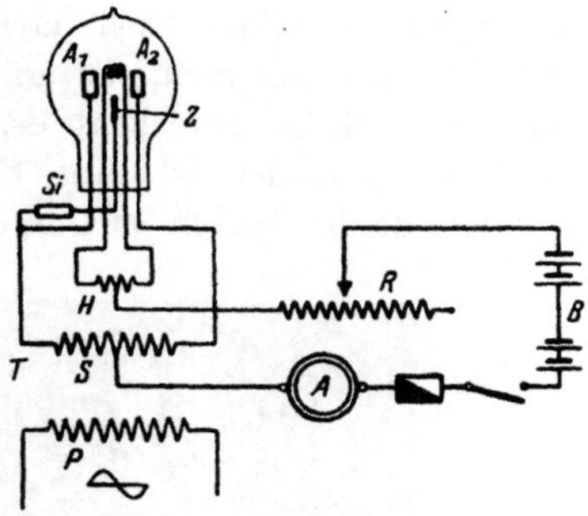


Abb. 32.
Schaltung des Oxydkathoden-Gleichrichters.

Handelt es sich um die Gleichrichtung von Drehstrom und ist die abzugebende Leistung nicht groß, so wird nur eine Phase ausgenutzt. Es genügt dann also ein Gleichrichter mit einer bzw. zwei Anoden. Sollen die drei Phasen gleichgerichtet werden, so muß das Gefäß mit drei Anoden ausgerüstet werden. Der erhaltene Gleichstrom schwankt in diesem Falle weniger, als wenn nur eine Phase zugeführt wird.

Die Wehnelt-Gleichrichter der Afa werden für die verschiedensten Spannungen und Stärken des Gleichstromes gebaut. So z. B. liefert eine Type den Ladestrom für eine Batterie von 40 Zellen in Höhe von 60 Amp. Die Nebenteile — Transformator, Widerstand u. dgl. — sind mit dem Gleichrichtergefäß zu einem Apparate zusammengebaut; das Ganze wird in der Technik kurz als Gleichrichter bezeichnet. Die Einrichtung ist meistens so getroffen, daß der Gleichrichter nur für die Ladung einer bestimmten und unveränderlichen Anzahl von Zellen Verwendung finden kann. Dies gewährt den Vorteil, daß eine Regulierung nicht erforderlich ist; die Ladung bedarf keiner Beaufsichtigung.

Die Firma hat auch Gleichrichter für sehr hohe Gleichspannungen ausgebildet. Die Anoden sind in langen Armen von geringen Querschnitten untergebracht (s. Abb. 33). Dies hat zur Folge, daß dem Strome der Durchgang in der Sperrichtung (Anode negativ) außerordentlich erschwert wird, während er in der andern Richtung keinen sehr großen Widerstand findet. Die Wechselspannung muß etwas mehr als die doppelte Gleichspannung betragen; erstere beläuft sich z. B. bei einer Type, die 3000 V Gleichspannung liefert, auf rund 7000 V. Die Abbildung 33 zeigt drei Hochspannungs-Gleichrichter-Birnen der Afa für verschiedene Spannungen. Die größte kann bei 1 Amp. eine Gleichspannung von 10000 V liefern. Die Wehnelt-Glühkathode befindet sich in der Mitte; die beiden Anodenarme sind etwas länger als die Birne. Der Gleichrichter rechts ist mit einem Regenerierungsventil versehen; dieses ermöglicht es, der Birne, falls das Vakuum gar zu hoch geworden ist, eine Spur eines Gases zuzuführen. Es werden auch Röhren mit Quecksilberdampf-Füllung ge-

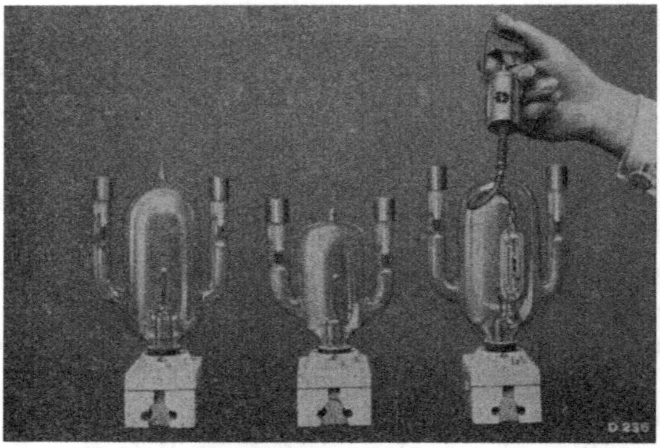

Abb. 33. Hochspannungs-Gleichrichter mit Wehnelt-Kathode (Afa).

liefert. Verwendung finden diese Gleichrichter hauptsächlich in der drahtlosen Telephonie und Telegraphie.

Es seien nur noch die Gleichrichter beschrieben, die für die Ladung von Radio-Batterien bestimmt sind. Sie haben die weiteste Verbreitung gefunden. Der Varta-Simplex[1] dient zur Ladung von kleinen Batterien, die den Heizstrom für die Elektronenröhren des Empfangsgerätes liefern. Diese Batterien bestehen aus 1 bis 3 Zellen. Die Gleichrichterröhre hat nur eine Anode, so daß nur jede zweite Halbwelle durchgelassen wird. Das bedeutet aber keineswegs, wie schon früher gesagt wurde, daß der Energieverlust ein großer ist. Der Simplex (Abb. 34) liefert einen Strom von 1 bis 2 Amp. je nach der Anzahl der Zellen. In dem Gehäuse be-

[1] Die Varta ist eine Tochtergesellschaft der Afa.

findet sich der Transformator. Die Gleichrichterröhre ist versilbert; neben ihr sieht man einen Eisendraht-Wasserstoff-Widerstand (s. S. 83).

Abb 34. Varta-Simplex.

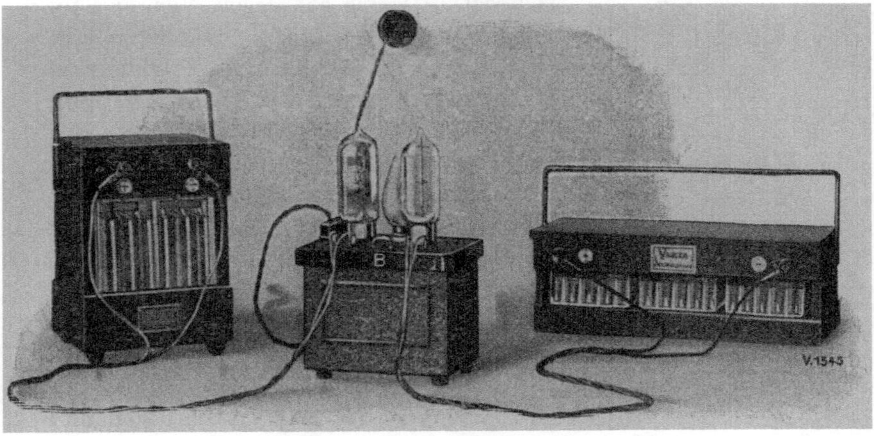

Abb. 35. Varta-Duplex.

Der Varta-Duplex (Abb. 35) ist dadurch bemerkenswert, daß mit einer einzigen Gleichrichterröhre sowohl die Heizbatterie bei automatischer Stromregelung (Eisenwiderstand) mit 1,5 Amp.

als auch die Anodenbatterie von 40 bis 60 Zellen mühelos aufgeladen werden kann. Beide Ladungen können auch gleichzeitig vorgenommen werden. Selbst wenn der Wechselstrom einmal ausbleiben sollte, ist dies ohne Bedeutung, da die Batterie sich nicht über den Gleichrichter entladen kann. Das gilt übrigens auch für den Simplex und den folgenden Gleichrichter.

Für Radiohändler, die die Ladung von Heizbatterien besorgen, ist der Accurex-Gleichrichter geeignet. Mit seiner Hilfe können 1 bis 4 Zellen mit 6 Amp. geladen werden; es können also mehrere Batterien parallel geschaltet werden.

Der Wolfram-Gleichrichter mit Argonfüllung. Die AEG hat einen Gleichrichter auf den Markt gebracht, der auf der physikalischen Erscheinung beruht, daß in einem luftverdünnten Raume eine Leitfähigkeit hergestellt wird, wenn die Kathode ins Glühen gerät. Diese sendet dann Elektronen aus, die ionisierend wirken. Da die Elektronen fast ausschließlich die Stromleitung besorgen, so ist auch hier der Stromdurchgang unipolar, d. h. der Strom wird fast nur in der Richtung durchgelassen, bei der der Glühdraht Kathode ist. Als Gas hat Argon Verwendung gefunden, da dieses sich leicht ionisieren läßt und chemisch nicht reagiert. Der Glühdraht besteht aus Wolfram und wird in bekannter Weise beheizt. Der Gleichrichter wird Ramar genannt. Das Wort ist aus der Endsilbe von Wolfram und der Anfangssilbe von Argon zusammengesetzt. Er hat nur eine Anode, läßt also nur jede zweite Halbwelle durch. Einer Zündvorrichtung bedarf der Ramar nicht. Es werden zwei Typen hergestellt; die eine, der Universal-Ramar (Abb. 36), ist für die Ladung von 1 bis 6 Zellen mit 3,5 bis 5 Amp. geeignet, während der Radio-Ramar genannte Typ für die Ladung von Heizbatterien mit 1 bis 2 Amp. bestimmt ist. Die Abbildung zeigt den Universal-Ramar ohne Schutzkappe.

Abb. 36.
Gleichrichter Ramar.

Glimmlichtgleichrichter. Bei diesem und den Lichtbogen-Gleichrichtern erfolgt das Einsetzen der Stromleitung, ohne daß zuerst durch einen erhitzten Stoff oder durch ein anderes

Hilfsmittel Elektronen erzeugt werden. Die Entladung ist eine selbständige[1]. Die Elektroden befinden sich in einem verdünnten Gase. Beim Anlegen einer genügend hohen Spannung werden die in geringer Anzahl stets anwesenden Ionen stark beschleunigt; sie wirken auf neutrale Gasteilchen, mit denen sie zusammenstoßen, ionisierend. Die an der Kathode ankommenden schweren Ionen erhitzen diese so stark, daß Elektronen emittiert werden. Man kann auch annehmen, daß durch die Ionen Atome des Metalles zertrümmert und Elektronen ausgetrieben werden. Bei welcher Spannung die selbständige Entladung erfolgt, hängt von der Natur des Gases und vom Vakuum ab.

Nehmen wir an, wir hätten eine zylindrische Röhre mit kongruenten Elektroden, deren Abstand 10 cm betrage; die Spannung sei 300 V. Dann kommt nicht auf eine Länge von 1 cm überall ein Spannungsgefälle von 30 V. Die Spannung verteilt sich vielmehr ungleichmäßig auf den Elektrodenabstand. Besonders groß ist das Gefälle dicht bei der Kathode. Daher werden die zu dieser eilenden positiven Ionen sehr stark beschleunigt. Der sog. Kathodenfall ist, falls die Kathode klein und die Stromstärke groß ist, ein besonders hoher. Hat man also eine Röhre, deren Elektroden sehr ungleiche Oberflächen haben, so erfolgt der Stromdurchgang viel leichter, wenn die große Elektrode Kathode ist, als wenn sie Anode ist. Bei dem elektrischen Funken ist es übrigens ähnlich. Man verwendet bekanntlich in Verbindung mit einem Funkeninduktor einen sog. Funkenmesser, der aus einer Metallplatte und einer Metallspitze besteht. Der Funkenübergang erfolgt am besten, wenn die Spitze positiv ist. Verbindet man die unsymmetrischen Elektroden einer Gasentladungsröhre mit einem Wechselstromnetz genügend hoher Spannung, so hat der austretende Strom Gleichstromcharakter.

Abb. 37. Glimmlichtgleichrichter. (AEG).

Der Glimmlichtgleichrichter ist in Deutschland besonders von Georg Seibt und der AEG ausgebildet worden. Die großflächige Elektrode der AEG-Röhre ist ein Eisenzylinder, der gewellt ist (s. Abb. 37). Da der Kathodenfall an Kohle besonders groß ist,

[1] Wie bei den bekannten Geißler-Röhren.

so wird die kleinflächige Elektrode aus diesem Stoffe hergestellt. Das Gefäß ist mit einem nach bestimmten Grundsätzen zusammengesetzten Gemisch aus Neon und Helium gefüllt. Da diese Gase chemisch ganz indifferent sind, so reagieren sie mit keinem der in der Röhre anwesenden Stoffe; der Gasdruck bleibt unverändert. Die Betriebsspannung ist 220 V. Ihnen entsprechen auf der Gleichstromseite rund 110 V. Die Röhre zündet erst, wenn der Gleichstromkreis geschlossen ist.

Das Hauptanwendungsgebiet dieses Gleichrichters ist die Ladung von Batterien kleiner Kapazität. Es können bis zu 40 Zellen mit einer Stromstärke geladen werden, die zwischen 0,2 und 0,07 Amp. liegt, je mehr Zellen angeschlossen sind, um so kleiner der Ladestrom. Da der Gleichrichter und die Batterie hintereinander geschaltet sind und ein Transformator keine Verwendung findet, so ist die Batterie als ein Teil der Starkstromanlage zu betrachten. Daher muß jede Berührung blanker Teile vermieden werden. Man kann auch mit Hilfe dieses Gleichrichters die bei größern Batterien infolge der Selbstentladung entstehenden Verluste ersetzen, indem man der Batterie ständig oder fast immer schwachen Strom zuführt. Der vollständige AEG-Glimmlichtgleichrichter enthält einen Regulierwiderstand mit Schieber und eine Zellenskala. Man stellt den Schieber so ein, daß er neben der Zahl steht, die mit der Anzahl der zu ladenden Zellen übereinstimmt.

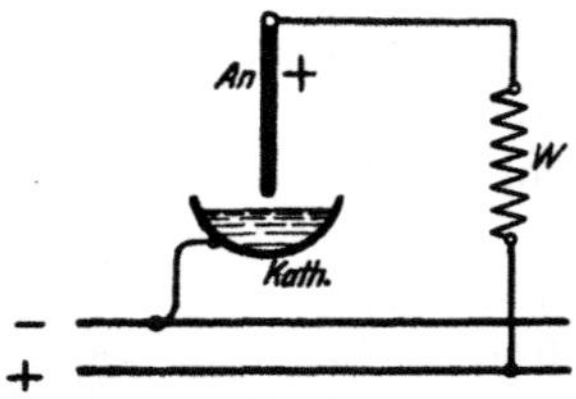

Abb. 38. Herstellung eines Lichtbogens.

Die Lichtbogengleichrichter. Sie sind für die Technik die wichtigsten Gleichrichter, weil sie für große Leistungen hergestellt werden können. Wir wollen zunächst zusehen, wie ein Lichtbogen gebildet wird, und welche Vorgänge sich während der Zündung abspielen. Eine Metallschale, die mit Quecksilber gefüllt ist, machen wir zur Kathode; ein Eisenstab diene als Anode (s. Abb. 38). Die Spitze des Stabes werde in das Quecksilber eingetaucht. Damit dann kein Kurzschluß entsteht, schalten wir in den Stromkreis einen passend gewählten Widerstand ein. Die Anode werde langsam emporgehoben. Da ihr Ende nie ganz glatt ist, so sind beim Austritt des Stabes aus dem Quecksilber für kurze Zeit sehr feine Verbindungsbrücken vorhanden, durch die der starke Strom fließt. Die Folge ist, daß diese sehr heiß werden und etwas Quecksilber verdampft. Ein Teil der Moleküle zerfällt in Ionen (Thermo-Ionisation), die in der zunächst sehr dünnen Dampfschicht die Stromleitung besorgen. Die positiven Ionen des Quecksilbers eilen zur Kathode und prallen gegen deren Oberfläche. Durch die Stöße werden Elektronen in großer Zahl freigemacht. Der Abstand zwischen den beiden Elektroden kann vergrößert werden, ohne daß der Strom unterbrochen wird. Dampfbildung, Elektronenemission und Stoßionisation finden fortwährend statt. Die Gasentladung, die sich in der beschriebenen Weise abspielt, nennt man Lichtbogen[1]. Es ist bekannt, daß eine elektrische Strömung in einem Dampfe von geringer Dichte, die allerdings nicht unter einen bestimmten Betrag sinken darf, leichter erfolgt als bei hoher Dichte. Ordnet man nun die Elektroden in einem Gefäße an, aus dem die Luft ausgepumpt ist, so bleibt der Raum kein Vakuum; es bilden sich in ihm ja Dämpfe. Wir können den Lichtbogen zu einer bedeutenden Länge ausziehen, ohne daß wir eine sehr große Spannung anzulegen brauchen. Aber das Einschließen der Elektroden in ein evakuiertes Gefäß gewährt noch einen andern Vorteil, der von großer Bedeutung ist. In den kalten Teilen des Gefäßes, das aus Glas bestehen möge, kühlt sich der Quecksilberdampf ab und kondensiert. Die Tröpfchen fließen zur Kathode zurück, wenn diese die tiefste Stelle in der Röhre einnimmt. Ein Verbrauch von Quecksilber findet also nicht statt. Jedes andere Metall würde sich im festen Zustand an der Wand des Gefäßes ansetzen. Da die Dämpfe des Hg eine ziemlich hohe Temperatur haben und außerdem bei der Kondensation Wärme frei wird, so steigt die Temperatur in dem Gefäße stark, wenn nicht für genügende Kühlung gesorgt wird. Wir werden auf diese Forderung noch zurückkommen.

Wie ist es nun, wenn wir die Polarität ändern, d. h. den Eisenstab zur Kathode machen? In dem Augenblicke, in dem bei der Zündung der Austritt des Stabes aus dem Quecksilber erfolgt, haben wir zwar auch jetzt starke Wärmeentwicklung, auch jetzt verdampft etwas Quecksilber. Aber die lebendige Kraft der zum Eisen eilenden Ionen genügt nicht, die Spitze der Elektrode so

---

[1] Man pflegt zu sagen, daß sich im Quecksilbergleichrichter bei der Zündung ein Funken bildet. Ein solcher kann in einem Vakuum nicht überspringen, weil ja ein Vakuum die Elektrizität überhaupt nicht leitet.

stark zu erhitzen, daß Verdampfung erfolgt. Es liegt ja der Siedepunkt des Eisens weit über demjenigen des Quecksilbers. Der Einwand, daß die Temperatur innerhalb einer gewissen Zeit bis zur Siedetemperatur steigen könne, ist nicht stichhaltig; denn das Eisen leitet die Wärme schnell von der Spitze weg. Auch ist die Elektronenemission am Eisen unter sonst gleichen Umständen eine viel geringere als am Quecksilber. Man erkennt, daß jetzt die den Stromdurchgang erleichternden Umstände weit ungünstiger sind als eben. Fassen wir zusammen: Ein Lichtbogen bildet sich viel leichter, wenn das Quecksilber Kathode ist, als wenn es die Anode bildet. Dieses Verhalten ist aber das, was man Ventilwirkung nennt.

a) Der Quecksilberdampfgleichrichter mit Glaskörper. Die Schwierigkeiten, die dem Bau eines Quecksilberdampfgleichrichters für große Leistungen im Wege standen, wurden durch die langjährigen Arbeiten mehrerer Firmen überwunden, von denen die AEG, die Siemens-Schuckert-Werke und Brown, Boveri & Co. in erster Linie genannt seien. Wir legen unseren Betrachtungen einen Apparat zugrunde, der für einphasigen Wechselstrom eingerichtet ist. Die Kathode besteht aus Quecksilber, das sich in dem untern verengten Teil der Röhre befindet. Damit beide Halbwellen ausgenutzt werden können, sind zwei Anoden vorhanden. Diese bestehen aus Graphit und sind in besondern Armen untergebracht (s. Abb. 40). Das Gefäß ist so weit wie möglich evakuiert. Da gewöhnliches Glas schon bei einer Temperatur von 450° weich wird, d. h. die Luft durchläßt, bzw. durch den äußern Luftdruck eingedrückt wird, werden die Glaskörper aus dem schwer schmelzbaren Molybdänglas hergestellt, dessen Erweichungspunkt 200° höher liegt. Es ist außerdem sehr zähe und gegen Stöße wenig empfindlich. Um den Gleichrichter in Betrieb zu setzen, muß eine Zündung erfolgen. Diesem Zwecke dient eine besondere kleine Anode aus Graphit, die möglichst nahe bei der Kathode angeordnet ist (*a* in Abb. 39). Wird das Gefäß geneigt, gekippt, so fließt Quecksilber zur Zündanode, und der Strom wird geschlossen. Geht das Gefäß in seine ursprüngliche Lage zurück, so bildet sich der Hilfslichtbogen. Es findet lebhafte Verdampfung statt, und es entstehen zahlreiche Ionen, außerdem werden Elektronen emittiert. Bald ist die Leitfähigkeit des ganzen Gefäßes so groß, daß sich der Hauptlichtbogen bilden kann. Bei kleinen Typen wird das Kippen von Hand ausgeführt, bei großen erfolgt es elektromagnetisch, d. h. ein Mechanismus, der die Drehungen des Glaskörpers besorgt, wird durch einen Magneten oder durch eine Spule, die einen Eisenkern in sich hineinzieht, betätigt (s. Abb. 40). Wenn in dem Augenblick, in dem die Trennung der beiden Elektroden erfolgt, die Spannung nahe bei null liegt, oder wenn die Hilfsanode negativ ist, so geht die Zündung nicht vor sich; sie muß dann wiederholt werden. Es können daher u. U. 10 bis 20 Sekunden vergehen, bevor der Gleichrichter betriebsfertig ist.

Die AEG verwendet neuerdings für die Zündung ein Band, das aus zwei aufeinandergelegten und zusammengenieteten Metall-

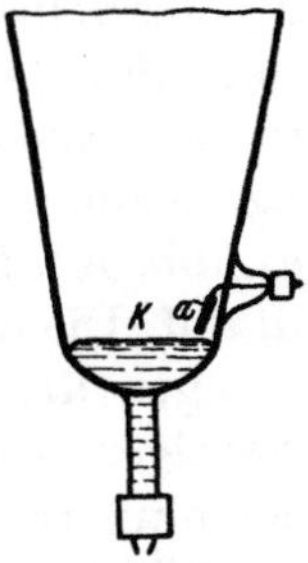


Abb. 39. Zündung durch Kippen.

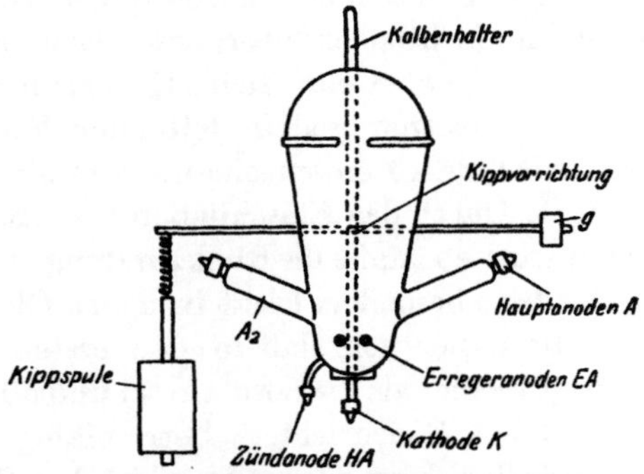


Abb. 40. Schema eines Quecksilberdampfgleichrichters aus Glas mit automatischer Zündung.

streifen von verschiedenen Ausdehnungskoeffizienten besteht — wie bei den Metallthermometern (Bimetallzündung). Das eine Ende ist an einem Träger befestigt, das andere trägt den das Hg berührenden Zündstift. Fließt beim Einschalten des Gleichrichters ein starker Strom durch das Band, so bewirkt die Erwärmung eine Krümmung, und der Stift wird aus dem Hg herausgehoben.

Ein unangenehmer Vorgang ist die sog. Rückzündung. Wird die Stromstärke zu stark gesteigert, so geht die Dampfbildung stürmisch vor sich und die Temperatur steigt. Da auch der Dampfdruck wächst, so wird die elektrische Spannung größer. Damit wir die Folgen besser überblicken können, wollen wir annehmen, daß nur eine Hauptanode anwesend sei. Zwischen dieser und der Kathode besteht während der Sperrzeit zeitweise eine Spannung, die viel höher ist als die Gleichspannung. Die höchste Spannung ist ja durch den Scheitelwert des Wechselstromes gegeben. Es findet bei den angegebenen Verhältnissen ein Stromübergang statt, bei dem der Graphit die Kathode ist; der Strom fließt in der entgegengesetzten Richtung wie der normale Strom, er wird daher als Rückstrom bezeichnet[1]. Der Gleichrichter verhält sich, wenn Rückzündung eingetreten ist, wie ein Kurzschluß.

Wenn ein derartiger Kurzschluß erfolgt ist, so arbeiten bei Parallelbetrieb mehrerer Gleichrichter miteinander oder mit Maschinen oder mit einer Batterie alle diese Stromquellen über die Gleichstromsammelschienen auf den gestörten Gleichrichter. Es sind Vorrichtungen erfunden worden, dies zu verhindern[2].

Bei Rückzündung hört natürlich die Gleichrichterwirkung auf. Sie beginnt mit dem Auftreten von Glimmlicht, das schließlich in einen Lichtbogen übergeht. Eine Rückzündung kann auch dann erfolgen, wenn sich Quecksilbertröpfchen oberhalb der Anode festsetzen und in leitender Verbindung mit ihr stehen. Dies wird durch entsprechende Gestaltung der Anodenarme verhindert. Durch das Einschließen der Anoden in enge Kanäle oder Arme wird ebenfalls die Rückzündung erschwert (s. Abb. 40). Eine solche tritt besonders leicht in neuen Gleichrichtern auf. Die AEG schreibt daher vor, daß in den ersten 8 Betriebstagen die Belastung kleiner als die normale sei und allmählich gesteigert werde.

Soll ein Gleichrichter[3] betriebfähig bleiben, so muß für genügende Kühlung gesorgt werden. Die Oberfläche muß möglichst groß gemacht werden und in Einklang mit der Belastung stehen. Bei großen Gleichrichtern wird die künstliche Kühlung angewandt: Ein Ventilator bläst einen kräftigen Luftstrom gegen das Glasgefäß.

Sinkt die Stromstärke unter einen gewissen Betrag, so hört der Gleichrichter zu arbeiten auf. Bei stark schwankender Belastung kann es also häufig vorkommen, daß der Lichtbogen erlischt und neue Zündung erfolgen muß. Da diese einige Zeit beansprucht, so führt sie zu Unzuträglichkeiten. Man ver-

---

[1] Sind mehrere Anoden vorhanden, was bei den technischen Gleichrichtern immer der Fall ist, so kann der Strom auch von einer Anode zu einer andern übergehen.

[2] ETZ 1926, Nr. 21.

[3] Über die Betriebsbrauchbarkeit von Großgleichrichteranlagen siehe den Aufsatz von Dr.-Ing. R. Schumacher in ETZ 1926, H. 12 u. 13.

sieht daher größere Apparate mit einer Hilfs- oder Selbsterregung (s. Abb. 40). Es wird in den großen Gleichrichter gleichsam ein kleiner Einphasengleichrichter eingebaut. Da dieser von einem besonderen Transformator gespeist wird, so ist er von der Belastung auf der Gleichstromseite unabhängig. Bei der ersten Zündung wird auch der Hilfslichtbogen eingeschaltet. Setzt der Hauptgleichrichter aus, so bewirkt der Hilfslichtbogen Neuzündung. Die Hilfserregung verbraucht nur rund 100 Watt, was im Vergleich zur Leistung des Gleichrichters sehr wenig ist. Natürlich muß für die erste Zündung außerdem eine Zündanode vorhanden sein. Ein Dreiphasengleichrichter enthält also eine Kathode (Quecksilber), drei Hauptanoden, eine Zündanode und zwei kleine Anoden für die Hilfserregung; alle Anoden bestehen aus Graphit. Bei Gleichrichtern für starke Ströme verursachte es große Schwierigkeiten, die Elektrodeneinführung so zu gestalten, daß das Eindringen der Luft unmöglich wurde. Der Ausdehnungskoeffizient des Glases muß der gleiche sein wie derjenige des durch die Glaswand gehenden Drahtes. Es gelang, die Schwierigkeiten zu überwinden. Durch die Einführungsstellen, die verstärkt werden, gehen Molybdändrähte; diese tragen die Graphitelektroden.

Das Evakuieren muß so weit wie möglich getrieben werden, der Gasdruck in dem Gefäß darf nur einige Tausendstel Millimeter Quecksilber betragen. Die an den Wänden des Gefäßes und der Elektroden haftenden und die okkludierten Gase werden dadurch entfernt, daß während des Auspumpens der Gleichrichter so stark wie möglich erhitzt wird. Bei sorgfältigster Evakuierung ändert sich das Vakuum in einem Glasgleichrichter während des Betriebes fast gar nicht. In der Physikalisch-Technischen Reichsanstalt war ein Quecksilberdampfgleichrichter 30000 Stunden lang im Betriebe, ohne daß eine Verschlechterung des Vakuums zu erkennen war.

Da der Spannungsverlust in allen Gleichrichtern nahezu konstant ist (rund 20 V), so ist der Wirkungsgrad um so günstiger, je höher die Betriebsspannung ist[1]. Er beträgt

---

[1] Nennen wir die Elektrodenspannung $E$ und die gelieferte Gleichspannung $E_g$, ist ferner die Stärke des Gleichstromes $J$, so ist der Energieverbrauch des Gleichrichters $E \cdot J$, die nutzbare Energie $E_g \cdot J$ und die vom Transformator gelieferte Energie $E \cdot J + E_g \cdot J$. Also ist der Wirkungsgrad $Q = \frac{E_g \cdot J}{E_g \cdot J + EJ} = \frac{E_g}{E_g + E}$.

bei voller Belastung in der Regel etwa 92%, einschließlich der Verluste im Transformator, in Drosselspulen usw. Ein großer Vorzug vor den rotierenden Umformern ist der Umstand, daß der Wirkungsgrad nur wenig von der Belastung abhängig ist; bei halber Belastung beträgt er noch immer etwa 89%. Andere Vorzüge des Quecksilberdampfgleichrichters vor den rotierenden Umformern sind das geräuschlose Arbeiten, die Unempfindlichkeit gegen schwankende Belastung, die einfache Bedienung und der Umstand, daß ein Fundament nicht erforderlich ist. Die Gleichrichter können in einfacher Weise parallel geschaltet werden und vertragen bedeutende Überlastungen.

Je größer die Phasenzahl, um so mehr ähnelt der gelieferte Gleichstrom einem Batteriestrom. Man ist daher dazu übergegangen, Quecksilberdampfgleichrichter für sechs Phasen zu bauen. Die Phasen gewinnt man durch einen Transformator besonderer Konstruktion, dem aus dem Netz Drehstrom zugeführt wird. — Die Gleichrichter mit Glaskörper werden nach der Preisliste der AEG für 5 Amp. bis zu 750 Amp. gebaut. Das Volumen des Glaskörpers muß mit der Größe der Leistung in Einklang stehen.

Großgleichrichter. Wenn auch die Quecksilberdampfgleichrichter mit Glaskörper schon für recht ansehnliche Leistungen gebaut werden, so wendet man doch die Bezeichnung Großgleichrichter fast immer nur auf diejenigen Apparate an, deren Gehäuse aus Eisen angefertigt wird. Um ihre Entwicklung[1] hat sich Béla Schäfer, Ingenieur der Firma Brown, Boveri & Co., verdient gemacht. Es liegt daher nahe, den Betrachtungen einen von der genannten Firma gebauten Typ zugrunde zu legen. Das Gefäß setzt sich aus zwei Teilen zusammen, dem Arbeitszylinder, auch Kessel genannt ($K$), in dem sich alle Elektroden befinden, und dem Kühldom $D$ (s. Abb. 41 u. 42). Auf das Zusammenschweißen wird die größte Sorgfalt verwendet. Im Betriebe nämlich erwärmt sich das Eisen und dehnt sich aus. Es sind gleichsam Kräfte tätig, die die Ränder zu trennen suchen. Um zu verhüten, daß die Temperatur über die sog. Beharrungstemperatur (50°) hinausgeht, werden die genannten Teile durch fließendes Wasser gekühlt. Sie sind daher mit einem Mantel umgeben. Die Hauptelektroden haben eine besondere Luftkühlung, die aus zahlreichen radial angeordneten

[1] Näheres ETZ 1911, S. 2; 1912, S. 1088, 1164; 1913, S. 253 usw.

Metallscheiben besteht. Die Anoden sind blanke Stahlzylinder; auf die Abdichtung der Stellen, an denen die Zuleitungen zu den Anoden durch den Deckel gehen, sowie auf die Isolierung gegen den Mantel und das Gehäuse soll hier nicht näher eingegangen werden. Da durch das Eisen im Laufe der Zeit Luft hindurch dif-

Abb. 41. Großgleichrichter (B. B. C.).

fundiert, da ferner die Abdichtungen wegen der Temperaturschwankungen trotz größter Sorgfalt nicht ideal sind, so wird jedem Gleichrichter bzw. jeder Gruppe ein Luftpumpenaggregat beigegeben, das aus einer Vorpumpe und einer Feinpumpe besteht[1].

[1] Für die Messung des Gasdruckes werden besondere Vakuummeter verwendet. Sie beruhen auf der Tatsache, daß ein stromdurchflossener

Bei den großen, schweren Apparaten kann die Zündung nicht durch Kippen erfolgen. Es findet eine sog. Kontaktzündung statt. Diese ist in der Abb. 42 schematisch gezeichnet. Durch das Solenoid (Spule) *2* oberhalb des Kühldomes wird Gleichstrom geschickt. Dieser kann von einer kleinen Akkumulatorenbatterie oder einer kleinen Gleichstromdynamo geliefert werden, die durch einen Wechselstrommotor angetrieben wird. Er kommt zustande, wenn die Schalter *7*, *n*, *m*, *z* geschlossen werden. Die Spule zieht den Eisenkern *k* in sich hinein. Infolgedessen kommt der an einem Stahldrahte befestigte und dicht über der Kathode schwebende Eisenzylinder *3*, die Zündanode, mit dem Quecksilber in Berührung. Dadurch wird der parallel geschaltete Zweig *a*, *k*, *3*, *A*, *b* geschlossen. Da sein Widerstand viel geringer ist als derjenige des Zweiges, in dem die Spule liegt, so sinkt der Strom in dem letzteren Zweige stark. Die Feder *1* zieht die Elektrode *3* in die Höhe, der Zündlichtbogen bildet sich. Ist der Hauptlichtbogen erregt, so wird der Gleichstrom ausgeschaltet. Wie bei den früher beschriebenen Apparaten, so ist auch hier eine Hilfserregung vorhanden, die durch zwei besondere Anoden aus Eisen bewerkstelligt wird.

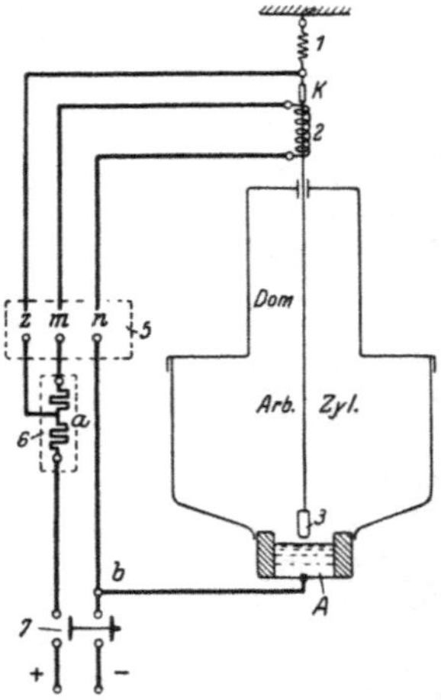

Abb. 42. Großgleichrichter mit Kontaktzündung.

Die Großgleichrichter werden von der genannten Firma für Leistungen gebaut, die viele Hundert Kilowatt betragen. Die abgebildete Type kann bis zu 1240 kW Leistung verwandt werden. Derselbe Gleichrichter arbeitet aber auch bei einer etwa viermal kleineren Leistung tadellos.

Die Siemens-Schuckert-Werke verwenden ebenfalls eine Kontaktzündung für Gleichstrom. Diesen liefert ein besonderer kleiner Gleichrichter aus Glas. Der Zündungsmechanismus wird durch Abb. 43 dargestellt. Die Spule zieht den Eisenkern in sich

Draht (Heizdraht) um so mehr Wärme an das ihn einhüllende Gas abgibt, je größer dessen Dichte ist. Mit dem Vakuum ändert sich also die Temperatur des Heizdrahtes, die Temperaturänderungen werden sichtbar gemacht.

hinein, an dem die sog. Zündnadel befestigt ist. Die Federkraft ist ersetzt durch den Auftrieb, der entsteht, wenn der Eisenkern in Quecksilber hineingezogen wird. Sobald das untere Ende der Zündnadel die Kathode berührt, schaltet sich der durch die Spule fließende Strom aus. Da diese Zündung schnell und zuverlässig arbeitet, weil sie durch Gleichstrom bewirkt wird, so ist eine besondere Erregung mittels kleiner Hilfsanoden überflüssig. Ein Sechsphasengleichrichter enthält also eine Kathode aus Quecksilber, sechs Anoden und die Zündanode.

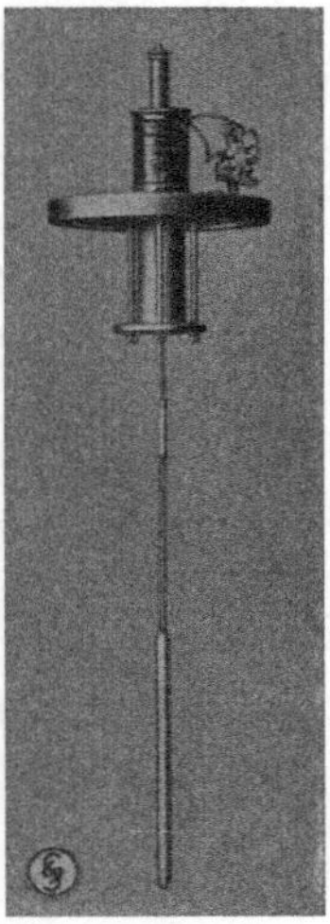

Abb. 43. Kontaktzündung von Siemens-Schuckert.

Der Argonalgleichrichter. Dieser von der Deutschen Telephonwerke und Kabelindustrie A. G., Berlin, und der Firma P. Hardegen & Co. auf den Markt gebrachte Gleichrichter gehört ebenfalls zu den Lichtbogengleichrichtern. Von den eben beschriebenen unterscheidet er sich aber dadurch, daß das Gefäß mit stark verdünntem Argon gefüllt ist und daß als Kathodenmaterial eine Legierung aus Quecksilber, Natrium und Kalium verwandt wird. Durch die Anwesenheit der Akalimetalle wird die Minimalstromstärke, d. h. die Stromstärke, bei der der Gleichrichter noch eben arbeitet, stark herabgedrückt. Sie beträgt z. B. für die Type 6/60, d. h. für den Gleichrichter, der bei 60 V Spannung einen Strom von 6 Amp. liefert, nur 0,25 Amp. Es ist auch bekannt, daß die Alkalimetalle leicht zur Elektronenemission angeregt werden können. Es sei auf die Photozelle hingewiesen. Da in dem Gefäße stets Gase sind, so kann ein Stromdurchgang durch Anlegung einer hohen Spannung (etwa 500 V) erzwungen werden, ohne daß eine besondere Zündungsvorrichtung nötig ist. Es befinden sich nämlich in jedem Gase stets Ionen in geringer Zahl. Wird nun an die Elektroden eine hohe Spannung angelegt, so nehmen die Ionen, falls das Gas genügend verdünnt ist, hohe Geschwindigkeiten an; sie können durch Stoß ionisierend wirken. Diese Stoßionisation bildet die Einleitung des Stromdurchgangs. Ist bei der Inbetriebsetzung das Amalgam Kathode, so werden durch die aufprallenden positiven Ionen aus den Metallen Elektronen in Freiheit gesetzt, auch findet Verdampfung statt. Erreicht die Leitfähigkeit des Gases eine gewisse Höhe, so kann auch bei niedriger Spannung ein starker Strom durch das Gefäß fließen; es bildet sich ein Lichtbogen. Auf dem Amalgan, das auch bei gewöhnlicher Temperatur flüssig ist, entsteht ein hellglühender Ansatzpunkt, der sog. Kathodenfleck. Von diesem gehen hauptsächlich die Elektronen aus. Da die für die Zündung nötige Spannung bedeutend größer ist als die für den Betrieb erforderliche, so darf sie nur vorübergehend vorhanden sein. Um dies zu erreichen, ist die in Abb. 44 schematisch gezeichnete Anordnung gewählt. Außer den beiden Hauptanoden ist eine kleine Elektrode, die Hilfsanode, vorhanden. Sie steht mit einer besonderen sekundären Wicklung des Transformators in Verbindung, deren zweiter Pol an die Kathode angeschlossen ist. In der Hilfswicklung $H$ wird die für die Einleitung des Stromdurchganges erforderliche hohe Spannung erzeugt. Wird der Transformator an das Netz angeschlossen, so spielen sich die eben beschriebenen Vorgänge ab. Der Hauptlichtbogen entsteht, sobald der Gleichstromkreis geschlossen wird, z. B. durch eine zu ladende Batterie. Der Zündstrom wird jetzt automatisch ausgeschaltet. Es fließt nämlich der Gleichstrom[1] durch die Spule eines Elektromagneten, der einen drehbaren Anker anzieht (Relais). Sollte der Lichtbogen erlöschen, was der Fall ist, wenn die Stromstärke unter den Minimalbetrag sinkt, so bewirkt eine gespannte Feder, daß der Anker in die anfängliche Lage zurückgeht; der Zündvorgang wiederholt sich dann. Die unter der Kathode sichtbare Drossel bewirkt eine Glättung des Gleichstromes, sie erfüllt aber auch noch eine andere Aufgabe: Sinkt die Stromstärke stark, so entsteht in der Drossel eine EMK, die in dem gleichen Sinne wirkt wie die zugeführte Elektrodenspannung; die Drossel[2] liefert mit anderen Worten Energie,

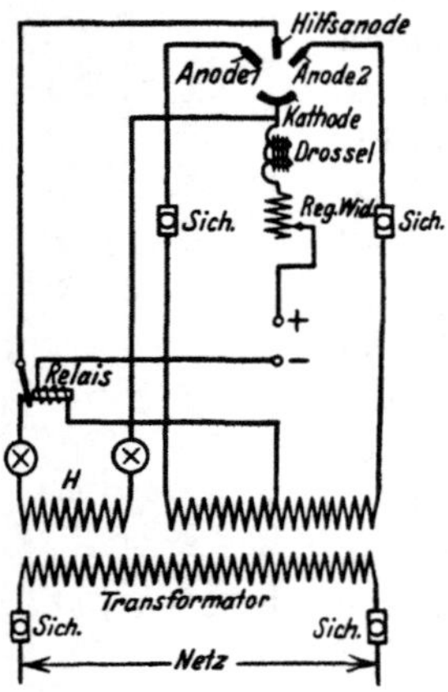


Abb. 44. Argonalgleichrichter mit automatischer Zündung.

[1] Gemeint ist der von einer der Hauptanoden ausgehende, die Drossel und die bei + und − angeschlossene Batterie durchfließende Strom.

[2] Die zur Aufrechterhaltung des Lichtbogens erforderliche Mindest

die dem Gleichrichter zugute kommt, so daß der Lichtbogen aufrecht erhalten wird. Ist an den Gleichrichter eine Batterie angeschlossen, so muß die Drossel größer bemessen sein, weil sie ja nicht nur die zusätzliche Spannung für die Elektrode liefern soll, sondern auch gegen die Batteriespannung ankämpfen muß.

Auch bei den Argonalgleichrichtern können Rückzündungen vorkommen. Sie werden sogar durch die Anwesenheit des Argons noch erleichtert. Um dies zu verhindern, werden die Anodenarme möglichst lang und eng gemacht, wie es die Abb. 45 zeigt, in der ein Einphasengleichrichter dargestellt ist; der kleinere Arm *HA* enthält die Hilfsanode.

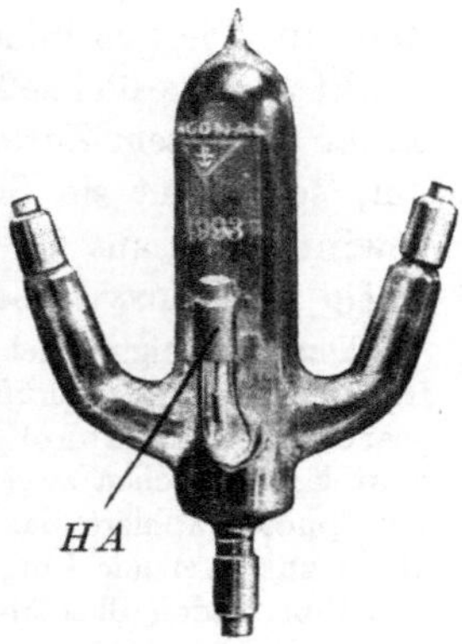

Abb. 45. Argonalgleichrichter.

Der innere Spannungsabfall im Gleichrichter selbst ist von der Stärke des durchgehenden Stromes abhängig. Er liegt für die einzelnen Typen bei Vollast zwischen 14 und 18 V. Daraus folgt, daß der Wirkungsgrad um so günstiger ist, je höher die Betriebsspannung liegt. Bei 300 V Gleichspannung beträgt er etwa 95%, wenn man die Verluste im Transformator und in der Drossel nicht berücksichtigt. Die Spannungsregulierung kann in verschiedener Weise erfolgen: Durch Änderung der vom Transformator gelieferten sekundären Spannung, durch Verwendung von Drosselspulen oder Widerständen.

# VII. Bleisammlerplatten, Formierung.

## 1. Blei, Glätte, Mennige.

Die Stoffe, aus denen die Platten der Bleisammler hergestellt werden, sind Blei und einige Bleiverbindungen, auch Antimon. An die Reinheit des Bleis sind die höchsten Anforderungen zu stellen, wie sich aus den Betrachtungen über die Selbstentladung ohne weiteres ergibt. Diesen genügt das aus Erzen hüttenmännisch

spannung ist etwa 15 V. Wäre die Drossel nicht vorhanden, so würde der Lichtbogen in jeder halben Periode einmal abreißen.

gewonnene Blei, das sog. Werkblei, keineswegs. Es ist sehr unrein und enthält mehrere Metalle. In den Akkumulatorenfabriken wird daher eine Reinigung vorgenommen. Diese kann nach verschiedenen Methoden ausgeführt werden. Nach einer von diesen wird das Werkblei in Kesseln bei Luftzutritt geschmolzen. Diejenigen Verunreinigungen, die unedler als Blei sind, oxydieren und bilden auf der Oberfläche ein Häutchen oder eine Kruste, die abgeschöpft wird. Um etwa vorhandenes Silber zu entfernen, setzt man dem geschmolzenen Blei eine kleine Menge metallisches Zink zu. Die sich bildende Legierung hat einen höheren Schmelzpunkt als das Blei selbst und ist spezifisch leichter. Sie schwimmt daher in festem Zustande auf der Schmelze. Rührt man kräftig um, so nimmt sie Silber auf. Durch ein besonderes Verfahren gewinnt man aus der Legierung das Silber; das Blei geht gleichzeitig in Bleioxyd über.

Das gereinigte Blei wird noch sorgfältig auf die Anwesenheit von fremden Metallen geprüft. Die Afa hat ein physikalisches Verfahren ausgearbeitet (Dr. Lange), das auf spektralanalytischer Grundlage beruht: Man läßt zwischen zwei Bleistäbchen sehr kräftige Funken überspringen und photographiert das Spektrum. Zu jedem Metalle gehören nur ihm allein zukommende Linien, die um so kräftiger und breiter sind, je mehr von ihm in den Bleistäbchen anwesend ist.

Das Verbleien von Metallstreifen, die bei dem Zusammenbau der Platten Verwendung finden, z. B. von Kupferblechstreifen für Automobilelemente, erfolgt elektrolytisch. Eine Bleiplatte ist die Anode, als Elektrolyt dient Überchlorsäure und Kieselfluorwasserstoffsäure.

Da das Blei ziemlich weich und biegsam ist, so verwendet man für die Herstellung von Gittern für transportable Zellen häufig das Hartblei. Um es zu erhalten, setzt man dem flüssigen Blei 2 bis 10% Antimon zu.

Das im Betrieb der Fabriken abfallende Material und die alten Platten werden, wenn sie einen großen Prozentsatz an metallischem Blei enthalten, in Flammöfen erhitzt, wobei das Blei ausschmilzt, oder wie der Hüttenmann sagt, ausseigert. Die zurückbleibenden Oxyde und sonstigen Bleiverbindungen werden dann, mit Kohle vermischt, im Schachtofen zu Blei reduziert.

Zum Schmieren werden Sauerstoffverbindungen des Bleis verwendet. Das Bleioxyd oder die Bleiglätte (PbO) bildet sich schon bei niedriger Temperatur, wenn das Blei sich in sehr fein verteiltem Zustande befindet. Man stellt Kugeln aus ihm her und bringt diese in eine Kugelmühle. Es bilden sich feine Schüppchen, die sich durch die Reibung etwas erwärmen. Ist genügend Luftsauerstoff vorhanden, so entsteht Bleioxyd. Je höher die Temperatur der Mühle und je reicher die Luft an Sauerstoff ist, um so tiefer dringt das Oxyd in die Schüppchen ein. Der oxydierte Bleistaub wird von der Afa hauptsächlich für die positiven Platten transportabler Sammler verwendet. Die größte Menge Glätte, die zum Schmieren benutzt wird, stellt man nach einem andern Verfahren her. Das Blei wird im Flammofen geschmolzen, wo es oxydiert. Es entsteht eine gelblichrote Kruste, die gemahlen wird. Ferner wird Glätte gewonnen, indem man Blei durch mechanische Vorrichtungen in sehr feine Tröpfchen zerteilt und mit Wasserdampf und Luft in Berührung bringt (Dampfglätte).

Aus dem in den Akkumulatoren auf dem Boden der Gefäße sich ansammelnden Schlamm, der hauptsächlich aus Bleisuperoxyd und Bleisulfat besteht, wird ebenfalls Glätte gewonnen, und zwar nach einem von Höller erfundenen Verfahren. Diese Höllerglätte enthält ziemlich große Mengen von Bleisulfat, da dieses bei dem Prozesse unverändert bleibt.

Ein anderes Bleisalz, das bei der Herstellung der Platten Verwendung findet, ist die Mennige ($Pb_3O_4$). Sie ist ein rotes Pulver. Man erhält sie durch fortgesetztes Erhitzen der Glätte im Flammofen bei einer Temperatur, die unter dem Schmelzpunkte der Glätte liegt. Sie wird, gemischt mit Bleioxyd, als Schmiermaterial für die positiven Platten transportabler Sammler benutzt, weil sich ein solches Gemenge bei geringerem Stromaufwand in $PbO_2$ umwandeln läßt als reine Glätte.

## 2. Die Entwicklung der Platten.

Planté, den wir bereits als den Erfinder des Bleisammlers kennen lernten (s. S. 29), benutzte für seine Untersuchungen glatte Bleiplatten; von diesen wurden zwei aufeinandergelegt und durch Kautschukbänder oder eine Filzplatte voneinander getrennt; das Ganze wurde zu einer Spirale gewickelt. Bei solchen glatten Platten eine auch nur einigermaßen befriedigende Kapazität zu erhalten, war sehr umständlich (s. Formation).

Um die Kapazität zu erhöhen und die Formationszeit zu verringern, trug Faure[1], dessen Deutsches Patent vom 8. Februar 1881 datiert ist, auf glatte Bleiplatten einen aus Bleiglätte oder Mennige und verdünnter Schwefelsäure hergestellten dicken Brei auf. Die Schicht wurde durch einen Überzug aus poröser Masse (Filz od. dgl.) festgehalten. Später benutzte er auch Platten mit Vertiefungen und Gitter, in die der Brei hineingedrückt wurde.

Eine bedeutende Vereinfachung und Verbesserung des Faureschen Verfahrens erzielte Volckmar — Patent vom 9. Dezember 1881 — dadurch, daß er als Träger der aktiven Masse Bleiplatten benutzte, in denen sich zahlreiche rechteckige oder sonstwie geformte Löcher befanden. Die Rippen verjüngten sich nach außen. Die Füllmasse, die sog. Paste, wurde als Brei in die Löcher eingetragen; sie bestand aus Bleipulver oder Bleimehl, das mit verdünnter Schwefelsäure angerührt wurde. Volckmar ist also der Erfinder der sog. Gitterplatten, die zu den gepasteten oder pastierten Platten zu rechnen sind.

De Kabath suchte bei möglichst kleinem Gewichte der Platten, ohne Bleisalze zu verwenden, eine möglichst große Oberfläche zu erzielen. Er stellte wellenförmige Bleistreifen von 1 cm Breite her, die in Bleischeiden geschoben wurden.

In der Folgezeit wurden zahlreiche Gitterkonstruktionen erfunden. Die meisten waren aber Eintagsfliegen, sie konnten sich im Betriebe nicht bewähren, vor allem weil dem Umstande nicht genügend Rechnung getragen war, daß die kleinen Kuchen oder Pastillen beim Laden und Entladen ihr Volumen ändern, so daß der Zusammenhang zwischen der aktiven Masse und den Gitterstäben mangelhaft wurde, oder die Pastillen rissen und fielen heraus. Um diese Übelstände zu beseitigen, konstruierte Correns (1888) eine Platte, die man als Doppelgitter bezeichnen kann. Aus diesem ging das in Abb. 46 dargestellte hervor. Wie man sieht, haben die Stege *a b* dreieckigen Querschnitt, und es liegen je zwei, etwas gegeneinander versetzt, übereinander. Die Pastillen sind in der Mitte infolgedessen etwas eingeschnürt. Die zwischen je zwei Querbalken *c d* liegenden Felder stehen in Zusammenhang.

Die Erfahrung ergab, daß gepastete positive Platten eine geringe Lebensdauer haben. Man ging daher, um eine möglichst

[1] Über die verschiedenen Patentansprüche und die historische Entwicklung des Akkumulators siehe Hoppe: Akkumulatoren für Elektrizität; ferner P. Schoop: Die Sekundär-Elemente.

große spezifische Aufnahmefähigkeit zu erzielen, dazu über, Bleiplatten mit Nuten, Höckern, Zähnen od. dgl. zu versehen. Es entstand die Großoberflächenplatte. Um ihre Ausbildung haben sich in Deutschland vor allem Henry Tudor und Adolph Müller, die Gründer der größten europäischen Akkumulatoren-Firma, der Afa, verdient gemacht. Wie bereits dargelegt wurde, hat man bei einer Großoberflächenplatte zu unterscheiden zwischen der projizierten und der abgewickelten Oberfläche. Ist die letztere, also die von der Säure benetzte Oberfläche, 8mal so groß wie die erstere, so sagt man, die Oberflächenentwicklung sei eine achtfache.

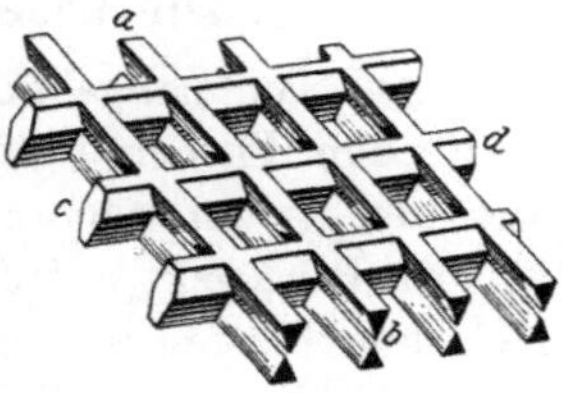


Abb. 46. Doppelgitter von Gottfr. Hagen.

Anfänglich wurden die Platten, die auf beiden Seiten mit relativ hohen, dünnen Rippen versehen waren, nach Planté formiert (s. S. 136), bis sie die volle Kapazität erreicht hatten. Dieses Verfahren war langwierig und sehr kostspielig. Daher wurden die Platten später (1883) zuerst eine Zeitlang nach Planté formiert; dann wurden die Zwischenräume zwischen den Rippen mit einem Brei aus Mennige und Schwefelsäure ausgefüllt. Schließlich wurden die hergerichteten Platten mehrmals geladen und entladen, wodurch die Mennige in Bleisuperoxyd umgewandelt wurde. Die aufgetragene Masse diente vorläufig als aktives Material. Je nach der Beanspruchung der Platte in bezug auf Höhe des Lade- und Entladestromes, sowie der entnommenen Elektrizitätsmenge (Kapazitätsbeanspruchung) wird jede künstlich auf eine positive Bleiplatte aufgetragene Masse früher oder später weich und fällt auf den Boden der Zelle. Bei den Tudor-Platten war nach 1 bis 2 Jahren die aufgetragene Masse herausgespült. In dieser Zeit aber hatte sich die Bleisuperoxydschicht um so viel weiter aus dem Bleikern entwickelt, daß ihre Dicke einschließlich der Reste der aufgetragenen Masse, die fest mit der Schicht verwachsen waren, nunmehr genügte, der Platte die von ihr verlangte Kapazität zu geben; die Platte war dann eine reine Planté-Platte.

Da die Platte nach einiger Betriebsdauer als reine Großoberflächenplatte arbeiten sollte, so mußte natürlich, damit die Leistung je Kilogramm Bleimaterial möglichst groß wurde, sowohl die Zahl der auf der Flächeneinheit des Kerns stehenden Rippen als auch ihre Höhe möglichst groß gewählt werden, die Nuten wurden also eng und tief gemacht. Es zeigte sich nun, daß dann die in die Rillen eingetragene Masse nicht mehr schnell genug von der Säure durchdrungen wurde. Infolgedessen blieb von einer gewissen Steigerung der Oberflächenentwicklung ab die gewünschte Mehrleistung aus. Um diesen Übelstand zu beheben, suchte man das Eintragen der aktiven Masse ganz zu vermeiden. Die Platte wird jetzt unter Benutzung eines neuen Verfahrens in der Fabrik so weit formiert, daß sie angenähert die gewünschte Kapazität hat[1]. Da keine Masse eingetragen wird, so kann die Oberflächenentwicklung wesentlich vergrößert werden.

## 3. Die neueren Plattenkonstruktionen.

Aus Raummangel können nur die Fabrikate der bekanntesten deutschen Firmen berücksichtigt werden. Man kann die Bleisammlerplatten nach verschiedenen Gesichtspunkten einteilen. a) Mit Rücksicht auf die Verwendung kann man unterscheiden zwischen Platten für stationäre (ortsfeste) und solchen für transportable Elemente. Bei erstern kommt es auf das Gewicht weniger an, verlangt wird eine große Lebensdauer. Diese hängt, wie wir noch sehen werden, bei den Positiven von der Dicke ab. Platten für bewegliche Sammler macht man möglichst leicht — auf Kosten der Lebensdauer. Auch die Beanspruchung im Betriebe wird bei der Konstruktion bzw. bei der Wahl der Platten eine Rolle spielen; für Pufferbetrieb wird man eine andere Platte wählen als für Telephonbetrieb.

b) Man kann ferner in bezug auf das Material unterscheiden zwischen Platten aus reinem Blei (Großoberflächenplatten) und Platten, die aus Blei oder aus Hartblei, einer Legierung von Blei und Antimon, als Gitter gegossen und in der auf Seite 134 beschriebenen Weise gepastet werden (pastierte oder Faure-Platten). Hat das Gitter große Öffnungen, so daß das Gewicht der eingetragenen Masse einen erheblichen Teil des gesamten Gewichtes ausmacht, so nennt man die Platte eine Masseplatte. Diese Bezeichnung wird aber häufig auf jede pastierte Platte angewandt.

Großoberflächenplatten eignen sich nicht als negative Platten, da der Bleischwamm keinen festen Halt hat, während das Bleisuperoxyd fest mit dem Bleikern verwächst.

Die pastierten Platten werden als positive und negative Elektroden benutzt. Das Gitter dient hier dazu, die eingetragene Masse (Füllmasse) festzuhalten und den Strom den einzelnen Teilen zuzuführen. Es muß genügend große mechanische Festigkeit haben. Die Stromverteilung soll eine möglichst gleichmäßige sein, weil sonst die den chemischen Umsatz begleitende Volumänderung eine ungleichmäßige ist, wodurch eine Krümmung der Platte sowie schlechter Kontakt zwischen Träger und aktiver Masse

---

[1] Näheres siehe in dem Abschnitte „Formation“.

herbeigeführt werden kann; auch wird unter Umständen die aktive Masse schlecht ausgenutzt. Je kürzer die Entladedauer, um so enger sollte das Gitter sein.

Die Platten der Afa. Die *positiven Platten für stationäre Zwecke*, z. B. für Beleuchtungsanlagen, werden als Großoberflächenplatten geliefert. Der Guß der Weichbleiplatten wird in Formen aus Metall vorgenommen, und zwar so, daß ein zusammenhängender Kern nicht vorhanden ist. Ein Stück der Platte gibt die Abb. 47 wieder. *a b* ist eine Längsrippe; sie ist in der Mitte, wie man sieht, etwas dicker als an den Rändern. Die Rippen werden durch Stege *c d* zusammengehalten. Die Oberflächenentwicklung ist eine achtfache. Die Rippen sind vollständig frei, so daß die Säure gut zirkulieren kann.

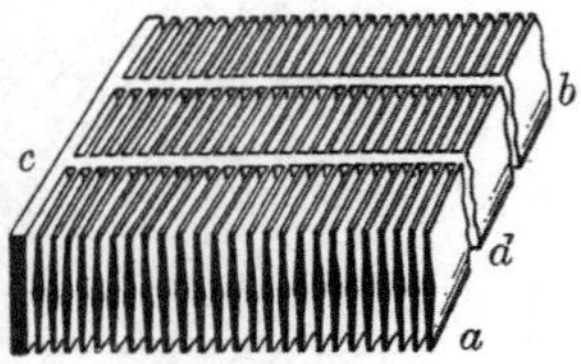

Abb. 47. Stück einer Großoberflächenplatte der Afa.

Die Kapazität einer Platte kann durch Erhöhen der Oberflächenentwicklung nicht beliebig vergrößert werden. Wenn nämlich das Verhältnis zwischen der wahren Oberfläche und der projizierten über ein gewisses Maß hinausgeht, so stehen die Rippen so nahe beieinander, daß für eine mögliche Bildung von $PbSO_4$ bei der Entladung (Volumvergrößerung) nicht genügend Platz vorhanden ist, auch wird der Säure der Zutritt zum $PbO_2$, der in verstärktem Maße eigentlich erfolgen müßte, sehr erschwert. Die Erfahrung zeigt, daß bis zur etwa achtfachen Vergrößerung der Oberfläche die Kapazität zunimmt, bei einer weiteren Oberflächenentwicklung aber wieder sinkt.

Für transportable Zellen werden meistens gepastete positive Platten verwendet, deren Gitter sehr leicht ist. Ein solches[1] zeigt die Abb. 48. Für Zellen, die nur wenig beansprucht werden, die wochen-, ja vielleicht monatelang stehen, wird ein sehr weitmaschiges Gitter hergestellt. Die Selbstentladung der positiven Elektrode geht nämlich, wie wir gesehen haben, hauptsächlich dort vor sich, wo eine Berührung zwischen dem $PbO_2$ und dem Blei des Trägers stattfindet. Sie ist bei den Masseplatten also gering. Es sei auf Abb. 49 hinge-

[1] An den beiden Tragnasen hängt die Platte nur während der Formation; in der fertigen Zelle ruht sie auf den beiden Füßchen.

wiesen. Man sieht, daß die einzelnen Kuchen mit Löchern versehen sind. Durch diese wird der Säure der Zutritt zu den inneren Teilen der aktiven Masse erleichtert.

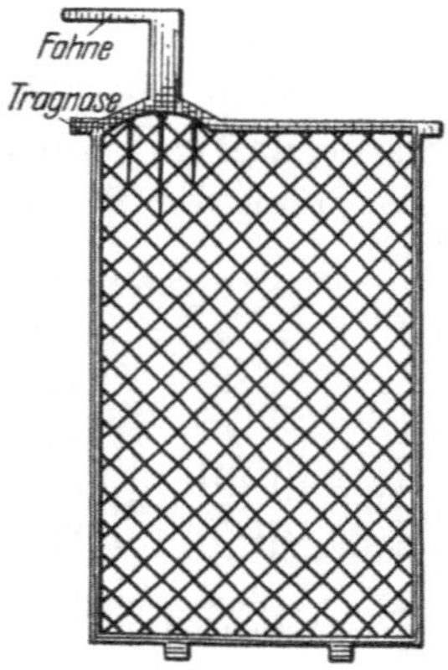


Abb. 48. Leichte Gitterplatte der Afa.

Abb. 49. Positive Masseplatte der Afa.

Abb. 50. Panzerplatte.

Die Panzerplatte[1] (s. Abb. 50) entstand aus dem Bestreben, den Fahrzeug-Akkumulator weiter zu vervollkommnen. Sie findet als positive Elektrode Verwendung. Sie besteht aus Hartgummiröhrchen, die mit der wirksamen Masse — vermutlich Bleistaub (s. S. 121) — gefüllt sind. Damit die Säure mit der aktiven Masse überall in Berührung steht, sind die Röhrchen mit zahlreichen sehr feinen Schlitzen versehen. In der Achse eines jeden Röhrchens ist ein kräftiger Bleidraht angeordnet, der die Stromzufuhr bzw. Stromableitung besorgt. Jeder Draht ist also gleichsam eine zylindrische, mit aktiver Masse umgebene Elektrode. Die Drähte stehen mit dem Rahmen aus Hartblei in Verbindung, in den die Röhrchen geschoben werden. Die Lebensdauer der positiven

[1] In Amerika werden Sammler mit Panzerplatten „Iron clad“ genannt.

Panzerplatte soll diejenige einer positiven Gitterplatte stark übertreffen. Die Kapazität, bezogen auf 1 kg Gewicht, ist nach einer Angabe der Afa fast doppelt so groß, wie diejenige der positiven Großoberflächenplatte. Ein weiterer Vorzug der neuen Elektrode ist darin zu erblicken, daß das Herausfallen oder Herausfließen der wirksamen Masse in viel geringerem Grade erfolgt wie bei den früheren Anoden. Der Batteriebesitzer braucht eine Entfernung des Schlammes nicht vor der Erneuerung der Platten vornehmen zu lassen.

Negative Platten der Afa. Da die Negativen nicht durch Lokalaktion angefressen werden, so können die Träger der aktiven Masse wesentlich leichter sein als diejenigen der Positiven. Für alle stationären und auch für viele bewegliche Sammler verwendet die Firma ihre *Kastenplatte*. Sie wird, wie aus der Querschnitte zeigenden Abb. 51 zu ersehen ist, aus zwei Teilen zusammengesetzt.

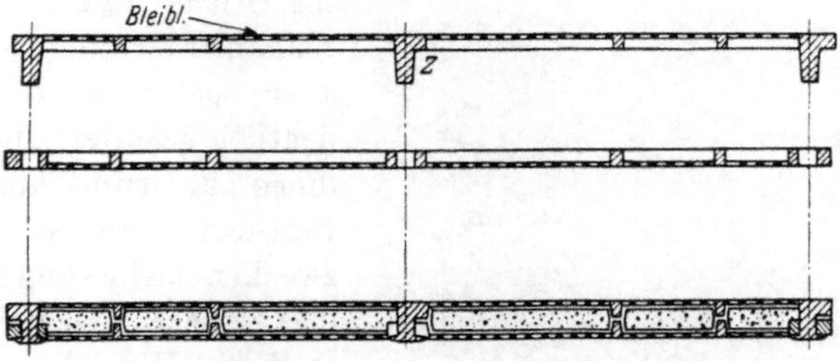


Abb. 51. Querschnitt durch die Kastenplatte.

Jeder besteht aus einem perforierten Bleiblech mit aufgespritzten Rippen. Nachdem in die Felder der unteren Hälfte die besonders hergestellten Kuchen aus aktiver Masse eingelegt sind, werden die beiden Teile zusammengefügt. Die dann herausragenden Stifte $Z$ bilden die Nieten, durch die die Teile fest zusammengehalten werden. Welchem Zwecke die Bleibleche dienen, wird später gezeigt werden (s. S. 136). Ein Stück einer fertigen Kastenplatte, die sich im Betriebe vorzüglich bewährt hat, zeigt die Abb. 52.

In transportable Elemente baut die Afa als negative Elektroden Gitter- und Masseplatten ein, die ähnlich gebaut sind wie die Positiven dieser Arten.

Die Kölner Akkumulatoren-Werke (Gottfried Hagen) sind ebenso wie die Afa mit der Geschichte und der Entwicklung des Bleisammlers eng verknüpft. Nahm doch Gottfr. Hagen schon im Jahre 1884 für Rechnung einer holländischen Firma die Herstellung von Elektroden auf. Zwei Jahre später wurden die für Deutschland bestimmten Elemente vollständig in Köln-Kalk angefertigt. Kurze Zeit, nachdem Dr. E. Sieg die Leitung der Akkumulatorenabteilung übernommen hatte, trat die Firma — und zwar auf der großen elektrotechnischen Ausstellung in Frankfurt am Main (1891) — mit einem wesentlich verbesserten Bleisammler an die Öffentlichkeit. Die Plattenkonstruktionen wurden aber später noch verschiedentlich geändert und neuerdings auf Grund langjähriger Erfahrung den Verwendungszwecken mehr angepaßt, als dies früher geschehen war. In dieser Hinsicht sind überhaupt in dem letzten Jahrzehnt große Fortschritte in der Akkumulatorentechnik erzielt worden.

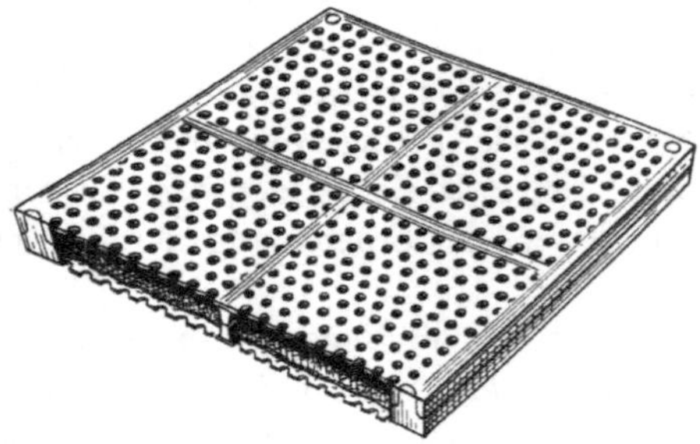

Abb. 52. Stück einer Kastenplatte.

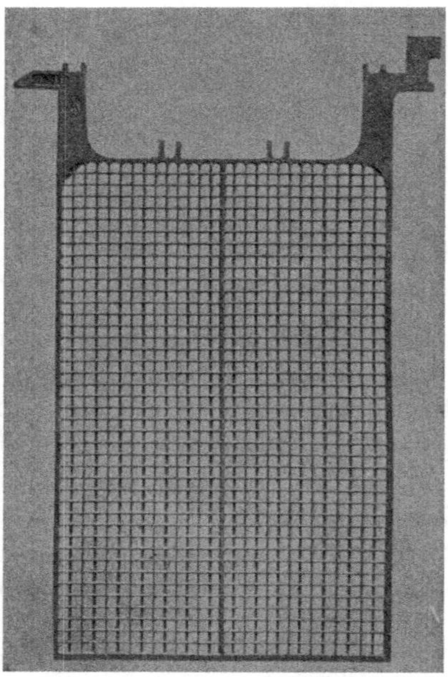

Abb. 53. Gitter einer negativen Platte der KAW.

Die KAW rüsten ihre Sammler mit positiven Großoberflächenplatten oder mit positiven Gitterplatten aus. Erstere werden hauptsächlich für stationäre Elemente, außerdem aber für manche Traktionszwecke verwendet. Im letzteren Falle hat die Platte eine Dicke von etwa 10 mm. Sie wird aus Weichblei gegossen und hat eine sehr enge Gitterteilung, damit eine große Oberflächenentwicklung erzielt wird. Diese ist etwa eine 8-fache. Eine für Fahrzeuge bestimmte Platte zeigt die Abb. 54. Die Gitter für positive Platten sind so eingerichtet, daß eine möglichst große Kontaktfläche für die aktive Masse vorhanden ist. Früher betrug der Abstand der einzelnen feinen Rippen 4 mm; neuerdings ist er auf 2 mm zusammengezogen. Die Platte wird von stärkeren durchlaufenden Leisten durchsetzt, die ihr die nötige Festigkeit verleihen und die Stromzufuhr zu allen Teilen erleichtern. Die Gitter werden mit chemisch reinen niedrigen Bleioxyden beschickt (pastiert). Die Kapazität ist ungefähr die gleiche, wie wenn der Bleiträger allein gründlich formiert worden wäre, weshalb die Platte unter dem Namen Duplex in die Praxis eingeführt wurde. Sie eignet sich besonders für geringe Beanspruchungen, intermittierende Entladung und für Anlagen, in denen der normale Ladestrom für die Batterien nicht zur Verfügung steht.

Abb. 54. Großoberflächenplatte der KAW.

„Da zur Erzielung möglichst fester Massenkerne bei der Fabrikation die Bleisalzteile sehr stark zusammengepreßt werden, ist die Porosität der Masse bei der ersten Entladung für die volle Kapazität nicht genügend, und es ist eine gewisse Anzahl von Entladungen erforderlich, bis die Masse an der Oberfläche so weit aufgelockert ist, daß die Säure tief genug eindringen kann. Dies erschwert die Verwendung der Duplexplatte für diejenigen Fälle, in denen die Batterie sofort die volle Leistung hergeben muß. Die Großoberflächenplatte hingegen hat bei der ersten, spätestens bei der zweiten Entladung ihre volle Kapazität. Bei sehr sorgfältiger Herstellung dürfte bei mittlerer Beanspruchung die Haltbarkeit beider Platten ungefähr die gleiche sein. Bei ausschließlich starken Belastungen dürfte die Haltbarkeit der Großoberflächenplatte die größere sein[1].“

Abb. 55. Rahmen einer kleinen Masseplatte der KAW.

Für die Konstruktion des negativen Gitters (Abb. 53) war vor allem der Umstand maßgebend, daß der Bleischwamm den Strom besser leitet als das Superoxyd. Daher können die Maschen größer gemacht werden als bei den positiven Gitterplatten. Da ferner eine Lokalaktion bei den Negativen nicht eintritt, kann die Platte

[1] Sieg: Über Akkumulatoren und ihre Behandlung. Druckschrift der KAW, 1922.

eine geringe Dicke haben. Der Paste werden Treibstoffe zugesetzt, um das Schrumpfen zu verhüten. Da dadurch die Gefahr vergrößert wird, daß die Masse, besonders während der Ladung aus dem Gitter herausgetrieben wird, so werden die Platten beiderseits mit dünnen perforierten und gewellten Blechen aus Hartgummi oder mit Brettchen belegt, deren Dicke bei den einzelnen Typen zwischen 0,5 und 1,5 mm schwankt.

Abb. 56. Großoberflächenplatte für stationäres Element von Wilh. Hagen.

Für Elemente kleiner Kapazität, die langsam entladen werden, stellt die Firma Masseplatten her. Einen Rahmen von etwa 12 cm Höhe zeigt die Abb. 55.

Akkumulatoren - Fabrik Wilhelm Hagen, Soest i. W. Sie verwendet als positive Elektroden Großoberflächenplatten, die von zahlreichen kräftigen, horizontalen Leisten durchsetzt werden (s. Abb. 56). Die Dicke liegt zwischen 10,4 mm und 12 mm, je nach der Größe. Die zwischen den Leisten liegenden kleinen, vertikalen Rippen verstärken sich nach dem Innern der Platte hin, so daß auch bei fortschreitender Formierung im Betriebe ein Kern aus metallischem Blei stehen bleibt, der im Verein mit den Horizontalrippen und dem Randrahmen eine günstige Stromverteilung gewährleistet.

An dieser Stelle sollen einige Worte über das Gießen der Platten eingeschoben werden. Die Gießformen, oft wahre mechanische Kunstwerke, bestehen in den äußeren Teilen aus Eisen, während der formgebende innere Teil aus Messinglamellen zusammengesetzt ist. Kleine Formen werden durch Aufklappen, große durch Verschiebung einer der beiden Hälften geöffnet. Letzteres wird durch die Abb. 57 erläutert, die von der oben genannten Firma zur Verfügung gestellt wurde. Damit die Platten ohne Zerrung oder Verbiegung, die im Betriebe ein Krümmen herbeiführen kann, aus der Form herausgenommen werden können, ist ein Teil der Lamellen beweglich angeordnet. Wird nun ein Hebel gedreht, so werden alle „Ausstoßer" gleichzeitig nach außen verschoben. Die Platte wird sich selbst parallel bewegt und dann mit zwei Zangen emporgehoben.

Abb. 57. Große Gießform von Wilh. Hagen.

Die negative Platte der Firma besteht aus einem 8 bis 9 mm dicken Gitter (s. Abb. 58), in dessen Maschen die Paste eingetragen wird. Sie wird beiderseits mit einem dünnen Brettchen aus zähfaserigem Holz bedeckt (s. S. 144).

Das Akkumulatorenwerk Hoppecke A. G., Hoppecke i.W., stellt für seine stationären Batterien Großoberflächenplatten her, die sich, wie Abb. 60a zeigt, aus kräftigen horizontal laufenden Leisten und zahlreichen vertikalen Lamellen zusammensetzt. Die letztern sind in der Mitte etwas dicker als an den Enden, so daß der Querschnitt die Form einer kleinen Magnetnadel hat. Man kann aber doch durch die Platte hindurchsehen. Die für neue Elemente bestimmten Positiven werden mit weißer Oxydschicht versehen.

Diejenigen Elektroden aber, die mit alten Negativen zusammen arbeiten sollen (Auswechseln), sind positiv formiert.

Die Negative stationärer Elemente ist eine Kastenplatte (Abb. 60 b), die auf den ersten Blick mit derjenigen der Afa genau übereinstimmt (s. S. 128). Die einzelnen Kasten, aus denen sich die Elektrode zusammensetzt, sind ca. 4×4 cm groß.

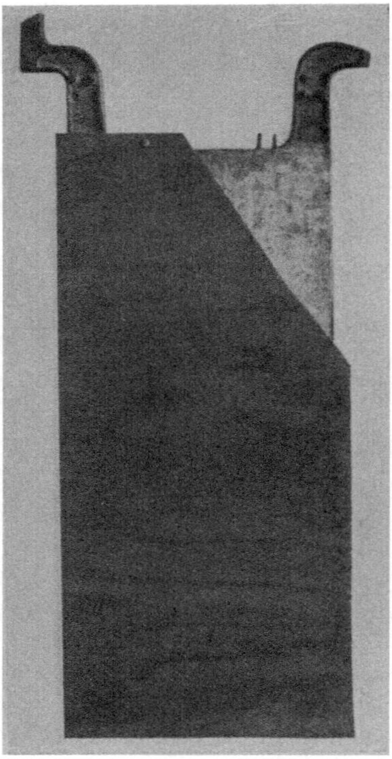

Abb. 58. Negative Platte von Wilh. Hagen.

Abb. 59a. Gitterplatte der Luo.

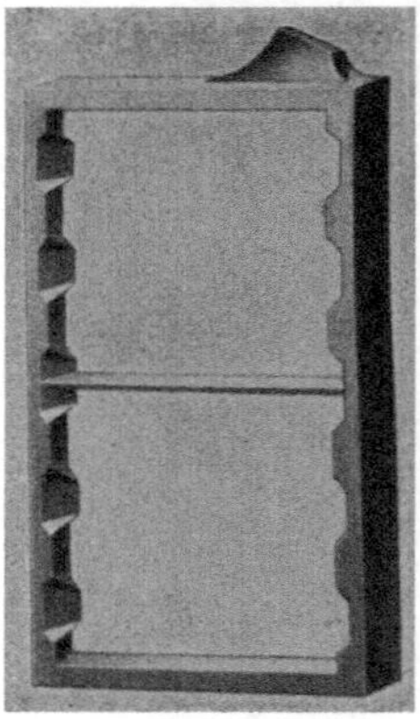

Abb. 59b. Positive Masseplatte der Luo (Rahmen).

Die Firma stellt auch transportable Bleisammler her, die den verschiedenen Zwecken angepaßt sind.

Akkumulatorenfabrik Luo, vorm. Liman und Oberländer, Berlin. Von den Erzeugnissen dieser Firma seien die Automobil- und Radiobatterien erwähnt. Die Platten für erstere Batterien sind Gitterplatten (Abb. 59a). Sie sind so ausgebildet, daß die nötige Festigkeit gewährleistet ist. Da die Platten auf Hartgummiprismen ruhen, die sich auf dem Boden des Zellengefäßes erheben, so sind sie auf der Unterkante mit zwei Paaren kleiner Zähne versehen.

Die Heizakkumulatoren werden stets mit positiven Masseplatten ausgerüstet, damit die Selbstentladung möglichst gering ist. Wie der Bleirahmen einer positiven Luo-Masseplatte beschaffen ist, kann aus Abb. 59b ersehen werden.

Von den Akkumulatoren, die die Firma Pfalzgraf, Berlin, baut, seien diejenigen herausgegriffen, die in der Fernmeldetechnik Verwendung finden. „Für Dauerbetrieb mit schnellem

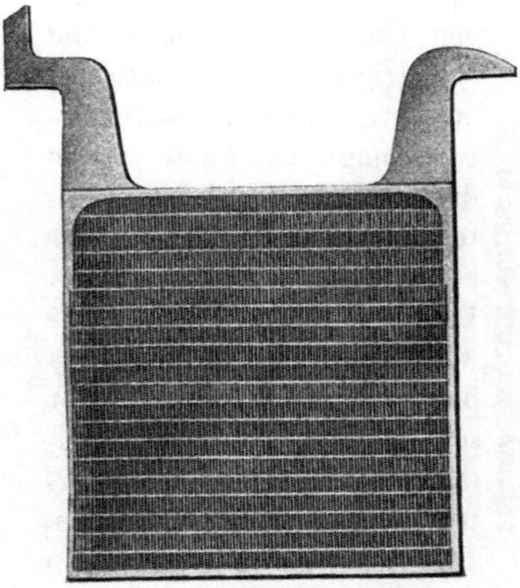

Abb. 60 a. Großoberflächenplatte der Firma Hoppecke A.G.

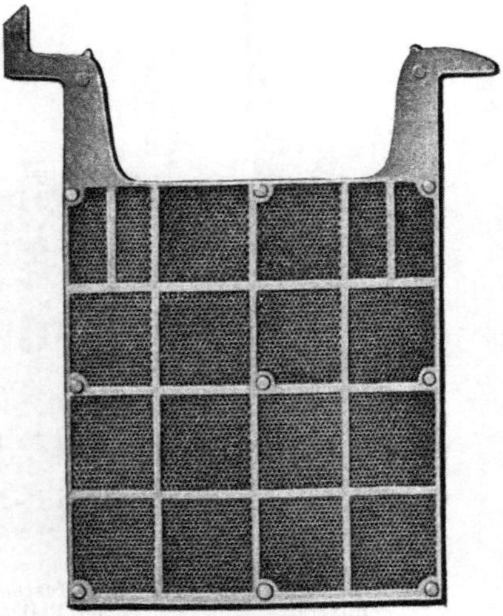

Abb. 60 b. Kastenplatte der Firma Hoppecke A.G.

Ladewechsel sind die Großoberflächenplatten die geeignetsten und gestatten die Anwendung hoher Stromstärken. Sie sind für Daueraufladungen in sog. Pufferschaltung geeignet.“

Erstreckt sich die Entladung über einen längeren Zeitraum, so werden die Elemente mit der in Abb. 62 (a. d. f. S.) dargestellten Masseplatte ausgerüstet. Die Kuchen werden durch die übergreifenden Teile der Bleileisten festgehalten; jeder hat vier Löcher, durch die dem Elektrolyten der Zutritt zu den innern Teilen der aktiven Masse erleichtert wird. Als Gegenelektrode wird in beiden Fällen eine Gitterplatte verwendet.

Pastieren. Den Brei, der in die Maschen der Gitterplatten eingetragen wird, nennt man die Paste. Sie wird aus Bleiglätte

(PbO) oder aus Mennige ($Pb_3O_4$) oder aus einem Gemenge der beiden Oxyde hergestellt. Für die Anode scheint, um die Formation zu beschleunigen, Mennige, für die Kathode Glätte bevorzugt zu werden. Für die positive Masse transportabler Sammler wird auch der früher erwähnte Bleistaub verwendet (Afa). Als Bindemittel dient Schwefelsäure. Sollen dünne Platten in Fahrzeugbatterien Verwendung als Positive oder als Negative finden, so setzt man Glyzerin zu. Auch Magnesiumsulfat wird hier und da benutzt. Die Schwefelsäure muß ganz rein sein; sie muß frei sein von Arsenverbindungen, Chlor, Salpetersäure und salpetriger Säure — natürlich auch von Metallen (s. Selbstentladung). Die Paste wird in die sorgfältig gereinigten Gitter mittels eines Holzspatels eingetragen (Schmieren). Das Schmieren erfolgt entweder von Hand oder mittels besonderer Maschinen. Es gibt solche, durch die in achtstündiger Schicht 50000 Starterplatten geschmiert werden. Die pastierten Platten werden in einem mäßig warmen Raume getrocknet. Die Schwefelsäure verbindet sich schon während des Anmachens mit Bleiglätte zu Bleisulfat

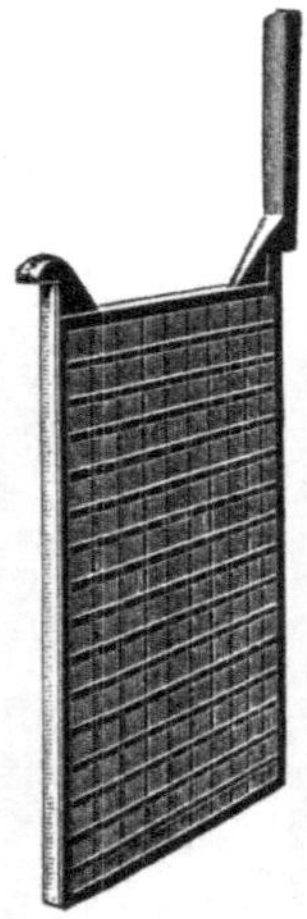

Abb. 61. Großoberflächenplatte der Firma Pfalzgraf.

Abb. 62. Masseplatte der Firma Pfalzgraf.

$$PbO + H_2SO_4 = PbSO_4 + H_2O\,.$$

Die Mennige geht wahrscheinlich in $PbSO_4$ und $PbO_2$ über nach der Gleichung

$$Pb_3O_4 + 2\,H_2SO_4 = 2\,PbSO_4 + PbO_2 + 2\,H_2O\,.$$

Man verwendet viel weniger Säure, als zum vollständigen Neutralisieren der Glätte erforderlich ist. Die Masse besteht also, falls nur Glätte benutzt wird, aus PbO, $PbSO_4$ und $H_2O$. Durch Verdampfen des Wassers und Kristallisieren des Bleisulfats entsteht ein ziemlich harter Körper.

Treibstoffe (Spreizstoffe). Der Bleischwamm der negativen Platte hat die Neigung, im Laufe der Zeit zusammenzusintern, eine Erscheinung, die man als Schrumpfen, Sintern oder Verbleiung bezeichnet. Die Masse verliert ihre lockere Struktur, der Schwefelsäure wird der Zutritt erschwert, so daß die Kapazität der Platte und damit auch diejenige des ganzen Sammlers zurückgeht. Um diesem Übelstande zu steuern, verwendet man indifferente Stoffe, sog. Treib- oder Spreizstoffe: Ruß, Bariumsulfat, Bimsteinpulver, Glaspulver u. a. Als Beispiel wählen wir Bariumsulfat. Dieses wird entweder dem Brei, mit dem die negative Platte gepastet wird, zugesetzt, oder man imprägniert die fertig gepastete bzw. schon reduzierte Platte mit einem löslichen Bariumsalze, das dann beim Eintauchen in verdünnte Schwefelsäure in Bariumsulfat umgewandelt wird und in den Poren der aktiven Masse in sehr feiner Verteilung ausfällt.

Bei Versuchen, die P. Askenasy und L. von Putnoky[1] ausführten, wurden 1 bis 2% eines Treibstoffes, dessen Zusammensetzung nicht angegeben wird, der Paste zugesetzt und Vergleiche angestellt zwischen diesen Platten und solchen, die keinen Zusatz enthielten. Die Beanspruchung der Platten war eine sehr starke, indem nämlich jede Ladung und Entladung nur etwa $1/2$ Stunde dauerte. Nach der 250sten und 500sten Entladung erfolgte eine sog. Durchladung, die in einer 48 Stunden dauernden Ladung mit geringer Stromdichte bestand. Nach der 750sten Entladung betrug der Kapazitätsrückgang bei den Platten ohne Treibstoffe 80%, bei denen mit Zusätzen 60%. Nach der 750sten Entladung wurde eine Auffrischung vorgenommen, die aus einer Ladung in umgekehrter Richtung mit kleiner Stromdichte und anschließender richtiger Ladung mit geringer Stromdichte bestand. Sie soll günstig gegen Verbleiung wirken. Die Auffrischung hatte zur Folge, daß nach der 1000sten Entladung die Kapazität günstiger war als bei der 750sten Entladung; bei den Platten ohne Zusatz betrug sie 61 bis 76%, bei denen mit Zusatz 83 bis 90% der anfänglichen.

Über den praktischen Wert des Zusatzes auch kleiner Mengen von Treibstoffen kann ein Zweifel nicht bestehen. Kostspielige Reparaturen, wie sie durch die Auswechslung alter, verbleiter negativer Platten gegen neue verursacht werden, können jedenfalls auf längere Zeit hinausgeschoben werden, als wenn keine derartigen Stoffe Verwendung finden. Eine befriedigende Erklärung für die Wirksamkeit der Spreizstoffe ist noch nicht gefunden. Man kann annehmen, daß bei ihrer Anwesenheit das von ihnen durchsetzte Bleisulfat lockerer wird und bleibt und sich leichter löst als reines Bleisulfat.

[1] Z. Elektrochem. 1912, S. 493.

Wird eine so große Menge indifferenter Stoffe beigemischt, daß das Sintern dauernd unmöglich ist, so macht sich ein Übelstand bemerkbar; es tritt nämlich ein so starkes Quellen ein, daß die aktive Masse aus dem Gitter herauswächst und als unwirksam zu Boden fällt. Dies kann dadurch verhütet werden, daß man die Gitterplatte auf beiden Seiten mit einer perforierten Scheibe aus Hartgummi od. dgl. bedeckt. Die Afa hüllt, wie wir gesehen haben, ihre aus einem weitmaschigen Gitter und eingelegten Massekuchen bestehende negative Platte in ein mit zahlreichen kleinen Löchern versehenes Bleiblech ein.

## 4. Die Formation.

Die Fabriken geben über die Formierung, die einen wichtigen Teil der Herstellung bildet, nur wenig Auskunft. Die folgenden Darlegungen können daher keinen Anspruch auf Vollständigkeit machen.

Reine Planté-Formation. Wenn man als Elektroden reine Bleiplatten verwendet und die Zelle lädt, so erfolgt schon nach kurzer Zeit Gasentwicklung. Sobald sich nämlich die Anode mit einer sehr dünnen Schicht von Bleisuperoxyd bedeckt hat, hört die Einwirkung des Stromes auf, da das metallisch leitende Superoxyd den darunter liegenden Bleikern vor dem weitern Angriff des Stromes schützt. Um die Kapazität zu vergrößern, lockerte Planté die Platten auf, so daß auch unmittelbar unter der Oberfläche liegende Schichten der Stromwirkung zugänglich wurden. Das angewandte Formierungsverfahren war folgendes: Das Element wurde kurze Zeit geladen, dann nach einer Ruhepause entladen, hierauf wieder geladen usf. Bei den verschiedenen Ladungen, deren Dauer wegen der wachsenden Kapazität allmählich größer wurde, schickte er den Strom bald in der einen, bald in der andern Richtung durch die Zelle, da nur diejenige Elektrode angegriffen und aufgelockert wird, die bei der Ladung Anode ist.

Inwiefern die Ruhepausen von Vorteil sind, zeigten später Gladstone und Tribe: Die Superoxydteilchen bilden mit Bleiteilchen und Säure kleine, kurzgeschlossene Elemente (s. Selbstentladung). Diese entladen sich während der Ruhepause: aus Blei und Bleisuperoxyd bildet sich Bleisulfat. Bei der nächsten Ladung kann daher eine große Menge Bleisulfat in Bleisuperoxyd (oder in

Bleischwamm, falls die Stromrichtung geändert wird) umgewandelt werden.

Die reine Planté-Formation ist umständlich und nimmt mehrere Monate in Anspruch; sie ist wegen des großen Stromverbrauchs auch unwirtschaftlich.

Schnellformation der Positiven. Den tiefern Grund dafür, daß die eben beschriebene Formationsart, die man die natürliche nennen könnte, mit großem Strom- und Zeitaufwand verbunden ist, haben wir darin zu erblicken, daß das gebildete Superoxyd fest und wenig porös ausfällt. Man hat daher nach Verfahren gesucht, die eine weniger dichte Schicht liefern und daher in viel kürzerer Zeit zum Ziele führen. Man setzt der Schwefelsäure eine Säure zu, die mit Blei oder den Bleioxyden ein gut lösliches Bleisalz bilden. Zu diesen gehören Salpetersäure und Überchlorsäure ($HClO_4$). Die letztere wird jetzt wohl immer, wenigstens in Deutschland, verwendet. Da diese Säure nicht aufbewahrt werden kann, so setzt man dem Elektrolyten Kalium- oder Natrium- oder Ammoniumperchlorat zu[1]. Es kommt ja nur darauf an, daß $ClO_4$-Ionen anwesend sind. Da das Perchlorat bei der Formation nicht verbraucht wird, so genügt ein verhältnismäßig kleiner Zusatz.

Eingehende Untersuchungen über die Perchlorat-Schnellformation hat Schleicher[2] ausgeführt. Es wurden Großoberflächenplatten der Afa benutzt, deren scheinbare Oberfläche 0,6 $dm^2$ betrug; die wirkliche Oberfläche wurde zu 6,27 $dm^2$ berechnet. Die Stromdichte, bezogen auf 1 $dm^2$ scheinbare Oberfläche, betrug bei den verschiedenen Gruppen von Versuchen 0,1 Amp., 0,2 Amp. und 0,5 Amp., die zugehörige Formationsdauer 8 bis 9 Tage, 4 bis 5 Tage und 42 Stunden. Die günstigsten Ergebnisse wurden bei 0,2 Amp. erzielt, sowohl was die Eigenschaften als auch die Menge der aktiven Masse anbetrifft. Nach der elektrochemischen Behandlung, die sich aus 15 Ladungen und Entladungen zusammensetzte, wurden die Platten zuerst in Wasser und dann in verdünnter Schwefelsäure ausgewaschen; endlich wurden sie in stark verdünnter Schwefelsäure (49 g pro 1 l) bei 0,3 Amp. Stromdichte bis zu Blei reduziert. Diese Reduktion hatte sich als günstig

---

[1] Möglich ist es, daß die Anwesenheit der Alkaliionen günstig einwirkt.

[2] Z. Elektrochem. 1909, S. 827. Siehe auch den Aufsatz von Peters in Zbl. Akkum. 1901, 1902, 1903, 1904.

für die Haltbarkeit der Schicht erwiesen; sie scheint auch nötig zu sein, um eine gründliche Entfernung etwa noch vorhandener Formierungssalze zu erreichen. Als günstigster Elektrolyt erwies sich eine Lösung, die 4 · 49 g $H_2SO_4$ und 12,2 g $NaClO_4$ im Liter enthielt. Es wird aber ausdrücklich hervorgehoben, daß diese Zusammensetzung des Bades nicht als die allergünstigste überhaupt anzusehen sei. Die Kapazität erreichte ungefähr das Maß, das von der Technik gefordert wird. Auf die von Schleicher entwickelte Theorie soll nicht näher eingegangen werden.

Wird irgendeine Bleisalzlösung elektrolysiert, so wird auf der Anode $PbO_2$ niedergeschlagen. Lädt man bei der Formation ohne Richtungswechsel und mit kleiner Stromdichte, so wird nach Förster (l. c. S. 219) die Superoxydschicht viel proröser als bei Abwesenheit des Perchlorats. Der Elektrolyt hat daher länger Zutritt zum Bleikern. Die Platten müssen sorgfältig ausgewaschen werden. Bleiben nämlich auch nur Spuren von Perchlorat zurück, so wird die Platte im Betriebe zerstört.

Beim Transport einer positiv formierten Platte wird Bleisuperoxyd abgerieben; der feine Staub ist sehr gesundheitsschädlich. Um den Transport verlust- und gefahrlos zu machen, erfolgt die oben erwähnte Reduktion zu Bleischwamm. Ein Teil des fein verteilten Bleis oxydiert an der Luft unter Volumvergrößerung und schützt die darunter liegende aktive Masse. Man kann wohl auch die positiv formierte Platte zum Teil entladen und dann versenden. Am Verwendungsorte werden die so präparierten Platten als positive Elektroden in die Zellen eingebaut; bei der ersten Ladung wird der Überzug in Superoxyd zurückverwandelt.

Die Formation der pastierten Positiven läßt sich leichter durchführen, weil eine Auflockerung eines festen Bleikerns nicht zu erfolgen braucht, die Masse vielmehr ziemlich porös ist. Der Umstand, daß sich in ihr Bleisulfat befindet und daß dieses sich in der Säure leicht bilden kann, dürfte die Formation ebenfalls erleichtern. Als Elektrolyt dient reine verdünnte Schwefelsäure; von Wichtigkeit ist die richtige Wahl ihrer Konzentration. Im allgemeinen sind die Vorgänge die gleichen wie bei einer gewöhnlichen Ladung. Ein mehrmaliger Richtungswechsel scheint vorteilhaft zu sein.

Die Negativen werden entweder für sich oder gleichzeitig

und gemeinsam mit den Positiven (im gleichen Bade) formiert; der Verwendungszweck dürfte hier maßgebend sein. Häufig sieht man von einer Formation überhaupt ganz ab.

Der Versand einer formierten Negativen bereitet ebenfalls Schwierigkeiten. Es hängt dies mit der Eigentümlichkeit des Bleis zusammen, daß es in Berührung mit Wasser und Sauerstoff oxydiert:

$$Pb + O + H_2O = Pb(OH)_2 .$$

Das Bleihydroxyd löst sich etwas in Wasser. Diese Oxydation verläuft nun sehr schnell, wenn das Blei in so feiner Verteilung vorhanden ist, wie es bei dem Bleischwamm einer formierten Negativen der Fall ist. Eine ausgewaschene formierte Platte ist aber zunächst mit einem dünnen Wasserhäutchen überzogen, so daß das Blei nicht mit der Luft in Berührung ist. Die Oxydation findet also nur sehr langsam durch hineindiffundierenden Sauerstoff statt. Trocknet die Platte an der Luft, so verschwindet das Wasser zunächst an der Oberfläche, der Sauerstoff hat zu dem feuchten Bleiteilchen Zutritt, die „Verbrennung“ geht schnell vor sich. Das gefährliche Stadium ist also dann vorhanden, wenn die Platte, so wollen wir sagen, halbfeucht ist Wird die Negative aber in einem Vakuum oder in einer indifferenten Atmosphäre getrocknet, so findet keine Verbrennung statt. Eine solche „scharf getrocknete“ Negative ändert sich an der Luft nur wenig, sie ist versandfähig und kann längere Zeit aufbewahrt werden.

Man kann sich aber auch in anderer Weise helfen. Die ganz feuchte frische Platte wird mit Pappe bedeckt, die mit Wasser durchtränkt ist, und so eingewickelt, daß die Luft fast gar keinen Zutritt hat. Diese etwas umständliche Verpackung wird man wohl nur dann anwenden, wenn einzelne Negative oder eine kleinere Anzahl von Platten versandt werden (Ersatz für unbrauchbar gewordene Elektroden). Bei Blockbatterien (Starterbatterien) kann man andere Wege einschlagen. Die Batterie wird in der Fabrik geladen und in fertigem Zustande, also mit Schwefelsäure gefüllt, versandt. Dies ist möglich, weil die Zellen mit einem Deckel versehen sind. Vielfach wird die Säure, nachdem das Element geladen ist, in der Fabrik abgegossen; die Zellen werden luftdicht verschlossen. Am Verbrauchsorte kann also die Batterie, nachdem Säure eingefüllt ist, sofort in Betrieb genommen werden.

# VIII. Die Herstellung der Elemente, ihre Aufstellung und Behandlung.

## 1. Zusammenbau und Einbau.

Unter Zusammenbau verstehen wir die Vereinigung der Platten zu Sätzen und unter Einbau die Ausführung der Arbeiten, die sonst noch nötig sind, um das gebrauchsfertige Element herzustellen. Es gibt hier so viele scheinbar unbedeutende, in Wirklichkeit aber wichtige Kunstgriffe und Spezialitäten, daß es zu weit führen würde, sie alle zu besprechen.

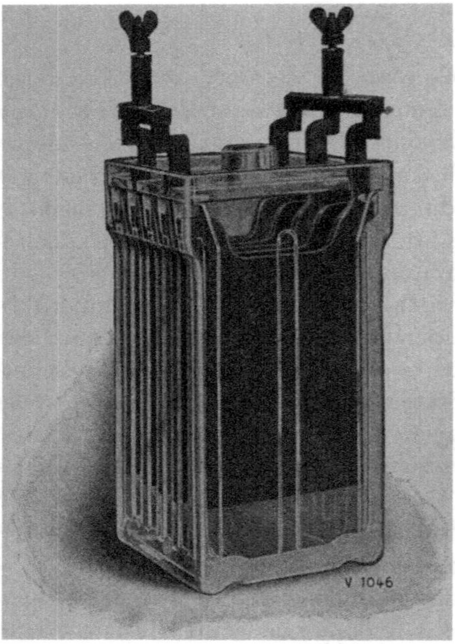


Abb. 63. Element mit Rippenglas (Afa).

Die Zellengefäße werden aus Glas, Steingut, Hartgummi und Holz angefertigt. Zelluloid scheint in neuerer Zeit kaum noch Verwendung zu finden, da es im Laufe der Zeit durch die Säure angegriffen wird. Glas hat den Vorzug, daß es ein guter Isolator und für den Elektrolyten ganz undurchlässig ist, daß es ferner von der Säure nicht angegriffen wird; dazu kommt die große Lichtdurchlässigkeit, die es gestattet, eine Besichtigung des Zelleninnern vorzunehmen. Für kleinere Elemente verwendet man gerippte Gläser, d. h. Gläser, die auf zwei sich gegenüberliegenden Seiten mit ins Innere vorspringenden Rippen oder Leisten versehen sind. Dadurch entstehen Nuten, in die die Platten hineingeschoben werden können (s. Abb. 63). Für große Elemente werden von einzelnen Firmen Kasten aus Steingut benutzt, z. B. von W. Hagen, Soest[1]. Es ist säurebeständig und

[1] Die Steingutkasten haben einen verstärkten obern Rand mit einer abgerundeten Tragleiste für die Platten. Längs dieser läuft eine Rinne, durch die hochkriechende Säure zurückfließen kann.

von großer Festigkeit. Holzkasten müssen mit Blei ausgeschlagen werden, das auch noch über den Rand greifen soll, damit Säure das Holz nicht erreichen kann. Der Rand wird abgeschrägt, damit die Säure zurückfließen kann (s. Abb. 67). Findet nämlich zwischen Säure und Holz Berührung statt, so kann sich eine geringe Menge von Essigsäure bilden. Diese verbindet sich mit Blei zu Bleiacetat. Durch die Kohlensäure der Luft wird die Essigsäure wieder in Freiheit gesetzt, so daß sich neues Bleisalz bilden kann. Schließlich kann in dem Bleimantel ein Loch entstehen. Die Gefäße für transportable Bleisammler bestehen meistens aus Hartgummi, das gegen Stöße unempfindlich ist. Die für Starterbatterien bestimmten Kasten werden von den großen Akkumulatorenfabriken ohne Naht in geheizten Pressen hergestellt, auch als Sätze für mehrere Elemente (bis zu sechs).

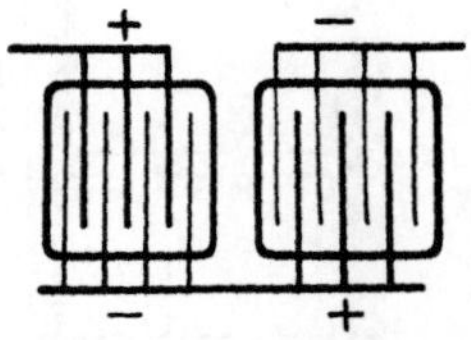


Abb. 64. Zwei hintereinander geschaltete Zellen.

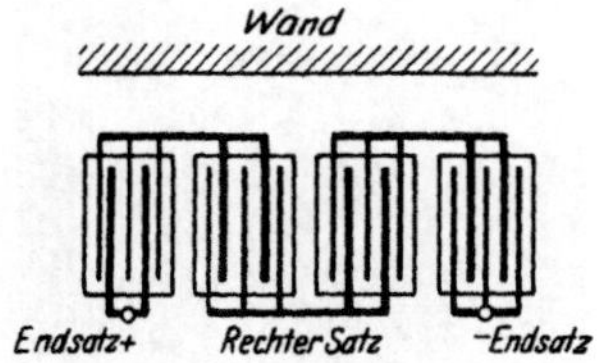


Abb. 65. Plattensätze.

Nur ganz kleine Zellen enthalten zwei Platten, z. B. solche für Anodenbatterien. Die Regel ist, daß die Anzahl der Platten eine ungerade ist, indem nämlich die Anzahl der Negativen um eins größer ist als diejenige der Positiven. Den Grund haben wir schon kennengelernt. Die Endplatten sind nur auf einer Seite mit aktiver Masse versehen; man nennt sie daher Halbplatten. Wie die Platten angeordnet und miteinander verbunden werden, zeigen die Abb. 64 u. 66. Die Fahnen werden an die Bleileisten[1] mit der Knallgasflamme angelötet. Die beiden Zellen der Abb. 64 sind in Reihe geschaltet. Enthält ein kleines Element nur drei Platten, so werden die beiden positiven durch einen Steg miteinander verbunden. Manchmal, z. B. wenn man die Kapazität einer bereits vorhandenen Zelle vergrößern will, werden alle Positiven zweier Elemente an

[1] Die Verbindungen werden bei transportablen Zellen, um an Gewicht zu sparen, nicht durch Bleileisten, sondern durch verbleite Kupferstreifen hergestellt.

eine gemeinsame Leiste angelötet und ebenso die Negativen, so daß ein Doppelelement entsteht. Die Spannung der Gruppe ist dann 2 V, die Kapazität aber doppelt so groß wie diejenige eines der Elemente. Werden von der Fabrik die Plattensätze für mehrere Elemente so geliefert, daß auch schon die Verbindungen zwischen den einzelnen Zellen fertig sind, so müssen außer den Doppelplattensätzen noch zwei einfache Endsätze vorhanden sein. Für vier Elemente sind also, wie aus der Abb. 65 hervorgeht, 3 Doppel- und 2 Endsätze erforderlich.

Für die Bemessung des Plattenabstandes sind mehrere

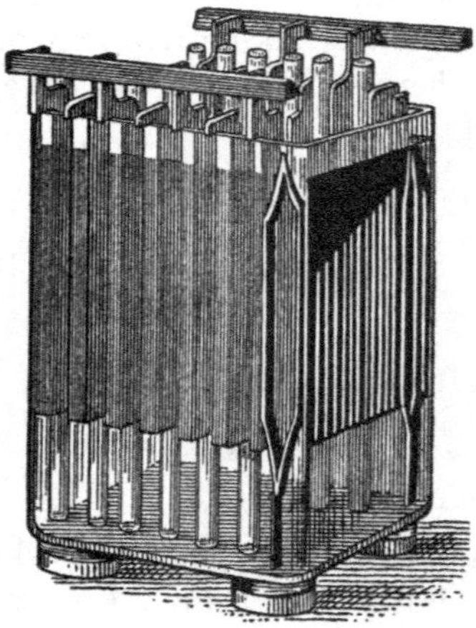

Abb. 66. Fertiges Element mit Glasröhren als Separatoren.

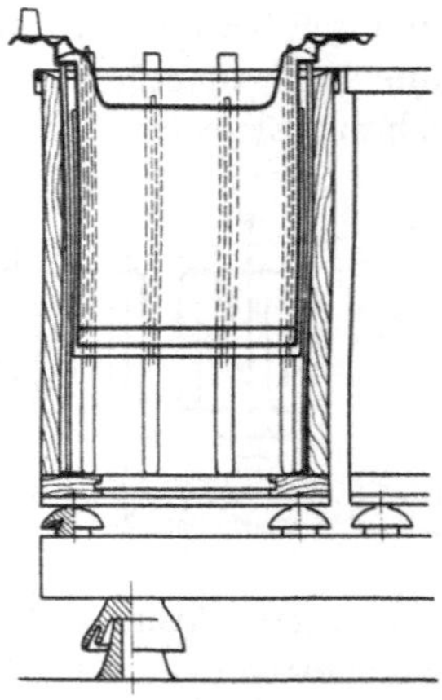

Abb. 67. Element mit Holzkasten; Isolation.

Gesichtspunkte maßgebend. Er muß so groß sein, daß sich ein Kurzschluß zwischen zwei benachbarten Platten durch herausfallende aktive Masse nicht bilden kann; bei Brettchen- oder Hartgummiblech-Einbau, von dem noch die Rede sein wird, fällt dieser Gesichtspunkt allerdings weg. Die Raumfrage spielt ebenfalls eine Rolle; ferner wird auf den Widerstand, den der Strom in der Säure findet, Rücksicht zu nehmen sein. Endlich darf die Säuredichte sich während der Entladung nicht zu stark ändern, weil ja von ihr die Spannung und der innere Widerstand abhängig sind. Bei der Entladung ist an dem chemischen Umsatz fast nur die Säure beteiligt, die sich zwischen den Platten befindet. Diese Säure wird ja weniger dicht und bleibt oben. Der unter den Platten befindliche Elektrolyt bleibt in seiner Dichte fast unverändert, hat keinen Auftrieb. Es muß also zwischen den Platten genügend Säure vorhanden sein; diese Menge ist aber von dem Plattenabstand abhängig. Ist man gezwungen, diesen klein zu machen, weil der für die Batterie zur Verfügung stehende Raum ein beschränkter ist (Automobilbatterie), so verwendet man eine Säure von größerer Dichte, etwa 1,25 im geladenen Zustande. Man nimmt den Nachteil, den hohe Säuredichte mit sich bringt, gegen den erwähnten Vorteil in Kauf. Es gibt auch noch andere Fälle, in denen man den sog. *Engeinbau* vornimmt. Nehmen wir z. B. an, eine bereits vorhandene stationäre Batterie soll kapazitiv vergrößert werden. Dies kann man dadurch erreichen, daß man den alten Abstand der Platten verringert, um Platz für neu einzubauende Elektroden zu gewinnen. Bei Engeinbau beträgt der Plattenabstand etwa 5 mm; im allgemeinen ist er für große Elemente rund doppelt so groß.

Auch die *Lastverteilung* ist eine recht mannigfaltige. Bestehen die Gefäße aus Glas, so werden die Platten mit den Nasen der Fahnen auf die Kanten gelegt (s. Abb. 66). Sie hängen also[1]. Es sind Zugkräfte tätig, die die Platten zu dehnen suchen; dies gilt besonders für die schweren Positiven. Dadurch wird vermutlich das sog. Wachsen der Platten, wenn nicht herbeigeführt, so doch gefördert. Werden mit Blei verkleidete Holzgefäße verwendet, so dürfen die Platten nicht mit dem Blei in Berührung kommen, weil sonst ein Kurzschluß entsteht. Um die Platten gegen den Mantel zu isolieren, stellt man in den Kasten zwei kräftige Glasplatten dicht an die Innenseiten (s. Abb. 67). Diese *Stützplatten* müssen etwas aus dem Kasten herausragen. Die Fahnen liegen auf den Glasplatten.

Abb. 68. Kasten für transportables Element.

Bei größeren transportablen Sammlern, z. B. bei solchen, die in Elektromobilen Verwendung finden, werden die Platten von einer Wandverstärkung getragen ($a$ in der schematischen Abb. 68). Durch untergelegte und eingeschobene Weichgummipuffer werden die Stöße, die beim Fahren oder Transport der Batterie entstehen, von den Platten ferngehalten. Diese Art der Montage wählt man besonders für solche

[1] Wie man bei kleinen Elementen verfährt, geht aus Abb. 63 a. S. 140 hervor.

Wagen, die auf schlechten Wegen fahren müssen. Stehende Platten findet man ebenfalls bei Elektromobilzellen. Auf dem Boden des Kastens erheben sich vier Leisten oder dreiseitige Prismen aus Hartgummi, zwei für die Positiven, zwei für die Negativen. Die Platten haben je zwei kleine Füßchen (s. Abb. 50 a. S. 126), oder sie sind mit zwei Paaren von Zähnen versehen. Das Nähere ist aus der Abb. 69 zu ersehen, die eine Automobilzelle der Luo zeigt. Diese Anordnung kommt zur Anwendung, wenn der Wagen meist auf guten Wegen fährt (Städte).

Abb. 69. Transportabler Bleisammler mit Hartgummikasten.

Diejenigen Bestandteile des Elementes, die den inneren Kurzschluß und das Krümmen der Platten verhindern sollen, durch die ferner der Plattenabstand aufrechterhalten wird, nennt man Separatoren. Zunächst sind hier die Glasröhren zu erwähnen, die in stationären Elementen häufig Verwendung finden. Sie müssen in genügend großer Anzahl vorhanden sein, z. B. 4 für jeden Plattenzwischenraum. Sie gewähren den Vorteil, daß eine unbedingte Stromunterbrechung erfolgt, wenn eine Zelle undicht wird. Die Röhren werden durch Ansätze an den Platten und durch Bodenrinnen in ihrer Stellung gehalten. Bleifedern (Puffer) drücken die Platten gegen die Stäbe (s. Abb. 66 a. S. 142). Ihre Verwendung in Glasgefäßen gewährt den Vorteil, daß man von der Seite her durch die Zwischenräume hindurchsehen kann, was von großer Wichtigkeit ist. Die Plattenfixierung wird auch häufig durch Hartgummistäbe bewerkstelligt.

Fast alle Firmen verwenden heute Holzbrettchen von verschiedener Dicke, und zwar glatte, sowie ein- und zweiseitig gerippte (s. Abb. 70 u. 71). Sie wurden in Deutschland eingeführt von der Afa. Sie werden meist aus dem Stamme einer amerikanischen Baumart, der in Umdrehung versetzt wird, durch scharfe Messer abgeschält und sorgfältig ausgesucht. Um Harze und organische Säuren des Holzes zu entfernen, werden die Brettchen einem Auslaugungsprozeß unterworfen. Sie wirken nicht nur als Separatoren, sie üben auch einen sehr günstigen Einfluß auf die Lebensdauer aus. Sie erleichtern nämlich nach Kieseritzki[1] dem Ladestrom die Lösung größerer Bleikristalle; das Sulfatieren der Platten soll unmöglich sein. Stärke und andere Kolloidstoffe bleiben trotz des Auslaugens im Holze. „Diese gehen im Betriebe in den Elek-

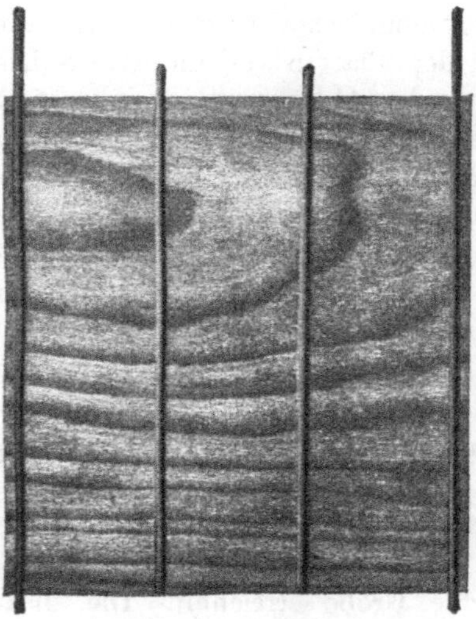

Abb. 70. Glattes Holzbrettchen in geschlitzten Stäben.

Abb. 71. Geripptes Holzbrettchen für Automobilzelle.

trolyten über und werden von dem Bleischwamm adsorbiert und verhindern hier, wie es stets adsorbierte Kolloide machen, das Zusammengehen des in feinster Verteilung vorhandenen Bleischwammes zu größeren Kristallen"[2]. Geschrumpfte Negative sollen sogar nach Einbau von Brettchen ihre Kapazität zurückerhalten. Dies werden die Gründe sein, warum man **die Brettchen auf die negativen Platten** zu legen pflegt. Gleichzeitig mit ihnen werden von einigen Fabriken auch Glasstäbe als Separatoren verwendet. Damit die Brettchen ihre Lage beibehalten, schiebt

[1] Zbl. Akkum. 1908, S. 239.
[2] Foerster, l. c. S. 229.

man sie meistens in die Schlitze von Holz- oder Hartgummistäben (Abb. 70). Diese halten auch den Plattenabstand aufrecht. Die Seitenstäbchen aus Hartgummi haben eine andere Form als die Mittelstäbe. In Fahrzeugakkumulatoren werden Brettchen und gewellte perforierte Hartgummibleche nebeneinander verwendet. Die ersteren liegen auf den Negativen, die letzteren auf den Positiven; sie gestatten der Säure den Zutritt. Durch die elastische Kraft des Hartgummibleches wird eine Annäherung der Platten verhindert. Näheres ist aus der Abb. 73 zu ersehen, in der ein transportabler Bleisammler der Afa aufgeschnitten dargestellt ist. Für Panzerplattenelemente kann die Separation einfacher sein als für die andern Zellen, weil die Röhrchen aus Hartgummi bestehen.

Abb. 72. Gewelltes und perforiertes Hartgummiblech.

Der zwischen den unteren Plattenkanten und dem Zellenboden befindliche Raum wird Schlammraum genannt, weil sich in ihm die abgesprengten Teilchen der aktiven Massen sammeln sollen. Von Wichtigkeit ist seine richtige Abmessung. Im Laufe der Zeit kann die Menge des Abfalles eine beträchtliche Größe erreichen. Die dicken positiven Großoberflächenplatten werden immer dünner. Daher muß bei stationären Elementen der Schlammraum reichlich bemessen sein. Denn es darf nicht vorkommen, daß die Platten in den Schlamm hineinragen, weil dann ein Kurzschluß entsteht. Dieser Forderung haben die Fabriken in den letzten Jahren dadurch Rechnung getragen, daß sie die Höhe der Zellen vergrößerten. Die Gefäße werden dadurch teurer, dafür hat man den Vorteil, daß an Kosten für die Reinigung der Elemente gespart wird. Man macht den Schlammraum am besten so groß, daß er allen Schlamm aufnehmen kann, der während der ganzen Lebensdauer der Positiven abfällt[1]. In beweglichen Sammlern, denen man keine so große Lebensdauer zutraut wie

[1] ETZ 1927, S. 184.

den stationären, kann der Schlammraum kleiner sein, zumal solche Sammler leicht gereinigt werden können.

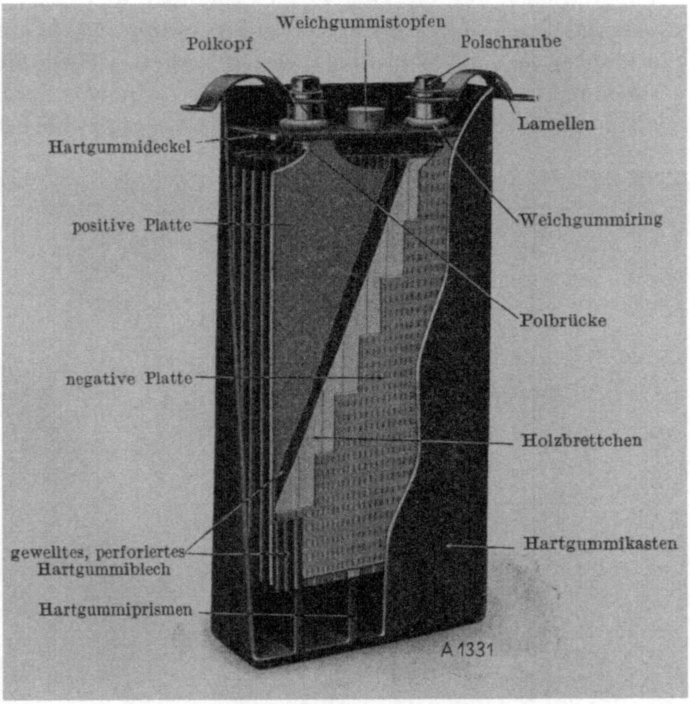


Abb. 73. Transportabler Bleisammler der Afa.

## 2. Die Aufstellung stationärer Elemente.

Größte Sorgfalt ist auf die Isolation der Zellen gegeneinander und gegen die Erde zu verwenden. Die Außenwände der Zellen nämlich sind auch bei guter Wartung oft feucht. Die vom positiven Pol eines Elementes ausgehende Elektrizität kriecht über die sehr dünne Flüssigkeitsschicht und sucht irgendeinen negativen Pol zu erreichen. Die Erde ist nun als ein Leiter von sehr geringem Widerstand anzusehen. Haben also die Zellen Erdverbindung, so können sich stärkere Kriechströme ausbilden. Je höher die Batteriespannung, um so besser muß die Isolation sein.

Große Zellen werden auf Gestelle aus Kiefernholz gesetzt. Näheres ist aus Abb. 74 zu ersehen, die einer Druckschrift der Afa entnommen ist. Damit die Balken und Latten von verschütteter Säure nicht angegriffen werden, sollen sie dreimal mit heißem Leinöl angestrichen werden. Nägel oder Schrauben aus Eisen und metallene Bandagen dürfen nicht verwendet werden, da sie durch die Säure angegriffen und schließlich zerstört werden. Die einzelnen Teile sollen nur durch Holzpflöcke miteinander verbunden werden. Man läßt auch die Gestelle, wenn es sich um sehr große Elemente

Abb. 74. Große Akkumulatorenbatterie.

handelt, weg; W. Hagen, Soest, z. B. stellt die großen Steingutkasten auf Steingutuntersätze, von denen jeder noch einen Porzellanisolator trägt. Außer den einfachen Bodengestellen benutzt man Etagen- und Stufengestelle für kleinere Elemente. Werden lange Reihen gebildet, so zerlegt man das Gestell in mehrere kleinere Teile, die durch Zwischenräume voneinander getrennt sind. Die Gestelle dürfen keine Verbindung mit den Wänden haben. Sie werden durch untergelegte Isolatoren von der Erde getrennt. Diese werden in der Regel aus Glas oder Porzellan hergestellt.

Die Porzellanisolatoren haben eine ähnliche Form wie diejenigen, die für oberirdische Starkstromleitungen verwendet werden. Sie erfüllen ihren Zweck in ausgezeichneter Weise, weil durch die überhängenden Mäntel (s. die Skizze in Abb. 67) nicht nur der Weg, den die Elektrizität bis zur Erde zurückzulegen hat, vergrößert wird, sondern auch trockene Teile der Oberfläche vorhanden sind. Sind die Isolatoren dicke Glasplatten, so legt man unter sie eine etwas kleinere Holzplatte. Verschüttete Säure tropft dann ab, ohne das Holz zu benetzen. Wie die einzelnen Zellen gegen das Gestell isoliert werden, zeigt ein Blick auf die Abb. 67.

Der Raum, in dem die Akkumulatorenbatterie untergebracht werden soll, muß einer größeren Reihe von Forderungen genügen. Er darf nicht zu weit vom Maschinenhaus entfernt sein, damit die Beaufsichtigung während der Ladung nicht erschwert wird. Es muß ausgeschlossen sein, daß Staub und schädliche Gase oder Dämpfe zu den Zellen gelangen. Zu diesen letzteren gehören vor allem Alkohol- und Essigsäuredampf (Brauereien, Brennereien, Essigfabriken). Diese werden von dem Elektrolyten absorbiert und wirken zerstörend auf die Platten. Auch Ammoniak ist schädlich (Eismaschinen). Der Akkumulatorenraum muß sich ferner gut lüften lassen, damit die gegen Ende der Ladung entweichenden Gase, die, gemischt, das leicht explosible Knallgas bilden, schnell entweichen können. Daß eine künstliche Beleuchtung nicht durch offene Flammen erfolgen darf, sondern nur durch elektrische Glühlampen, ist selbstverständlich, ebenso daß der Raum, besonders während der Ladung, nicht mit einer brennenden Zigarre betreten werden darf.

Dem Umstande, daß große Batterien ein bedeutendes Gewicht haben, muß bei der Herstellung des Fußbodens[1] Rechnung getragen werden, zumal sich die Last nicht auf eine größere Fläche gleichmäßig verteilt, sondern wegen der unter die Gestelle gelegten Isolatoren nur auf einzelne Stellen drückt. Stärkere Senkungen können die schlimmsten Folgen haben. Der Stoff, aus dem die oberste Decke besteht, muß säurefest sein; Zement und Holz werden von der Säure leicht zerstört. Eine Asphaltschicht auf starkem Untergrund aus Zementbeton dürfte allen Anforderungen genügen. Soll ein bereits vorhandener Boden gegen den Säure-

[1] Als Fußbodenbelag eignen sich gut Steingutplatten und Klinkersteine.

angriff geschützt werden, so kann man ihn mit einem heiß aufgetragenen Anstrich aus Steinkohlenteer versehen, auf den reiner Quarzsand gestreut wird.

In Großstädten ist man häufig gezwungen, eine Akkumulatorenbatterie in einem unterirdischen Raume aufzustellen, z. B. wenn eine Unterstation nachträglich in einem dichtbebauten Stadtteil errichtet werden soll. Es ist dann eine besondere Lüftung erforderlich. Die Afa hat Mittel und Wege gefunden, die Gase sicher zu entfernen und dadurch jede Gefahr zu beseitigen, die mit der Aufstellung einer Batterie verbunden ist. Damit die Metallteile des Ventilators oder Exhaustors nicht durch die Säure zerstört werden, muß ein Filter vorgeschaltet werden, durch den alle Säureteilchen entfernt werden. Er besteht aus fein gelochten Bleiblechen, die bei gegenseitigem Abstand von 10 mm in einem Rahmen vereinigt sind. Die Zwischenräume sind mit Glaswolle ausgefüllt. Die Bläschen stoßen gegen die Lochkanten oder die Fäden der Wolle und platzen, ihre Feuchtigkeit bleibt zurück (s. S. 152).

## 3. Die Säure.

An die Reinheit der Akkumulatorensäure und des zum Nachfüllen dienenden Wassers sind die höchsten Anforderungen zu stellen, wie sich aus den früheren Betrachtungen ergibt (s. Selbstentladung). Sie müssen vor allem frei sein von metallischen Verunreinigungen, von Chlor, Salpetersäure, Arsenverbindungen und Essigsäure.

Prüfung auf schädliche Metalle. Ein Reagenzglas, das mit destilliertem Wasser sorgfältig gereinigt worden ist, wird bis zu etwa $^1/_3$ seiner Höhe mit der Akkumulatorensäure gefüllt. Dann wird mittels einer hölzernen Zange ein Stückchen chemisch reines Zinn in die Probe gebracht. Sind schädliche Metalle anwesend, so schlagen sie sich auf dem Zink nieder, und es entstehen sog. Lokalelemente; Wasserstoff wird abgeschieden. Man sieht also, daß kleine Bläschen emporsteigen. Der Versuch wird mehrere Male wiederholt; erfolgt einmal Gasentwicklung, so ist die Säure nicht einwandfrei. Säure, die bereits in Zellen gearbeitet hat, in der beschriebenen Weise zu untersuchen, hat keinen Wert.

Um den Elektrolyten auf die Anwesenheit von Eisen zu untersuchen, das, wie wir gesehen haben, an beiden Platten Entladung bewirkt, werden mehrere Säureproben mit Permanganatlösung rosa gefärbt; dann setzt man einige Tropfen Rhodankaliumlösung zu. Je mehr Eisen anwesend ist, um so dunkler färbt sich die Flüssigkeit.

Die Untersuchung auf Chlor ist mit besonderer Sorgfalt auszuführen, da selbst kleine Mengen sehr schädlich sind. Beim Reinigen des Probiergläschens ist darauf zu achten, daß der Rand nicht mit den Fingern berührt wird, weil Schweiß Kochsalz (NaCl) enthält. Man füllt wie eben und bringt dann einige Tropfen einer mit etwas Salpetersäure versetzten Höllensteinlösung (Silbernitrat) hinein. Entsteht ein brauner Niederschlag oder eine bräunliche Färbung, so muß eine frische Probe genommen und über einer Spiritusflamme erhitzt werden. Sie soll zwei bis drei Minuten lang kochen. Dann setzt man einige Tropfen Salpetersäure zu, läßt von neuem aufkochen und sich abkühlen. Jetzt wird Höllensteinlösung tropfenweise hinzugefügt. Bleibt die Flüssigkeit nach dem Schütteln klar, so ist die Säure gut, wird sie trübe, so muß die Prüfung nochmals wiederholt werden. Hat sie das gleiche Ergebnis wie eben, so verwende man die Säure nicht eher, als bis durch genaue Untersuchung in einem chemischen Laboratorium festgestellt ist, ob sie einwandfrei ist. Die eben erwähnte dunkle Färbung wird verursacht durch Stoffe, die kein Chlor enthalten. Durch sie wird die Anwesenheit von Chlorsilber verdeckt. Bei der zweiten Probe lösen sich diese Stoffe in der Salpetersäure, bei Anwesenheit von Chlor entstandenes Chlorsilber löst sich aber nicht.

Arsenverbindungen werden durch eingeleiteten Schwefelwasserstoff in gelbes, unlösliches Schwefelarsen umgewandelt.

Von den Stoffen, die dem Bleisammler schädlich sind, seien noch Essigsäure, Alkohol, Ammoniak und Salpetersäure erwähnt. Essigsäure kann in die Elemente gelangen, die in Essigfabriken Verwendung finden. Die Luft ist dort häufig mit den Dämpfen der Säure beladen; diese werden von dem Elektrolyten des Sammlers absorbiert. Essigsäure kann auch aus Alkohol (Brennereien) entstehen, der durch Sauerstoff des Bleisuperoxyds oxydiert wird[1]. Der Sammler dürfte aber nur dann durch Essigsäure

[1] Aus Stoffen, die das Holz (Holzkasten, Holzbrettchen) enthält, kann sich durch Einwirkung des Stromes Essigsäure bilden. In den Akkumulatorenfabriken werden daher die Hölzer mit Lauge behandelt (s. S. 145).

ernstlich geschädigt werden, wenn sie in größerer Menge in den Elektrolyten gelangt, da sie während der Ladung allmählich in Kohlensäure übergeht, die unschädlich ist.

Ammoniak wird in Eisfabriken häufig verwendet. Es ist übrigens ein ausgezeichnetes Mittel, Säureflecken von den Kleidern zu entfernen. Seine Dämpfe werden von der Säure sehr begierig aufgenommen. Es bewirkt, daß die Positiven weich werden. — Salpetersäure greift Blei an und bildet mit ihm Bleinitrat.

Akkumulatorensäure und destilliertes Wasser werden am besten in Korbflaschen aufbewahrt, die durch einen Glasstöpsel verschlossen werden. Ist die Säure von einer Akkumulatorenfabrik bezogen, und hat sie nicht lange gestanden, so darf man annehmen, daß sie einwandfrei ist. Die Dichte der Säure beträgt in der Regel 1,18, wenn sie für stationäre Elemente bestimmt ist, diejenige für transportable Bleisammler hat eine größere Dichte. Bei der ersten Ladung ändert sich die Säuredichte, wenn die Negativen in unformiertem Zustande eingebaut worden sind, indem Bleisulfat in Blei umgewandelt wird. Der Elektrolyt soll etwa 1 cm über den oberen Plattenkanten stehen, weil sonst der Luftsauerstoff, der von der Säure absorbiert wird, leicht zu den Platten gelangen kann. Es darf nicht vorkommen, daß die Platten aus der Säure herausragen; die nicht benetzten Teile der Negativen oxydieren an der Luft, sie sind ebenso wie die herausragenden Teile der Positiven nicht an der Stromlieferung beteiligt; es können Krümmungen eintreten.

Im Laufe der Zeit ändert sich die Menge und die Dichte des Elektrolyten aus verschiedenen Gründen. Zunächst verdampft Wasser, außerdem entweichen, wenn Gasentwicklung vor sich geht, die Elemente des Wassers, nämlich Wasserstoff und Sauerstoff. Ferner werden kleine Säureteilchen von den bei der Ladung entweichenden Gasen mitgerissen. Endlich ist zu berücksichtigen, daß sich in dem Bodenschlamm Bleisulfat befindet; durch jedes Molekül dieses Stoffes wird aber ein Molekül Schwefelsäure dem Elektrolyten entzogen. Auch spielt die Änderung der Kapazität eine Rolle; nimmt diese zu, so wird die Menge Schwefelsäure größer, die bei der Entladung gebunden wird.

Man kann ein Gasbläschen mit einer Seifenblase vergleichen. Die Hülle einer solchen besteht aus einer sehr dünnen Flüssigkeitsschicht. Meistens hängt an der Blase noch eine kleine Menge der Seifenlösung. Platzt sie, so zieht sich das Häutchen zu kleinen Tröpfchen zusammen, die weggetrieben werden. Ähnliches dürfte für die Gasbläschen gelten, die sich bei der Ladung bilden. Ist die Gasentwicklung lebhaft, so sieht man, daß größere Blasen an der Oberfläche des Elektrolyten platzen; dadurch werden benachbarte Teilchen der Säure in die Höhe geschleudert. Der eigentümliche Geruch, der sich in Akkumulatorenräumen bemerkbar macht, wenn die Batterie kräftig gast, und der Reiz, der auf die Schleimhäute ausgeübt wird, dürften zum Teil durch Ozon, das sich bei größerer Stromdichte neben Sauerstoff bildet, hauptsächlich aber durch die in der Luft schwebenden Tröpfchen verursacht werden. Daß sich dampfförmige Schwefelsäure in der Luft befindet, ist sehr unwahrscheinlich; denn diese Säure hat eine geringe Verdampfungstension. Dies hängt nach der kinetischen Theorie der Materie damit zusammen, daß ein Schwefelsäuremolekül eine große Masse hat.

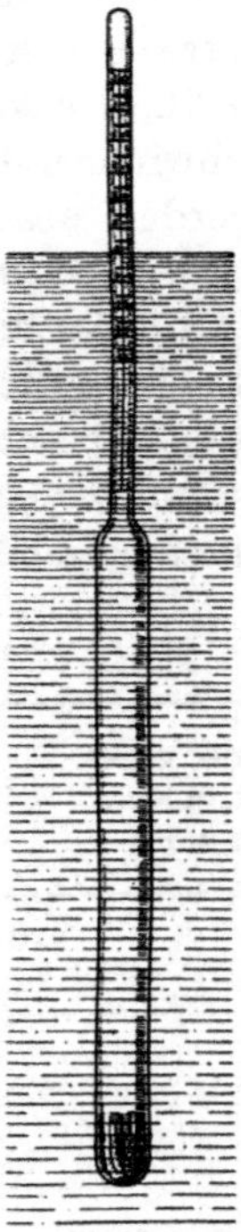

Abb. 75. Säuremesser für stationäre Zellen.

Abb. 76. Säuremesser für transportable Zellen.

Im allgemeinen genügt es, durch *Nachfüllen* mit destilliertem Wasser, das sorgfältig auf die Anwesenheit von Chlor zu untersuchen ist, die Säure auf die richtige Höhe zu bringen. Findet man aber, daß die Dichte des Elektrolyten nach der Ladung unter dem vorgeschriebenen Wert liegt, so setzt man frische Akkumulatorensäure zu. Konzentrierte Schwefelsäure in die Zellen zu gießen, muß unter allen Umständen unterbleiben, weil die zu Boden sinkende starke Säure die Platten angreift und weil die große Wärmemenge, die sich bei der Mischung von Schwefelsäure mit Wasser entwickelt, starke Volumenänderungen zur Folge hat, durch die aktive Masse aus dem Gitter herausgedrückt werden kann.

Die Dichte der Säure mißt man mittels eines besonderen *Aräometers*. Ein für stationäre Elemente bestimmtes Gerät zeigt die Abb. 75. Die Skala hat für den in Betracht kommenden Bereich eine große Länge. Bei der Ablesung ist darauf zu achten, daß der Körper nicht eine Wand der Zelle oder Platten berührt

(Kleben). Ferner ist zu berücksichtigen, daß die Temperatur einen ziemlich starken Einfluß auf die Säuredichte ausübt. Als Faustregel merke man sich, daß 15° Temperaturerhöhung eine Änderung der Säuredichte von rund 1% zur Folge hat. Man darf also nicht unmittelbar nach der Ladung messen, weil dann der Elektrolyt durch den Strom erwärmt ist. Als wirkliche Dichte hat man diejenige anzusehen, die die Säure bei 15° C hat. Für Zellen mit Deckel, der selbstverständlich mit einer Öffnung versehen sein muß, bedient man sich des Säuremessers nach Abb. 76, des sog. Heber-Säuremessers. Das Aräometer ist der Schwimmer im Innern des Glasgefäßes. Für Automobilbatterien werden Messer mit zwei Schwimmern empfohlen. Bei der Dichte 1,24 z. B. sind beide Schwimmer oben, bei 1,19 nur einer und bei 1,14 keiner. Man kann so, wie gezeigt wurde, den Ladezustand der Zellen prüfen. In der folgenden Zusammenstellung ist das spezifische Gewicht, das Mischungsverhältnis und der spezifische Widerstand bezogen auf eine Säule von 1 cm Länge und 1 cm² Querschnitt angegeben. Die Zahlen beziehen sich auf Zimmertemperatur.

| Spezifisches Gewicht bei 15° | Gewichtsprozente $H_2SO_4$ | Grade Beaumé | Widerstand eines Kubikzentimeters (angenähert) |
|---|---|---|---|
| 1,10 | 14,35 | 13,0 | 2,2 Ohm |
| 1,12 | 17,01 | 15,4 | 1,8 „ |
| 1,14 | 19,61 | 17,7 | 1,6 „ |
| 1,16 | 22,20 | 19,8 | 1,5 „ |
| 1,18 | 24,76 | 22,0 | 1,45 „ |
| 1,20 | 27,32 | 24,0 | 1,4 „ |
| 1,22 | 29,84 | 26,0 | 1,38 „ |
| 1,225 | 30,48 | 26,4 | 1,36 „ (Minimum) |
| 1,24 | 32,28 | 27,9 | 1,37 „ |

Die Angaben über den spezifischen Widerstand sollen an einem Beispiel erläutert werden: Ein Akkumulator bestehe aus drei Platten, die einen gegenseitigen Abstand von 8 mm haben mögen; jede Platte sei 15 cm lang und 12 cm breit; die Säuredichte sei bei 15 °C 1,16. Der Querschnitt beträgt $2 \times 15 \times 12\ \text{cm}^2 = 360\ \text{cm}^2$, die Länge ist 0,8 cm. Also ist der Widerstand in der „äußern" Säure:

$$\frac{1{,}5 \cdot 0{,}8}{360}\ \text{Ohm} = 0{,}0033\ \text{Ohm}.$$

Es wurde bereits erwähnt, daß in einigen Kleinakkumulatoren, z. B. in Elementen für Anodenbatterien, manchmal gelatinöse Schwefelsäure als Elektrolyt Verwendung findet, damit beim Transport keine Säure ausläuft. Die Kapazität und die Lebensdauer einer solchen Zelle sind etwas kleiner, als wenn gewöhnliche Akkumulatorensäure benutzt wird. Das Verfahren ist folgendes: Nach dem Einbau der Platten wird mit gewöhnlicher Säure gefüllt und formiert. Dann wird der Elektrolyt ausgegossen und durch eine Mischung aus 1 Raumteil Wasserglaslösung vom spezifischen Gewicht 1,2 und 4 Raumteilen Schwefelsäurelösung von der Dichte 1,25 ersetzt. Nach kurzer Zeit erstarrt die Masse.

## 4. Behandlung und Lebensdauer des Bleisammlers.

Da die Lebensdauer des Bleisammlers in hohem Grade von der Art der Behandlung abhängt, so geben die großen Firmen Druckschriften heraus, in denen die wichtigsten Vorschriften aufgezählt und erläutert werden. Diese weisen für die einzelnen Typen in manchen Punkten Verschiedenheiten auf. Sie können hier nicht alle berücksichtigt werden.

Wenn man die Darlegungen über die in der Fabrik vorgenommene Formation durchliest, so erkennt man schon, daß die Anleitung über die erste Ladung nicht in allen Fällen die gleiche sein kann; dies gilt besonders für die Ladedauer. Sind die Negativen unformiert geliefert worden, so wird die erste Ladung länger dauern, als wenn die Platten mit Bleischwammüberzug versehen sind; natürlich spielt auch der Zustand eine Rolle, in dem sich die Positiven beim Einbau befinden. Als Beispiel diene eine transportable Batterie mit Großoberflächenplatten. Die Säure darf erst kurz vor Beginn der Ladung eingefüllt werden, da die ungeladenen Platten von der Säure angegriffen werden. Die Dichte beträgt 1,18. Man benutzt zum Einfüllen einen Glaskrug mit Ausfluß. Da die Zellen anfänglich keine oder nur eine geringe EMK haben, weil die Platten noch nicht fertig formiert sind, so muß man mit geringer Ladespannung beginnen. Die Klemmenspannung steigt aber in der ersten Zeit der Ladung stark an. Daher ist für schnelle Regelung der Stromstärke zu sorgen. Ein Wasserwiderstand kann u. U. gute Dienste leisten: Man füllt einen Holzeimer mit Brunnenwasser und taucht in dieses zwei Eisenbleche ein. Durch Heben oder Senken, Entfernung oder Annäherung, sowie durch Zugabe von Säure oder Wasser kann man den Widerstand in weiten Grenzen ändern. Die von der Fabrik angegebene Ladestromstärke betrage 20 Amp., die angegebene Ladezeit 30 Stunden. Eine höhere Stromstärke soll man nicht verwenden, wohl aber darf mit geringerer geladen werden. Beträgt sie 10 Amp., so muß die Ladung 60 Stunden dauern. Nachdem die von der Fabrik vorgeschriebene Strommenge (600 Ah) hineingeladen ist, sind noch einige Ladungen mit Ruhepausen anzuschließen. Man schaltet die Batterie von der Ladestromquelle ab, wartet 1 bis 2 Stunden, dann lädt man weiter, bis kräftige Gasentwicklung erfolgt. Dieses Verfahren wird so lange wiederholt, bis sofort nach dem Einschalten und bei voller Stromstärke (20 Amp.) das Gasen beginnt. Der Säurespiegel sinkt etwas, weil der Elektrolyt in die Platten eindringt und außerdem eine größere Menge Wasser zersetzt wird. Man muß also nachfüllen.

Bei der ersten Ladung tritt stärkere Wärmeentwicklung ein; das ergibt sich schon aus dem Umstande, daß die Ladung lange Zeit dauert. Die Temperatur kann eine bedeutende Höhe erreichen. Es ist darauf zu achten, daß sie nicht über 40 °C hinaus steigt, da sonst die Holzbrettchen und die Platten Schaden leiden. Unter Umständen ist also die Ladung zu unterbrechen, damit die Zellen Zeit haben, sich abzukühlen. Für die Beobachtung der Säuretemperatur benutzt man ein von der Fabrik geliefertes Thermometer, das in eine in der Mitte der Batterie befindliche Zelle eingetaucht werden soll.

Blockbatterien (mehrere Zellen in einem gemeinsamen Kasten) werden von mehreren Firmen, z. B. von der Afa und den KAW, auf Wunsch vorgeladen geliefert, d. h. die Platten haben bereits die listenmäßige Kapazität und sind nach Einfüllen chemisch reiner Säure von etwa 1,26 Dichte betriebsfertig (s. S. 139).

Für die normale Ladung[1] gilt vor allem die Vorschrift, daß die maximale Stromstärke nicht überschritten werden darf (s. S. 79). Für Großoberflächen-Elemente ist sie in der Regel gleich dem Strom, den man bei 3stündiger Entladung entnehmen darf, für Gitterplatten-Elemente gleich dem der 5stündigen Entladung entsprechenden Strom. Man lade aber nur ausnahmsweise mit der höchsten zulässigen Stromstärke. Je kleiner die Stromstärke, um so günstiger der chemische Umsatz

[1] Die Ladung soll möglichst bald, spätestens aber 24 Stunden nach beendigter Entladung erfolgen.

und die Lebensdauer. Es sei ferner daran erinnert, daß nach Eintritt der lebhaften Gasentwicklung, die bei etwa 2,4 V beginnt, die Stromstärke stark herabgesetzt werden soll, bei Großoberflächen-Elementen auf etwa die Hälfte, bei Gitterplatten-Elementen auf etwa ein Viertel der anfänglichen Höhe. Wie zu starkes Laden, so ist auch zu schwaches schädlich. „Ein Erkennungszeichen[1] für ungenügende Ladungen und zu weite Entladung ist eine ins Gelblichbraun gehende Farbe der Positiven. Je heller die positiven Platten sind, um so schlechter ist die Batterie in der letzten Zeit geladen worden.“ Wiederholen sich die Fehler häufig, so tritt Sulfatation ein, die Platten werden dann weißlich, und es kann Krümmung eintreten. Die Ladung ist als beendigt anzusehen, wenn die Spannung je Zelle 2,70 bis 2,75 V beträgt[2]. Über die sog. Aufladungen ist schon das Nötige gesagt worden.

Für die großen Batterien, die in Elektrizitätswerken Verwendung finden, ist die Ladezeit so zu wählen, daß die Elemente bei Beginn der stärkern Beanspruchung (gegen Abend) schon voll geladen sind. Ein Nachladen ist möglichst zu vermeiden, weil sonst die mittlern Schaltzellen Schaden leiden (s. S. 183).

Eine Ladung mit Ruhepausen (S. 74) wird bei einer gut behandelten und gepflegten Batterie etwa alle drei Monate vorzunehmen sein. Durch sie wird eine in der Entstehung begriffene Sulfatation beseitigt. Sie ist auch dann günstig, wenn die Batterie zu stark beansprucht und wenn sie wiederholt ungenügend geladen worden ist.

Während der Ladung sind die Zellen zu beobachten, besondere Aufmerksamkeit ist den Schaltzellen zuzuwenden, die, weil sie bei der vorhergehenden Entladung weniger als die Stammelemente beansprucht worden sind, früher zu gasen beginnen; sie sind zeitig abzuschalten.

Wird eine Batterie voraussichtlich einige Zeit nicht benutzt, wie es bei Heizbatterien häufig der Fall ist, so wird sie voll geladen. In der Ruhezeit findet nämlich Selbstentladung statt. Steht aber eine Zelle im entladenen Zustande, so tritt Sulfatierung

---

[1] Sieg, E.: Die Behandlung der Akkumulatoren. 2. Aufl. 1922.

[2] Die Endspannung hängt von der Stromdichte ab; ist diese gering, so wird die oben angegebene Spannung höchstens bei Brettcheneinbau erreicht.

ein. Wenn möglich führe man der Batterie während der ganzen Ruhezeit einen schwachen Strom zu. Darauf wurde schon bei der Besprechung der Gleichrichter aufmerksam gemacht.

Auch bei der *Entladung* darf die von der Fabrik angegebene *maximale Stromstärke nicht überschritten werden* (s. S. 92). Die Frage, woran man erkennt, ob eine Batterie entladen ist, hat große praktische Bedeutung (s. S. 66). Die Säuredichte gibt schon einige Auskunft. Es sei z. B. die Dichte nach gut durchgeführter Ladung 1,2 und nach beendigter Entladung 1,16. Findet man nun, daß das Aräometer die Dichte 1,18 anzeigt, so kann man schließen, daß die Zelle noch lange nicht erschöpft ist. Man muß allerdings berücksichtigen, daß sich die Säuredichte mit der Temperatur ändert. Wie man verfährt, um die Frage zu unterscheiden, ob eine Batterie entladen ist, wurde früher dargelegt (s. S. 66). *Die Dichte, die die Säure eines entladenen Bleisammlers hat*, hängt von der dem Element entnommenen Elektrizitätsmenge und daher auch von der Entladestromstärke ab. Ferner spielen die Menge des anwesenden Elektrolyten und die Konzentration eine Rolle, die nach erfolgter Ladung angezeigt wird. Für die transportablen Zellen der Afa mit Großoberflächenplatten, die für die Triebwagen der Reichsbahn geliefert werden, ist z. B. die Säuredichte am Ende der Entladung

| | | | | |
|---|---|---|---|---|
| bei | 1 stündiger | Entladung | 1,15, |
| „ | 3 | „ | „ | 1,13, |
| „ | 10 | „ | „ | 1,11. |

Für stationäre Zellen liegen die Werte höher, da der Plattenabstand größer ist.

Auch über die Größe, die die *Klemmenspannung am Ende der Entladung* haben darf, kann eine allgemein gültige Angabe nicht gemacht werden. Sie hängt bei einer gegebenen Type ebenfalls von der anfänglichen Säuredichte und der Entladestromstärke ab. Durch jene ist ja die Höhe der EMK gegeben. Der Einfluß der Entladezeit werde an einem Beispiel erläutert. Ein Element habe den inneren Widerstand 0,0005 Ohm; es werde einmal mit 100 Amp, ein zweites Mal mit 300 Amp. entladen. Die Spannungsverluste im Element sind 0,05 V und 0,15 V. Ist nun die Endspannung im ersten Falle 1,83 V, so darf sie im zweiten Falle 1,73 V betragen. Außerdem ist zu berücksichtigen, daß die Konzentration der *inneren* Säure bei schneller Entladung kleiner ist als bei langsamer. Besonders groß sind die hier besprochenen Unterschiede, wenn die Entladezeiten stark differieren, wie aus den folgenden Zahlen hervorgeht: Bei einem transportablen Element der Afa mit Großoberflächenplatten ist die Entlade-Endspannung

bei 10stündiger Entladung 1,83 V,
„ 3 „ „ 1,80 V,
„ 1 „ „ 1,75 V.

Elemente, die selten mit ihrer vollen Kapazität beansprucht werden, gehen in ihrer Leistung zurück. Soll dies vermieden werden, so muß von Zeit zu Zeit, etwa jeden Monat einmal, eine vollständige Entladung mit darauffolgender gründlicher Ladung erfolgen.

Zu tiefe Entladungen haben zur Folge, daß, wenn sie häufig vorkommen, der zeitliche Kapazitätsnachlaß, ebenso der Verfall der positiven Platten sowie das Schrumpfen bei den Negativen schneller erfolgen als bei normaler Beanspruchung. Solche Entladungen lassen sich kaum vermeiden, wenn bei der Anschaffung der Batterie, um Kosten zu sparen, eine Type gewählt wird, die den augenblicklichen Ansprüchen eben genügt. Vor diesem Fehler muß eindringlich gewarnt werden, zumal fast immer später der tägliche Stromverbrauch steigt, sei es weil die Anzahl der Anschlüsse wächst, sei es weil von den ursprünglich angeschlossenen Stromverbrauchern mehr Strom entnommen wird, als angenommen wurde.

Eine Reihe von Vorschriften, die sich auf den Elektrolyten beziehen, enthält der 3. Abschnitt dieses Kapitels.

Die schlimmsten Folgen für ein Element kann ein innerer Kurzschluß haben. Ein solcher kann verursacht werden durch die Krümmung einer oder mehrerer Platten, durch das Herausfallen aktiver Masse, die sich festsetzt, durch Fremdkörper, die in die Zelle fallen, endlich dadurch, daß die beiden Plattensorten in den Bodenschlamm hineinragen. Das Vorhandensein eines Kurzschlusses erkennt man daran, daß die betreffende Zelle bei der Ladung zurückbleibt; der Ladestrom geht nämlich hauptsächlich durch den Kurzschluß, der chemische Umsatz ist nur gering. Die Zelle kommt nicht zur Gasentwicklung; die Säuredichte ist auffallend gering und steigt auch während der Ladung nur wenig an; häufig findet starke Erwärmung statt. Ein anderes Mittel, einen Kurzschluß festzustellen, besteht darin, daß man die

Spannung jeder Zelle mittels eines Voltmeters für 0 bis 3 V mißt. Die kranke Zelle hat stets eine niedrigere Spannung als die übrigen. Mittels des Kurzschlußsuchers kann man sogar die beiden Platten ermitteln, die innerhalb der Säure „metallisch" miteinander verbunden sind. Er besteht in der Hauptsache aus einer leicht drehbaren Magnetnadel; ein Kompaß kann also schon Verwendung finden. Man legt den Sucher zwischen die beiden ersten Fahnen der Zelle, dann zwischen die zweite und dritte Fahne usf. Kommt der Sucher an das Plattenpaar, das Kurzschluß hat, so bewirkt das magnetische Feld des Kurzschlußstromes, daß die Nadel kräftig ausschlägt.

Abb. 77. Aufsuchen eines Kurzschlusses.

Handelt es sich um stationäre Elemente, so kann der Kurzschluß durch Herunterstoßen der leitenden Brücke leicht beseitigt werden. Man bedient sich dabei eines flachen Holzes, etwa eines Lineals. Dieses Verfahren muß aber bei Kastenplatten mit großer Vorsicht angewendet werden, weil das dünne gelochte Bleiblech leicht beschädigt wird. Bei Brettcheneinbau läßt sich der Kurzschluß leicht beseitigen, indem man das betreffende Brettchen herauszieht. Dieses ist auf etwaige Fehler zu untersuchen.

Etwas umständlicher ist die Beseitigung des Kurzschlusses, wenn es sich um transportable Zellen in Hartgummikästen handelt. Der Plattensatz muß dann aus der Zelle herausgehoben werden. Man legt ihn mit der Breitseite auf ein reines Brett oder auf eine Glasplatte und hebt mittels eines verbleiten Spatels die Separatoren über den Platten an (Abb. 77), so daß Fremdkörper leicht gefunden werden können. Haben sich Platten gekrümmt, so legt man zwischen die einzelnen Platten Holzbrettchen von der Stärke des Plattenabstandes und preßt den Satz zusammen. Die alten Brettchen ersetzt man am besten durch neue. Nach dem Einsatz der Platten wird die Batterie gründlich geladen.

Zeigen Platten eines stationären Sammlers Neigung zum Krümmen, so werden sie mittels breiter Hölzer, deren Dicke gleich ist dem Plattenabstand, gerade gedrückt. Einem zu starken Durchdrücken wird dadurch vorgebeugt, daß man die Platten durch Hölzer gegen ihre Nachbarn absteift. Ist die Krümmung einer Platte so stark, daß ein Ausrichten nicht mehr möglich ist, so muß sie durch eine gute ersetzt werden. Gehört das Element zu den Stammzellen, so nimmt man die Ersatzplatte aus einem

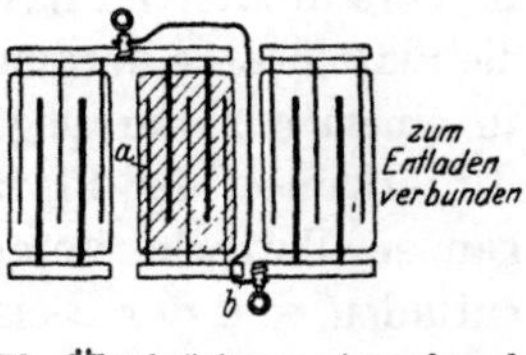


Abb. 78. Überbrückung einer kranken Zelle.

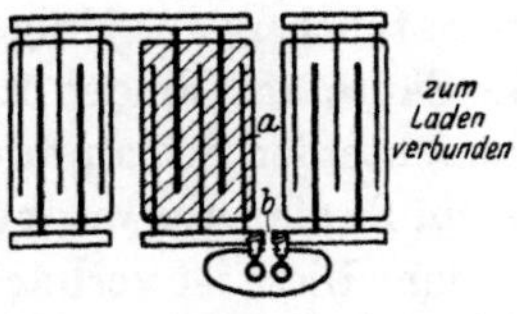


Abb. 79. Die kranke Zelle wird geladen.

mit dem Zellenschalter verbundenen Element, das wenig benutzt wird. Es ist nämlich ungünstig, wenn eine neue Platte mit gut „durchgearbeiteten“ Platten in einer Zelle vereinigt wird. In die Schaltzelle kann eine neue Platte eingesetzt werden, weil sie in der Regel nur wenig Strom abgibt.

Eine Zelle, die Kurzschluß hatte, muß eine Zeitlang besonders aufmerksam beobachtet werden. Sie soll keinen Strom abgeben, wohl aber solchen aufnehmen. Um dies zu erreichen, überbrückt man das Element. Das Verfahren soll an der Hand der Abb. 78 u. 79 erläutert werden. Die mittlere Zelle sei die kranke. Die Bleileiste ist bei *b* durchgeschnitten. Bei der Entladung wird der positive Pol des einen Nachbars mit dem negativen Pol des andern Nachbars durch einen dicken Draht verbunden. Unsere Zelle ist also an der Stromlieferung nicht beteiligt. Wird geladen, so soll die Zelle eingeschaltet sein; daher ist die Unterbrechungsstelle zu überbrücken (s. Abb. 79).

Die Sulfatierung und ihre Beseitigung wurden im Kapitel 4

eingehend besprochen. An dieser Stelle sei gewarnt vor den sog. Geheimmitteln, die von mehreren Firmen empfohlen werden. Durch diese soll nicht nur die Sulfatierung beseitigt und unmöglich gemacht werden, sondern auch die Ladezeit sehr stark verkürzt werden. Ihre Namen sind: Lightning Elektrolyt, Toniolite, Radiolite usw. Die Anpreisungen stehen vielfach in Widerspruch mit den Naturgesetzen. Trotzdem hat Professor Arndt die „Geheimmittel" näher untersucht[1]; er gelangte zu dem Ergebnisse, daß sie nicht nur nicht nützlich, sondern sogar im höchsten Grade schädlich sind. Ein näheres Eingehen auf sie erübrigt sich daher.

Reinigung. Zellen, die in Elektrofahrzeugen Verwendung finden, müssen von Zeit zu Zeit, etwa nach jeder 100sten Entladung, gereinigt werden, weil der Schlammraum klein ist[2]. Um zu prüfen, ob das sog. Auswaschen bei allen Zellen vorzunehmen ist, macht man Stichproben. Man hebt nach den Vorschriften der KAW mittels des Satzhebers aus einigen Zellen die Plattensätze heraus und zieht die Säure ab. Findet man, daß in einem der herausgegriffenen Elemente der Schlamm nahe den Unterkanten der Platten steht, so muß die Auswaschung der ganzen Batterie vorgenommen werden. Diese ist vorher völlig zu entladen, weil der Bleischwamm an der Luft schnell oxydiert. Die Elemente werden aus dem gemeinsamen Trog herausgenommen und ihre Plattensätze aus den Kästen herausgezogen. Letzteres ist zuweilen kaum möglich, weil die Platten gequollen und verbogen sind. Man wärmt dann nach Entfernung der Säure die Elemente mit einer Lötflamme vorsichtig an; die Kästen dehnen sich. Nachdem die Säure vorsichtig in ein bereitgestelltes sauberes Gefäß abgegossen ist, wird der Schlamm aus den Kästen entfernt. Diese werden dann mit Wasser gründlich gereinigt und trocken abgerieben. Bei dieser Gelegenheit werden die Brettchen untersucht und schadhafte durch neue ersetzt. Es muß also ein Vorrat von Reservebrettchen und -stäben vorhanden sein. Diese bewahrt man am besten in einem Zellengefäß auf. Sie müssen ganz in Wasser eintauchen, das mit etwas Akkumulatorensäure schwach angesäuert ist. Die Flüssigkeit muß mindestens alle 6 Monate erneuert werden. Hat sich an den Platten Schlamm angesetzt, so müssen die Teile mit Wasser

[1] Automobil-Rundschau 1926, Nr. 8.

[2] Neuerdings wird der Schlammraum der transportablen Zellen größer gemacht, als es früher üblich war.

abgespült werden. Die alte Säure kann nach der Zusammensetzung der Zellen wieder eingefüllt werden, wenn sie inzwischen klar geworden ist; besser ist es, frische Säure von etwa 1,18 Dichte zu verwenden[1]. Die Batterie wird mit nicht zu starkem Strom geladen, bis die Säuredichte nicht mehr steigt.

Die Lebensdauer. Diejenigen Teile des Bleisammlers, die der Abnutzung unterliegen, sind außer den Brettchen und den Holzstäbchen die Platten, bei transportablen Zellen infolge der Stöße auch die Hartgummikasten. Wie lange eine Platte brauchbar ist, hängt von verschiedenen Umständen ab, vor allem von der Sorgfalt, die bei der Behandlung aufgewendet wurde, und dem Maße der Sachkenntnis, über die derjenige verfügt, dem die Pflege der Batterie obliegt. Zu tiefe Entladungen, Entnahme zu starker Ströme, unvollständige oder zu späte Ladung, das Unterlassen des Nachfüllens u. a. m. haben häufig zur Folge, daß Zellen zugrunde gehen, die bei sachgemäßer Behandlung noch lange betriebsfähig gewesen wären. Zusatz unreiner Flüssigkeiten, die zum Nachfüllen benutzt werden, Verunreinigung der Säure durch Metallstaub, fremde Säuren und Salze sowie durch Alkohol können, wie früher gezeigt wurde, großen Schaden anrichten. Es gibt aber auch eine natürliche Abnutzung, die nicht verhindert werden kann: Die Formation der Positiven schreitet infolge der Lokalaktion beständig fort. Das in den tieferen Schichten der aktiven Masse aus Blei entstandene Sulfat hat ein größeres Volumen als das Blei selbst; es übt auf die an der Oberfläche befindlichen Teilchen einen Druck aus. Diese fallen schließlich herunter. Auch durch Gasblasen, die bei der Ladung entweichen, können Teilchen der wirksamen Masse abgesprengt werden. Die positiven Großoberflächenplatten werden also im Laufe der Zeit immer dünner. Zuweilen werden sie so dünn, daß man besondere Kunstgriffe anwenden muß, wenn man sie unbeschädigt aus dem Element heben will. Die Lebensdauer dieser Platten hängt also von der ursprünglichen Dicke ab. Für geschmierte positive Platten gilt Ähnliches. Hier wird das Gitter durch Lokalaktion angegriffen. Die in den Maschen befindliche Masse ferner ändert ihr Volumen bei der Ladung und Entladung; der Zusammenhang zwischen ihr und dem Bleiträger lockert sich an einzelnen Stellen. Durch die Masse, die

[1] Da die Batterie entladen ist, genügt diese Säuredichte.

noch festen Kontakt mit dem Gitter hat, geht ein starker Strom, die Volumänderungen sind dort besonders groß. Schließlich fällt aktive Masse aus dem Gitter heraus.

Auf den Negativen finden ebenfalls Volumänderungen statt, dagegen wird das Blei nicht durch Lokalaktion angegriffen. Die Ausdehnungen haben zur Folge, daß die Bleiteilchen ihre gegenseitige Lage ändern; ihre Neigung, sich zu Kristallen zu ordnen wird dadurch gefördert. Der Übergang des lockern Bleischwamms in festes, dichtes Blei wird, wie wir gesehen haben, Schrumpfen, Sintern, Verbleien genannt. Der Vorgang ist, weil der Säure der Zutritt zu den tiefer liegenden Teilchen gesperrt ist, mit einem Rückgang der Kapazität verbunden. Zusatz von Spreizstoffen zu dem Brei, der in die Gitter geschmiert wird, und der Einbau von Brettchen bewirken, daß das Schrumpfen verhindert oder doch stark verlangsamt wird (s. S. 145). Da durch zu starke Beanspruchung der Negativen die Verbleiung beschleunigt wird, so dürfte ein weiteres Mittel die Lebensdauer dieser Elektrode zu verlängern, darin bestehen, daß man ihre Kapazität von vornherein größer wählt als diejenige der Positiven.

Man erkennt, daß man nicht von der Lebensdauer des Bleisammlers, sondern von derjenigen der einzelnen Elektroden reden sollte. Beträgt die Beanspruchung im Jahresmittel 70% der maximal zulässigen, so beläuft sich die Lebensdauer der positiven Großoberflächenplatten für stationäre Elemente auf etwa 7 Jahre, bei 100% auf etwa 6 Jahre. Diesen Zahlen kommt aber keine allgemeine Gültigkeit zu. Die Lebensdauer wird meistens dadurch gekennzeichnet, daß die Anzahl der Entladungen angegeben wird, die die Platte „aushält". Bildet man für die Erzeugnisse der großen Firmen Mittelwerte, so ergibt sich für die Großoberflächenplatten stationärer Sammler die Zahl 1200 und für die Negativen 750. Letzterer Wert gilt auch angenähert für die Negativen transportabler Zellen und für die Panzerplatte. Leichte positive Gitterplatten müssen nach 250 bis 350 Entladungen erneuert werden.

Ein Mittel, die Lebensdauer der Batterie zu verlängern, besteht darin, daß man über jede abnorme Erscheinung, die an einer Zelle beobachtet wird, der Fabrik sofort Meldung erstattet. Diese wird dann entweder geeignete Ratschläge erteilen oder durch einen Fachmann eine Untersuchung vornehmen und den Fehler, wenn möglich, beseitigen lassen.

# IX. Die alkalischen Sammler.

Als ein Mangel des Bleisammlers wird das hohe auf die Einheit der Leistung bezogene Gewicht getadelt. Wir wollen dieses der Kürze halber als Leistungsgewicht bezeichnen. Bei ortsfesten Sammlern spielt es kaum eine Rolle. Gilt es dagegen, die in einem Sammler aufgespeicherte Energie für den Antrieb eines Fahrzeugs oder, wie man sagt, für Traktionszwecke auszunutzen, so ist meistens das Leistungsgewicht von ausschlaggebender Bedeutung. Es ist nun von Interesse zu untersuchen, wieweit im äußersten Falle diese Größe vermindert werden kann.

Das große Leistungsgewicht des Bleisammlers wird in erster Linie durch das große spezifische Gewicht (Träger, Gitter, Fahnen, Leisten) und das hohe Äquivalentgewicht des Bleis (aktive Masse) verursacht, ferner durch den Umstand, daß der Elektrolyt an dem chemischen Umsatz beteiligt ist. Die Versuche, als Träger der aktiven Masse ein leichtes Metall, z. B. Aluminium, zu verwenden, sind wie L. Strasser[1] in einem Aufsatze berichtete, gescheitert. Man hat nun das Gewicht der Träger, des Gefäßes und der Verbindungsstücke so weit herabgemindert, daß auf eine Kilowattstunde etwa 12 kg kommen. Zur Not können hier vielleicht noch einige Kilogramm gespart werden. Nach den Berechnungen auf S. 32 sind an reagierenden Stoffen, nämlich Bleischwamm, Superoxyd, Schwefelsäure und Wasser, je Amperestunde rund 12 g erforderlich, darunter 3,66 g Schwefelsäure. Setzt man nun die mittlere Entladespannung mit 1,9 V an, so müßten je Kilowattstunde theoretisch 6,3 kg vorhanden sein. Dieses Gewicht muß aber aus mehreren Gründen wesentlich höher angesetzt werden. Die Schwefelsäure muß ja durch Wasser stark verdünnt werden, und die vorhandene Säure darf bei der Entladung nicht so weitgehend verbraucht werden, daß nur Wasser übrigbleibt, weil sonst die EMK stark sinken und der innere Widerstand stark steigen würde. Als äußerste Grenze kann man für die Kilowattstunde 8 kg Elektrolyt annehmen. Da ferner Bleisulfat ein schlechter Leiter ist, muß mehr Bleischwamm und Superoxyd vorhanden sein, als wirklich bei der Entladung verbraucht wird. Nach der Ansicht von Fachleuten muß selbst bei langsamer Entladung die anwesende Menge mindestens das Dreifache der theoretischen

[1] ETZ 1916, S. 326.

sein. Wird alles berücksichtigt, so kommt man zu dem Ergebnisse, daß das Leistungsgewicht kaum weniger als etwa 27 kg je 1 kWh betragen kann. Bei den Sammlern, die in Elektromobilen Verwendung finden, ist man auf fast 30 kg angelangt.

Die Versuche, einen leichtern Sammler herzustellen, begannen schon kurze Zeit nach Plantés Erfindung. Man war bestrebt, das Ziel auf zwei verschiedenen Wegen zu erreichen: Man suchte nach einen Elektrodenmaterial, dessen Dichte und Atomgewicht kleiner sind als bei Blei, und nach einem Elektrolyten, der weder bei der Ladung noch bei der Entladung seine Konzentration ändert.

Der Blei-Zink-Sammler. In verdünnte Schwefelsäure[1] taucht als negative Elektrode eine amalgamierte Zinkplatte ein, die positive Elektrode besteht aus Blei mit einem Überzug aus $PbO_2$. Die EMK der Kombination ist etwa 2,4 V. Bei der Stromentnahme geht Zink in Lösung, und Bleisuperoxyd wird reduziert. Dieser Sammler wurde als Kippelement in den Handel gebracht. Die Einrichtung war so getroffen, daß bei Nichtgebrauch die Säure nicht mit dem Zink in Berührung war; sie lief beim Kippen in einen besonderen Behälter.

Der Almaida-Akkumulator. Positive Elektrode Kohle oder Graphit mit Silberzusatz, negative Elektrode Zink, Elektrolyt eine Lösung von Zinkbromid und Zinkchlorid. Die Afa hat den Sammler im Beisein und nach den Anordnungen des Erfinders, eines spanischen Paters, eingehend geprüft[2] und ist zu dem Ergebnisse gelangt, daß sich mit ihm ein wirtschaftliches Arbeiten nicht erreichen läßt. Die Aufspeicherungsfähigkeit, bezogen auf die Gewichtseinheit, ist bedeutend geringer als bei den älteren, für Traktionszwecke besonders leicht gebauten Sammlern. Der Wirkungsgrad war ungünstig. Am schlimmsten aber war die Tatsache, daß sich bei der Ladung sehr gesundheitsschädliche Gase, nämlich Brom und Chlor, entwickelten[2].

Die alkalischen Sammler. Wir wenden uns jetzt zu dem Hauptgegenstand dieses Kapitels, nämlich zu den Sammlern, deren Elektrolyt Kali- oder Natronlauge ist.

---

[1] Obschon dieser und der folgende Akkumulator nicht zu den alkalischen Sammlern gehören, sollen sie doch hier erwähnt werden. Man nannte die in diesem Kapitel besprochenen Sekundärelemente früher die leichten Sammler.

[2] ETZ 1927, S. 950.

Der Kupfer-Zink-Sammler (Lalande, Entz, Waddel u. a.). Als Elektrolyt dient Natron- oder Kalilauge. Bei der Entladung geht Zink in Lösung und Kupferoxydul wird reduziert. Bei der Ladung wird aber nicht nur das fast unlösliche Kupferoxydul wiedergebildet, sondern es entsteht auch eine geringe Menge von Kupferoxyd. Dieses geht in Lösung, und es gelangt Kupfer zur Anode, wo es mit Zinkteilchen Lokalelemente bildet (Voltasches Element). Es wird also Wasserstoff abgeschieden. Ferner kann der Strom aus einer alkalischen Lösung nicht alles Zink abscheiden[1]; sobald die Lösung an Zinkionen verarmt ist, wird Wasserstoff frei. Das Element arbeitet also nicht vollkommen umkehrbar; daher ist sein Nutzeffekt gering. Auch aus anderen Gründen erwies sich der Sammler nicht als lebensfähig[2].

Der Eisen-Nickel-Sammler. Darrieus beschäftigte sich bereits vor etwa 35 Jahren mit der Herstellung eines Sammlers, bei dem an Stelle des schweren Bleis ein leichteres Metall und als Elektrolyt Kali- oder Natronlauge benutzt werden sollten. Unter den Metallen, die in seinen Arbeiten aufgezählt werden, befinden sich auch Eisen, Nickel, Cadmium. Im Jahre 1899 wurde dem Schweden Jungner ein Patent erteilt, das sich auf einen alkalischen Sammler mit Silber- und Kupferelektroden bezieht. Seine Versuche erstreckten sich aber auch auf die eben genannten Metalle. Anfang dieses Jahrhunderts kamen die ersten Edison-Zellen nach Europa. Sie wurden aber bald vom Markte zurückgezogen. Später wurde die Fabrikation des als H-Zelle bezeichneten Typs in großem Maßstabe von Edison aufgenommen. In Deutschland bildete sich dann die Deutsche Edison-Akkumulatoren-Compagny G. m. b. H., Berlin (DEAC), die mit der Afa aufs engste verbunden ist. Die Ausarbeitung des Jungner-

---

[1] Näheres s. Förster, l. c. S. 201.

[2] Die Firma Pörscke Elektr.-Ges., Berlin-Charlottenburg hat vor einigen Monaten ein Element auf den Markt gebracht, das sie Eldurator getauft hat. Die eine Elektrode ist Zink, die andere enthält eine Spezialmischung, die vermutlich aus Metalloxyden besteht. Der Elektrolyt wird dadurch gewonnen, daß eine Mischung aus Chemikalien — hauptsächlich schuppiges Ätznatron — in gewöhnlichem Wasser gelöst wird. Ist das Element erschöpft, so muß eine Auffrischung erfolgen: Die Zinkbleche werden durch neue ersetzt, der Elektrolyt wird erneuert, die positive Elektrode wird gereinigt und der Luft ausgesetzt; die Oxydation geht schneller vor sich, wenn die Elektrode schwach erwärmt wird.

Akkumulators, bei dem statt Eisen Cadmium Verwendung findet, hatten die KAW, Köln-Kalk, in die Hand genommen, die heute — neben andern Firmen — diese Sammler fabrikmäßig herstellen.

Edison hatte sich zur Aufgabe gestellt, einen Sammler zu schaffen, der nicht nur bei gleicher Leistung ein geringeres Gewicht als der Bleiakkumulator haben, sondern auch gegen mechanische und elektrische Mißhandlung unempfindlich sein sollte. Inwieweit diese Ziele erreicht worden sind, werden wir später sehen. Die wirksame Masse der positiven Elektrode besteht aus Nickelhydroxyd $Ni(OH)_2$, nach den Druckschriften der DEAC aus Nickelhydroxydul, das aber bei der ersten Ladung oder bei der Formation in Nickelsuperoxyd $Ni_2O_3$ übergeht[1]. Der Masse werden Nickelflocken zugesetzt, die sich im Betrieb nur wenig oxydieren. Der Zusatz hat, so darf man wohl annehmen, den Zweck, die Leitfähigkeit der aktiven Masse zu erhöhen. Damit das Gemenge, das stark gepreßt wird, seine Porosität nicht verliert, werden ihm gewisse Stoffe, Melasse, zugesetzt, die durch Auslaugen wieder entfernt werden. Der Elektrolyt besteht aus 20proz. Kalilauge, die bei $15^0$ das spezifische Gewicht 1,2 hat; sie muß ganz rein sein und darf vor allem keine Chloride enthalten. Da sich der Elektrolyt mit Kohlensäure verbindet, so muß er vor Luftzutritt geschützt werden. Edison fand, daß ein Zusatz von etwas Lithiumhydroxyd zu der Lauge in hohem Grade dazu beiträgt, die Kapazität des Sammlers auf konstanter Höhe zu halten. Der Zusatz kann aber sehr starkes Aufblähen der aktiven Masse mit sich bringen. Die wirksame Masse der negativen Elektrode besteht aus einer Eisensauerstoffverbindung in feinster Verteilung. Sie geht aber bei der Formation in metallisches Eisen über. Der Eisenverbindung werden 10% Quecksilberoxyd beigemischt. Dieses dient dazu, die Aktivität des Eisens hoch zu halten, es soll verhindern, daß das Eisen seine Fähigkeit verliert, elektromotorisch tätig zu sein (passiv wird). Auch soll durch den Zusatz die Leitfähigkeit der aktiven Masse erhöht werden. Er ist auch die Ursache dafür, das bei Beginn der Ladung die Spannung der Zelle durch ein Maximum hindurchgeht (s. Abb. 84 a. S. 173): In der ersten Zeit kann der Wasserstoff nicht am Eisen entweichen, da dieses noch nicht reduziert ist; er wird dann am

[1] Diese Verbindung wird in vielen Chemiebüchern als Nickeloxyd bezeichnet; sie verhält sich aber wie ein Superoxyd.

Quecksilber frei, dessen Überspannung größer ist als diejenige des Eisens.

Ein geladener Edison-Akkumulator enthält also als elektromotorisch wirksamen Stoff in der positiven Elektrode Nickelsuperoxyd, in der negativen Eisen. Das Superoxyd enthält aber im lufttrockenen Zustand gebundenes Wasser. Nach Förster kommen auf ein Mol Superoxyd 1,2 Mol Wasser. Das Eisen geht bei der Entladung in Eisenhydroxydul oder Ferrohydroxyd $Fe(OH)_2$ über; aus dem Nickelsuperoxyd bildet sich Nickelhydroxyd. Bei tiefer Entladung, die aber für die Praxis nicht in Betracht kommt, bildet sich auf der Kathode Ferrioxyd $Fe_2O_3$. Bei der Ladung spielen sich die Vorgänge in umgekehrter Reihenfolge ab. Nach Förster gilt folgende Umsatzgleichung

$$Fe + Ni_2O_3,\ 1{,}2\,H_2O + 1{,}8\,H_2O \underset{\text{Ladung}}{\overset{\text{Entladung}}{\rightleftarrows}} Fe(OH)_2 + 2\,Ni(OH)_2\,. \quad (1)$$

Einen klareren Einblick in die Wirkungsweise gewinnt man, wenn man die Vorgänge vom ionentheoretischen Standpunkt aus betrachtet. An der Kathode geht bei der Entladung Eisen als zweiwertiges Ion in Lösung (elektrolytische Lösungstension):

$$Fe + 2\,\oplus\!\leftarrow\!\rightarrow\!\ominus = Fe^{\cdot\cdot} + 2\,\ominus\!\rightarrow. \quad (1)$$

Auf der Elektrode befinden sich jetzt 2 negative Elektronen im Überschuß; diese fließen zur Anode ($2\,\ominus\!\rightarrow$). Das Eisenion verbindet sich mit 2 Hydroxylionen, die durch Dissoziation des Ätzkalis entstanden sind, nach der Gleichung

$$Fe^{\cdot\cdot} + 2\,OH' = Fe(OH)_2\,. \quad (2)$$

Dieser Vorgang spielt sich in den Poren und ganz nahe bei der Oberfläche der Kathode ab. Auf dieser schlägt sich das Eisenhydroxyd nieder.

Anode: Wir fassen $Ni_2O_3$, $1{,}2\,H_2O + 1{,}8\,H_2O$ als einen Komplex auf. Er zerfällt in 2 dreiwertige Nickelionen[1] und 6 Hydroxylionen

$$Ni_2O_3,\ 1{,}2\,H_2O + 1{,}8\,H_2O = 2\,Ni^{\cdot\cdot\cdot} + 6\,HO'. \quad (3)$$

Die beiden ankommenden negativen Elektronen [Gl. (1)] verbinden sich mit den Nickelionen

$$2\,Ni^{\cdot\cdot\cdot} + 2\,\ominus = 2\,Ni^{\cdot\cdot}. \quad (4)$$

Man kann statt dessen annehmen, daß die beiden $Ni^{\cdot\cdot\cdot}$ zwei positive Elektronen an die Elektrode abgeben. Von den 6 OH der Gl. (3) dienen 2 als Ersatz für die an der Kathode gemäß Gleichung (2) verbrauchten Ionen. Die übrigen verbinden sich mit den beiden Nickelionen zu Nickelhydroxyd

$$2\,Ni^{\cdot\cdot} + 4\,OH' = 2\,Ni(OH)_2\,. \quad (5)$$

Addiert man die 5 Gleichungen, so erhält man nach Kürzung die Reaktionsgleichung (1).

---

[1] Die Gruppe kann man sich durch ein Molekül $Ni_2(OH)_6$ ersetzt denken.

Die Vorgänge, die sich bei Stromzufuhr oder -entnahme im Cadmium-Nickel-Sammler abspielen, sind den eben beschriebenen ganz analog.

Nach der Umsatzgleichung ist das Ätzkali an den Vorgängen, die sich auf den Elektroden abspielen, nicht beteiligt. Es spielt nur die Rolle eines Vermittlers; es gibt bei der Entladung an der Eisenelektrode Hydroxylionen ab und nimmt sie an der Anode auf. Wohl aber nimmt das Wasser des Elektrolyten an dem chemischen Umsatz teil. Bei der Entladung wird Wasser verbraucht; die Dichte des Elektrolyten wird also größer; bei der Ladung wird sie geringer. Da aber der Verbrauch an Wasser je Amperestunde nur etwa 0,6 g beträgt, so sind die Konzentrationsänderungen ganz unbedeutend. Man kann also aus der Laugedichte keine zuverlässigen Schlüsse über den Ladezustand des Sammlers ziehen. Die Abhängigkeit der EMK von der Konzentration des Elektrolyten, die man als vorhanden annehmen muß, weil ja ein Teil der Lösung aktiv ist, wurde experimentell nachgewiesen. Sie stimmt mit der auf theoretischem Wege berechneten überein, ist aber so gering, daß man von ihr in der Praxis absehen kann.

Aus dem angegebenen Grunde kann die Elektrolytmenge gering sein, m. a. W. man kann den Abstand zwischen den einzelnen Platten klein machen. Ein anderer Umstand aber hat zur Folge, daß man trotzdem eine ziemlich große Elektrolytmenge je Amperestunde verwenden muß: Die Nickel- und Eisenmasse leiten den Strom schlecht; wahrscheinlich ist auch die Porosität wegen der starken Pressung, von der noch die Rede sein wird, nur gering. Die chemischen Umwandlungen werden sich daher nur in einer sehr dünnen Oberflächenschicht abspielen. Um also eine bestimmte Kapazität zu erzielen, muß man eine große Anzahl von Platten zu einem Element vereinigen. Von dem gesamten Gewicht einer Zelle werden etwa 20% auf den Elektrolyten kommen. Die große Plattenzahl gewährt allerdings in Verbindung mit dem engen Einbau den Vorteil, daß der innere Widerstand nur gering ist.

Bei der Ladung erfolgt schon nach kurzer Zeit an der Kathode Wasserstoffentwicklung; zu dieser kommt bald Sauerstoffentwicklung an der Anode. Das Gasen ist mit einem nicht unbedeutenden Verbrauch von Wasser verbunden. Daher muß von Zeit zu Zeit nachgefüllt werden. Nach der Ladung ist nach *Förster* außer Nickelsuperoxyd noch die sauerstoffreichere Verbindung $NiO_2$ vorhanden. Diese geht im Ruhezustand in Superoxyd über:

$$2\,NiO_2 = Ni_2O_3 + O\,.$$

Es wird also auch *im Ruhezustand Sauerstoff frei*. Wahrscheinlich bildet sich an dem Eisen auch etwas Wasserstoff. Dies wird der Grund dafür sein, daß der Eisen-Nickel-Sammler in Bergwerken nicht verwendet werden darf (Explosionsgefahr); an seine Stelle tritt der Cadmium-Nickel-Sammler, bei dem die Gasentwicklung nicht stattfindet.

*Die Konstruktion des DEAC-Stahl-Akkumulators.* Die positive Platte besteht aus einem Rahmen aus vernickeltem Stahlblech (Abb. 80). In ihn werden zahlreiche aus feingelochtem, vernickeltem Stahlband hergestellte Röhrchen geschoben, in die die aktive Masse, grünes Nickelhydroxyd mit den erwähnten Zusätzen, unter hohem Druck hineingepreßt wird. Da außerdem die Masse im Betriebe das Bestreben hat, aufzuquellen, so werden die Röhrchen durch übergeschobene Ringe versteift.

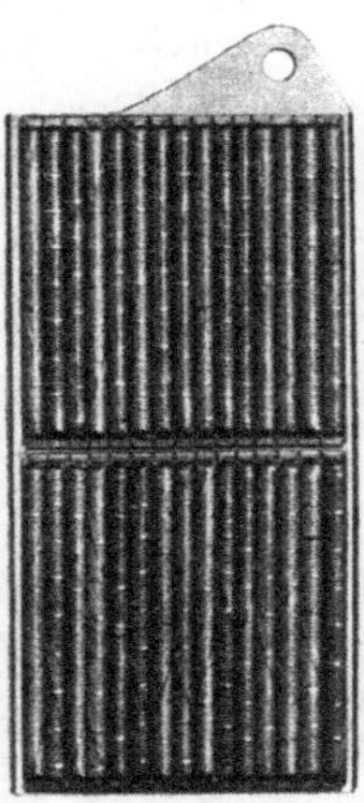

Abb. 80. Positive Platte des DEAC-Sammlers.

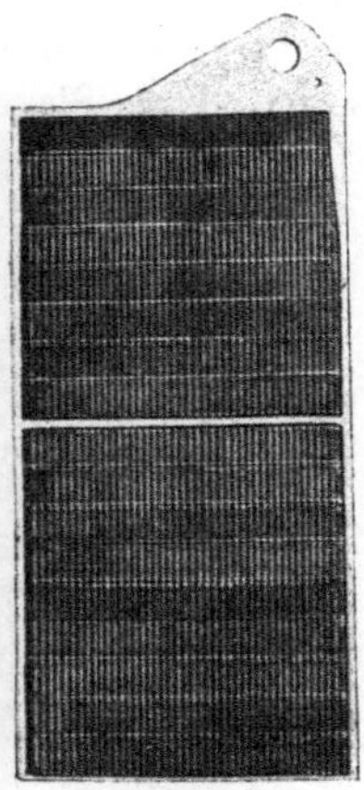

Abb. 81. Negative Elektrode des DEAC-Sammlers.

Die aktive Masse der Negativen wird zu dünnen rechteckigen Pastillen gepreßt. Diese werden in Taschen gelegt, die aus dem gleichen Material hergestellt sind wie die Röhrchen. Eine größere Anzahl der Kästchen wird in ein Gitter gelegt; in der Abb. 81 enthält das Gitter in jeder Hälfte 8 Taschen oder Kästchen. Die Platte wird stark gepreßt, damit die Taschen fest und mit gutem Kontakt in dem Rahmen sitzen. Um zu verhüten, daß sich die dünnen gelochten Wände nach außen wölben, erhält die Platte in der Presse eine horizontale Wellung.

Am oberen Teile jeder Platte befindet sich eine runde Öffnung, die es ermöglicht, die Platten auf 2 Eisenstäbe, die sog. Polstifte, aufzureihen. Diese tragen die senkrecht stehenden Polbolzen. Durch Verschrauben werden die Platten in ihrer Lage gehalten (Abb. 82). Die Anzahl der Negativen ist immer um Eins größer als diejenige der Positiven; die Endplatten sind also Negative. (Bei der ursprünglichen Edison-Zelle war die Anzahl der Positiven doppelt so groß wie die der Negativen). Der Plattensatz wird

Abb. 82. Plattensatz einer Edison-Zelle.

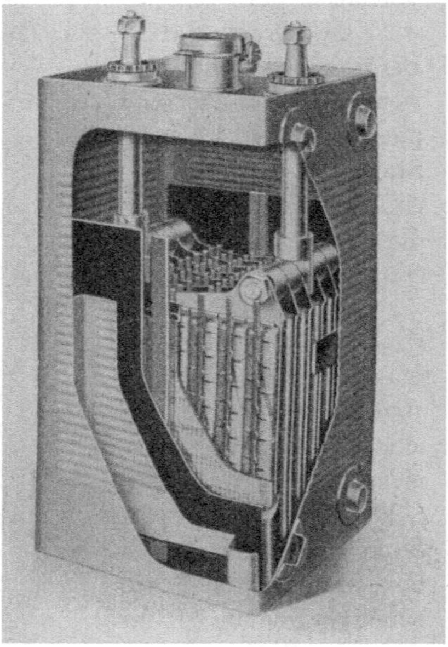

Abb. 83. Aufgeschnittener Eisen-Nickel-Sammler.

in eine Kanne aus vernickeltem Stahlblech geschoben, deren Wände z. T. gewellt sind, damit die Festigkeit erhöht wird (Abb. 83). Die Elektroden werden durch Hartgummibleche gegen die Wände und durch Hartgummileisten gegen den Boden des Gefäßes isoliert. Zwischen die einzelnen Platten werden dünne Hartgummistäbe geschoben, die als Stabilisatoren bezeichnet werden. Sie ragen aus dem Plattensatz etwas heraus (s. Abb. 83). Das Gefäß wird durch einen Deckel aus vernickeltem Stahlblech verschlossen, der an die Wände angeschweißt ist. Durch ihn gehen die Polbolzen isoliert hindurch. Er enthält eine Füllöffnung, die durch eine Schraube verschlossen werden kann, und ein Ventil, durch das die bei der Ladung sich bildenden Gase entweichen können; mitgerissene Laugetröpfchen werden aber zurückgehalten.

Die Zellen werden in Kasten zusammengebaut, die aus Hartholz angefertigt werden; sie hängen frei an Hartgummiisolatoren; zwischen ihnen befinden sich Luftzwischenräume. Sie werden auf Wunsch aufgefüllt und in geladenem Zustand versandt, so daß die zeitraubende erste Ladung bzw. Formation in Wegfall kommt.

Die normale Ladung. Die EMK des DEAC-Stahl-Akkumulators beträgt etwa 1,5 V. Die Klemmenspannung ist bei Beginn der Ladung wegen des Spannungsverlustes in der Zelle etwas größer (s. Abb. 84). Wir wollen zunächst die normale Ladung betrachten. Als solche gilt die 7stündige mit konstanter Strom-

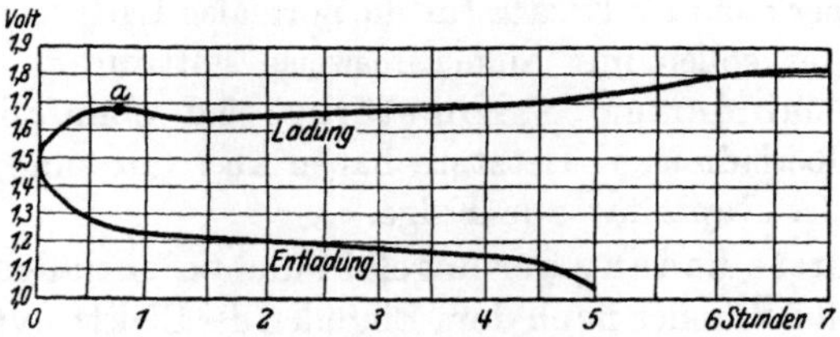


Abb. 84. Lade- und Entladekurve des DEAC-Sammlers.

stärke. Als Beispiel diene die Type $B_4$ (mit 4 Positiven). Sie hat bei 5stündiger Entladung die Kapazität 75 Ah, der normale Entladestrom ist 15 Amp. Mit dieser Stromstärke soll 7 Stunden lang geladen werden. Also beträgt der Wirkungsgrad $75:105 = 0{,}71$ oder 71%. Die Spannung geht im Anfang durch ein Maximum hindurch (Punkt *a*). Diesem Punkte entspricht die Gasbildung an Quecksilber. Nach etwa $6^3/_4$ Stunden hat die Klemmenspannung den Wert 1,82 V erreicht. Es gilt also die Regel: Die Ladung ist beendigt, wenn die Klemmenspannung je Zelle 1,82 V erreicht hat und dann noch etwa 15 Minuten lang weiter geladen wird. Die durchschnittliche Ladespannung beträgt 1,67 V.

Man kann auch mit konstanter Spannung laden, unter Umständen also ohne Vorschaltwiderstand. Dann muß für jede Zelle eine Spannung von 1,7 V zur Verfügung stehen. Der Strom in der eben als Beispiel gewählten Type ist anfänglich etwa 30 Amp. Er sinkt allmählich auf 5 Amp. Die Ladezeit soll auch jetzt 7 Stunden betragen. Es kann auch eine verkürzte Ladung in 5 Stunden vorgenommen werden. Dann muß aber die gesamte zugeführte Elektrizitätsmenge bei unserer Type wieder 105 Ah betragen. Man lädt z. B. 2 Stunden mit 30 Amp., $1^1/_2$ Stunde mit 20 Amp., $1^1/_2$ Stunde mit 10 Amp. Nachladungen oder Zwischenladungen, d. h. Stromzufuhr, bevor die Zelle erschöpft ist, können mit erhöhter Stromstärke vorgenommen werden. Es ist aber auf die Temperatur des Elektrolyten Rücksicht zu nehmen. Diese darf nicht über $50^0$ hinaus steigen. Für den maximalen Strom und die Zeit ist die Größe der Zelle maßgebend. Man kann z. B. unsere Type 5 Minuten lang mit 75 Amp. laden, ohne daß die Erwärmung zu stark wird. Die höchste Ladespannung ist in diesem Falle 1,92 V. Solche Ergänzungsladungen dürfen aber nicht als Ersatz für die normalen Ladungen angesehen werden; sie sollen nur ausnahmsweise stattfinden. Ladungen mit verminderter Stromstärke sind ebenfalls gestattet, ebenso Überladungen. Letztere haben aber nur eine geringe Erhöhung der Kapazität zur Folge.

Die erste Ladung der ungefüllt und tief entladen versandten Zellen soll 2 Stunden nach dem Einfüllen des Elektrolyten erfolgen, für das übrigens ein besonderer Apparat von der Fabrik bezogen werden kann. Die Stromstärke ist die gleiche wie bei der normalen Ladung; die Dauer soll sich aber auf 15 Stunden belaufen. Die Ladung kann auch in mehrere Abschnitte zerlegt werden. Nach einer andern Vorschrift der Fabrik soll eine neue Batterie nach jeder 12. Entladung 10 Stunden lang mit der normalen Stromstärke geladen werden, bis 4 solcher Überladungen erreicht sind. Später soll die Batterie etwa alle 2 Monate eine Überladung erhalten.

Als normale Entladung gilt die 5stündige. Für unsere Type ist die Stromstärke 15 Amp. Den Verlauf der Klemmenspannung zeigt die Abb. 84 a. S. 173. Man sieht, daß am Ende der Entladung die Spannung etwa 1,1 V beträgt. Eine tiefere Entladung schadet zwar nicht, hat aber für die Praxis wenig Wert, weil die Spannung sehr schnell abfällt. Vorübergehend darf mit mehr als 15 Amp. entladen werden. Die mittlere Spannung ist, wenn bis zu 1,1 V entladen wird,

| | | | |
|---|---|---|---|
| bei | 10stündiger | Entladung | 1,25 V, |
| „ | 5 „ | „ | 1,20 V, |
| „ | 3 „ | „ | 1,16 V. |

Der Unterschied wird dadurch bedingt, daß der Spannungsabfall in der Zelle mit der Stromstärke steigt.

Als normale Kapazität gilt die der 5stündigen Entladung entsprechende. Die Kapazität ändert sich aber bei Erhöhung oder Erniedrigung des Entladestromes nur wenig. Die Type $B_4$ z. B. hat bei 10stündiger Entladung eine Kapazität von etwa 80 Ah, bei 3stündiger eine solche von 71 Ah.

Der Nutzeffekt ist für alle Zellen nahezu der gleiche, er beträgt bei unserer Type, wenn sie normal geladen und entladen wird, $(75 \cdot 1{,}2):(105 \cdot 1{,}67) = 0{,}51$ oder 51%. Bei 10stündiger Entladung ist der Nutzeffekt höher, weil die mittlere Entladespannung größer ist als bei 5stündiger Entladung. Man kann den Wirkungsgrad und den Nutzeffekt verbessern, wenn man nicht die volle Kapazität ausnutzt. In den ersten Teilen der Ladung nämlich ist der Stromteil, der für die unnütze Gasentwicklung verbraucht wird, bedeutend geringer als in den letzten.

Wartung. Da die Gasentwicklung bei der Ladung eine langdauernde und starke ist, so muß der Raum, in dem eine Eisen-Nickel-Batterie aufgestellt wird, gut lüftbar sein. Für stationäre Batterien ist die Isolation die gleiche wie bei den Bleisammlern Im allgemeinen genügt es, destilliertes Wasser nachzufüllen. Dies muß so zeitig erfolgen, daß die Oberkanten der Platten nie aus dem Elektrolyten herausragen. Die Dichte der Lauge darf zwischen 1,16 und 1,23 schwanken. Diese muß von Zeit zu Zeit, etwa alle 4 Wochen, gemessen werden. Ist die Dichte unter die angegebene Grenze gesunken, so muß reine Kalilauge vom spezifischen Gewicht 1,2 zugesetzt werden. Alle 12 bis 18 Monate ist eine Neufüllung vorzunehmen. Die Batterie soll vor dieser entladen werden. Ist die alte Lauge nach Umschwenken ausgegossen. so ist zweimal mit destilliertem Wasser nachzuschwenken. Nachdem dies geschehen ist, muß sofort die Neufüllung beginnen. An sie soll sich eine 10stündige Ladung mit normaler Ladestromstärke anschließen. — Zellen und Batteriekasten sind immer rein und trocken zu halten. Man berücksichtige endlich, daß die entweichenden Gase leicht entzündlich und explosibel sind. — Ein Laugevorrat muß immer luftdicht verschlossen sein, da der Elektrolyt sonst aus der Luft Kohlensäure und Wassersdampf auf, nimmt.

Vergleich zwischen dem Edison- und dem Bleisammler. Der Umstand, daß für den alkalischen Sammler der Nutzeffekt viel tiefer liegt als für den Bleisammler, hat zur Folge, daß die Kosten für die elektrische Energie, die von den Sammlern abgegeben wird, wesentlich verschieden sind. Wir nehmen an, daß der Nutzeffekt für den Bleisammler 75% und für die Edison-Zelle 51% sei. Der Preis, der für eine dem Netz entnommene Kilowattstunde zu zahlen ist, sei $a$ Pfg. Dann kostet eine Kilowattstunde, die der Bleisammler liefert, $a : 75 \sim 1{,}3 \cdot a$ Pfg. und eine vom Edison-Akkumulator abgegebene $a : 0{,}51 \sim 2 \cdot a$ Pfg. Man erkennt, daß der Unterschied ein recht bedeutender ist. Übrigens ist der Edison-Akkumulator auch in der Anschaffung teurer als der Bleisammler.

Man nannte früher den Stahlakkumulator den leichten Sammler. Wenn es sich um stationäre Zellen handelt, so ist diese Bezeichnung noch am Platze. Anders bei transportablen Zellen. Für die leichtesten Bleisammler, die gebaut werden, beträgt, wie wir gesehen haben, die Leistung je Kilogramm Zellengewicht rund 30 Wh. Nun wiegt die Type $C_{10}$ der DEAC im gefüllten Zustand 24,55 kg; die Leistung bei normaler Entladung ist in der Preisliste zu 672 Wh angegeben. Mithin entsprechen 1 kg Zellengewicht rund 28 Wh. Die Verhältnisse aber liegen für den Eisensammler günstiger, wenn die Entladung eine schnelle ist. Seine Kapazität ist nämlich von der Entladestromstärke in viel geringerem Grade abhängig als diejenige des Bleisammlers. Neben dem Gewichte spielt die Raumbeanspruchung in manchen Fällen eine Rolle. Über diese gehen die Angaben in der Literatur weit auseinander. Lucas[1] gibt an, daß die Raumbeanspruchung bei beiden Akkumulatoren ungefähr die gleiche sei, nämlich etwa 15 Liter je Kilowattstunde. Für die schon erwähnte Zelle $C_{10}$ berechnete ich mit Hilfe der Maßangaben in der Preisliste 17 Liter ohne Kastenanteil[2].

Ein wichtiges Wort spricht die Lebensdauer mit. Diese ist für Bleisammler, deren Plattendicke gering und deren Säuredichte hoch ist, bedeutend kürzer als diejenige des Edison-

---

[1] Lucas: Die Akkumulatoren u. galvanischen Elemente. 2. Aufl., Leipzig 1917.

[2] Die Polbolzenhöhe ist mitberücksichtigt worden.

Sammlers[1]. Andere Vorzüge dieses Sammlers sind: Er kann lange geladen stehen, ohne daß ein starker Kapazitätsrückgang erfolgt, er darf auch ungeladen lange stehen, ohne daß er Schaden leidet; er ist anspruchslos in der Wartung und dank seiner vorzüglichen Konstruktion unempfindlich gegen mechanische Erschütterungen. Aktive Masse kann kaum herausfallen. Endlich wäre zu erwähnen, daß die Edison-Zelle starke Überlastungen verträgt, ohne daß schlimme Folgen eintreten. Für viele Zwecke ist daher dieser Akkumulator der geeignetste Sammler.

Handelt es sich um große stationäre Batterien, so kommt nur der alte, solide Bleisammler in Frage. Das ergibt sich schon, wenn man an die Spannungsänderungen denkt. Nehmen wir z. B. an, es handle sich um eine Anlage, bei der die Spannung stets 220 V betragen soll. Nun ist für die Anzahl der Zellen, aus denen sich die Batterie zusammensetzt, die bei der Entladung vorhandene Endspannung maßgebend. Diese nehmen wir für den Edison-Sammler zu 1,1 V und für den Bleisammler zu 1,8 V an. Dann wären 200 bzw. 122 Zellen erforderlich. Da die anfängliche Entladespannung der beiden Konkurrenten rund 1,5 V bzw. 2 V ist, so müssen bei Beginn der Entladung und schwachem Stromverbrauch 143 bzw. 110 Elemente arbeiten. Es wären also in dem einen Falle 200 — 143 = 57, in dem andern aber nur 12 Zellen mit dem Zellenschalter zu verbinden. Bei Betrieb mit Doppelzellenschalter ist der Unterschied noch wesentlich größer.

Der Cadmium-Nickel-Sammler wird in Deutschland von den KAW, der Afa bzw. der DEAC und der Firma Friemann & Wolf in Zwickau hergestellt. Wir wollen ihn kurz den Cadmiumsammler nennen. Wird ein Eisensammler mit nicht zu geringer Stromdichte geladen, so wird ein großer Prozentsatz der zugeführten Elektrizitätsmenge für Wasserstoffbildung am Eisen verbraucht. Dieser Nachteil wird nach Jungner beseitigt, wenn dem Eisen metallisches Cadmium zugesetzt wird. Um das Gemenge zu erhalten, wird eine Lösung von Ferrosulfat und Cadmiumsulfat bei einer bestimmten Stromdichte elektrolysiert; beide Metalle werden an der Kathode abgeschieden. Nach Trocknen

[1] Der DEAC-Sammler ist nach etwa 2000 Entladungen unbrauchbar; die Lebensdauer der leichtesten Positiven des Bleisammlers liegt zwischen 250 und 350 Entladungen, diejenige der leichtesten Negativen beträgt 750 Entladungen.

und Pulvern wird die Masse in die Taschen gelegt und gepreßt. Nach den Patenten des Hamburgers Achenbach, die ebenfalls von den KAW erworben wurden, erhält man das Cadmiummaterial durch Behandlung einer Cadmiumlösung mit Magnesiumstaub (ausfällen). Beide Elektroden werden neuerdings von den KAW aus Taschen zusammengesetzt, in die die aktive Masse in Gestalt von kleinen Kuchen eingelegt wird (s. Abb. 85).

Abb. 85. Elektrode eines Cadmiumsammlers mit 16 Taschen (KAW).

Die Firma Friemann & Wolf stellt kleine Cadmiumsammler her, die hauptsächlich in Grubenlampen u. dgl. Verwendung finden. Für beide Elektroden dient als Leiter ein dünnes, fein gelochtes Reinnickelband. Auf dieses wird die positive aktive Masse als Paste aufgetragen. Das Band wird dann durch Falten und Zusammendrücken in die Form der Abb. 86 gebracht. Nach Pressen wird der Streifen als sog. Kuchen in das Gitter eingesetzt. Die negative Masse, das Cadmiumgemisch, wird dagegen als feines Pulver zwischen 2 gefaltete Nickelbänder eingetragen. Auch hier werden durch starkes Pressen Kuchen gewonnen (Abb. 87). Dem Cadmium wird etwas Quecksilber zugesetzt (Erhöhung der Leitfähigkeit). Das Herausfallen der Masse ist fast unmöglich; daher ist die Lebensdauer eine sehr große.

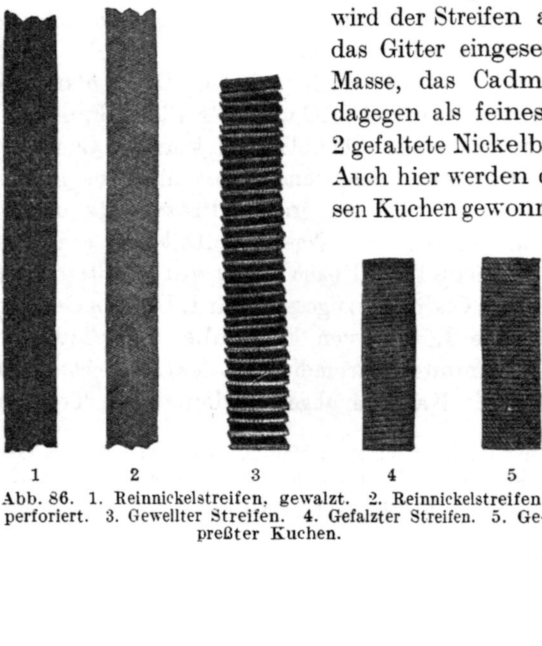

1 2 3 4 5

Abb. 86. 1. Reinnickelstreifen, gewalzt. 2. Reinnickelstreifen, perforiert. 3. Gewellter Streifen. 4. Gefalzter Streifen. 5. Gepreßter Kuchen.

Die Ladung des Cadmiumsammlers verläuft größtenteils ohne Gasentwicklung; auch bilden sich keine Gase im Betrieb. Nutzeffekt und Wirkungsgrad sind besser, weil die mittlere Ladespannung geringer ist als beim Edison-Akkumulator. Die Ladekurve ähnelt derjenigen des Bleisammlers; sie steigt, wie aus der Abb. 88 hervorgeht, erst gegen Ende der Ladung steiler an. Die Abhängigkeit der Kapazität von der Stromdichte oder von der Entladedauer ist beim Cadmiumsammler viel geringer als beim Bleisammler. Dies wird durch die Kurve in Abb. 89 veranschaulicht, die von den KAW auf Grund von Versuchen gewonnen

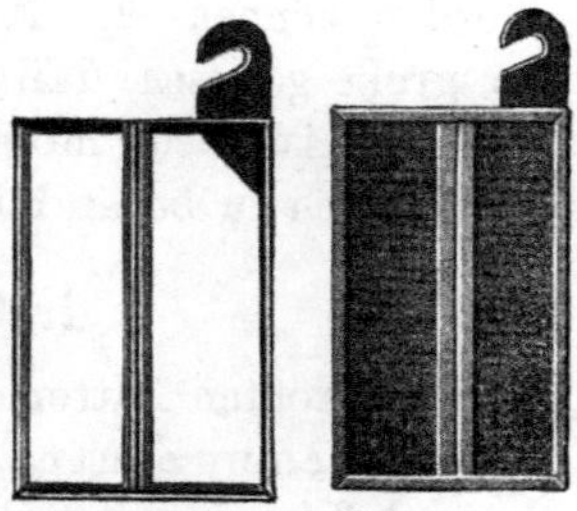

Abb. 87. Rahmen und fertige Minuselektrode (Friemann & Wolf).

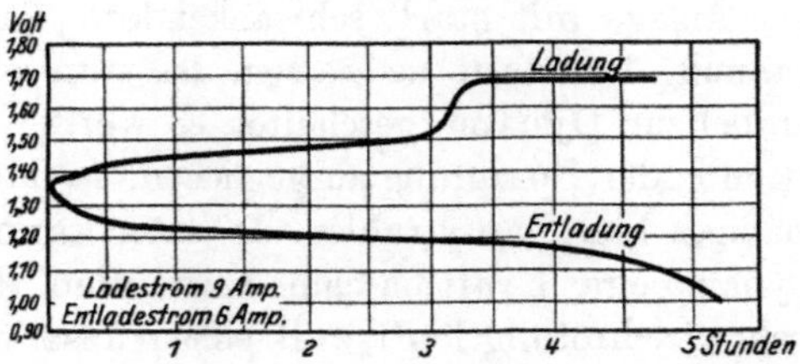


Abb. 88. Lade- und Entladekurve eines Cadmiumsammlers.

wurde. Endlich sei erwähnt, daß der Cadmiumsammler durch tiefe Temperatur weniger beeinflußt wird als der Eisensammler

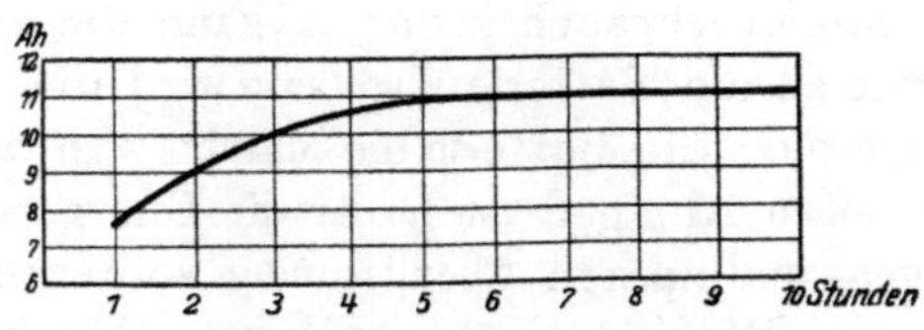


Abb. 89. Abhängigkeit der Kapazität von der Entladestromstärke.

# X. Die Verwendung der Akkumulatoren.

Die Verwendung der Akkumulatoren war schon vor dem Kriege eine vielseitige. In den letzten 10 Jahren aber ist infolge der weiten Verbreitung, die der Rundfunk gefunden hat, und dank der Erfindung neuer ökonomisch arbeitender Gleichrichter, die für alle möglichen Spannungen und Stromstärken hergestellt werden können, die Nachfrage nach Sammlern zeitweise eine so große gewesen, daß die Fabriken sie kaum befriedigen konnten. Es ist nicht möglich, in diesem Buch alle Verwendungen ausführlich zu behandeln.

## 1. Ortsfeste Sammler.

Die größten Batterien, die gebaut worden sind, findet man in elektrischen Zentralen. Wir wollen uns auf den Fall beschränken, daß in einer Zweileiteranlage eine Batterie parallel zur Dynamo geschaltet ist. Der Nutzen, den die Batterie gewährt, ist ein sehr mannigfaltiger: Eine Lampe brennt nur dann ruhig, wenn die Spannung zwischen den Zuleitungsdrähten auf gleicher Höhe bleibt. Bei reinem Maschinenbetrieb ist es aber kaum möglich, in einer Anlage mit stark schwankendem Stromverbrauch die Netzspannung konstant zu halten. Ist nun eine Sammlerbatterie parallel zur Dynamo geschaltet, so werden durch sie die Schwankungen in der Spannung ausgeglichen, so daß die Lampen ein gleichmäßiges Licht ausstrahlen. Ja, man kann für den Antrieb der Dynamo eine Kraftmaschine verwenden, die an und für sich nicht sehr gleichmäßig läuft, z. B. eine Wasserkraftmaschine. Sodann ermöglicht die Batterie eine wirtschaftliche Ausnutzung der Maschinen. Bekanntlich nämlich arbeiten sowohl die Kesselanlagen, Dampfmaschinen, Gasmotoren usw. als auch die Dynamos mit dem günstigsten Wirkungsgrad, wenn sie vollbelastet sind. Ist nun der Stromverbrauch gering, so kann die elektrische Maschine Energie an die Batterie abgeben; wird die Netzbelastung groß, so unterstützt die Batterie die Maschine in der Stromlieferung. In manchen Anlagen ist ferner die Energieabgabe in den frühen Morgen- und späten Abendstunden so gering, daß es sich nicht lohnt, eine Maschine laufen zu lassen. Man kann dann der Batterie die ganze Stromlieferung übertragen. Dadurch wird nicht nur eine wesentliche Ersparnis an Betriebsstoffen, vor allem an Brennmaterial, erzielt, sondern es werden auch die Kosten für die Bedienung wesentlich verringert. In manchen Anlagen können die Akkumulatoren im Sommer die Speisung der Lampen und Motoren ganz übernehmen. Die Maschinen brauchen dann nur in Betrieb gesetzt zu werden, wenn die Batterie geladen werden muß.

Auf die sog. Spitzendeckung[1] durch Akkumulatoren soll noch etwas näher eingegangen werden. Die Verkürzung der Arbeitszeit und andere soziale Änderungen haben es mit sich gebracht, daß sich der Stromverbrauch häufig auf kurze Zeiträume zusammendrängt. Für große und größere Städte kommt hinzu, daß die Schaufenster- und Reklamebeleuchtung einen ungeheuren Umfang angenommen hat. Sie fällt meist in die Zeit, in der das Elektrizitätswerk schon an und für sich stark in Anspruch genommen wird. Unsere Abb. 90 gibt ein Diagramm wieder, das die Belastungsschwankungen für einen bestimmten Tag zeigt. Kurz vor 18 Uhr hat die Belastung die größte Höhe von 3600 kW. Wären keine Akkumulatoren vorhanden, so müßten die maschinellen Anlagen für dieses Maximum bemessen sein. Während der Nacht und morgens ist die Belastung gering. Die

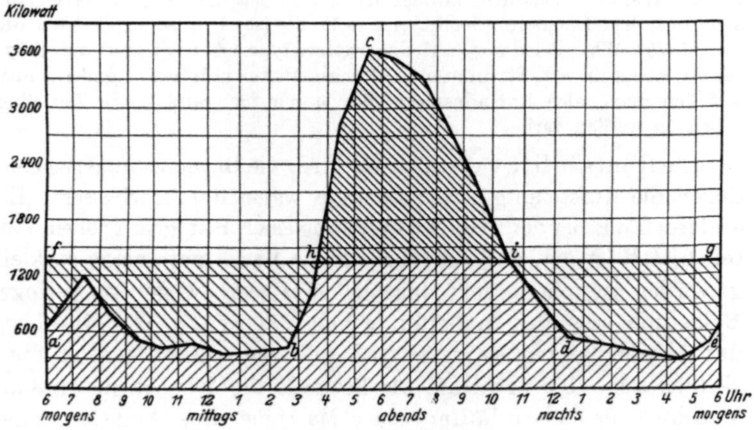


Abb. 90. Spitzendeckung.

Kesselanlage und die Maschinen würden also mit sehr geringem Wirkungsgrad arbeiten. Die zwischen der Kurve und der Abszissenachse liegende Fläche ist ein Maß für die gesamte Tagesleistung des Werkes. Wir verwandeln sie in ein Rechteck, dessen Grundlinie die Abszisse ist. Die Höhe des Vierecks ist 1350. Ist also eine maschinelle Einrichtung für 1350 kW vorhanden und ist diese den ganzen Tag über voll belastet, so könnte sie zwar so viel Energie liefern, wie vom Elektrizitätswerk verlangt wird, sie würde aber die durch den dunkel schraffierten Berg gegebene Leistung nicht decken können, und anderseits würde sie von 6 Uhr bis etwa 16 Uhr und von $22^1/_2$ Uhr bis 6 Uhr mehr Energie liefern oder liefern können, als verbraucht wird. Offenbar ist der Berg oder das Dreieck $hci$ flächengleich den beiden Teilen des Rechtecks, die oberhalb $abh$ und $ida$ liegen. Die beiden letztern Stücke stellen den Überschuß dar. Ist nun eine Batterie,

[1] Berdelle, A.: Spitzendeckung u. Belastungsausgleich. ETZ 1927, S. 426.

von genügend großer Kapazität vorhanden, so kann diese in den Stunden schwachen Stromverbrauchs den Überschuß aufnehmen und in den Zeiten hohen Verbrauchs die in ihr aufgespeicherte Energie abgeben. Wir haben bis jetzt stillschweigend angenommen, daß der Nutzeffekt der Batterie 100% betrage, in Wirklichkeit ist er aber nur etwa 75%. Die Maschine muß also mehr als 1350 kW leisten. Wir nennen die gesamte vom Elektrizitätswerk abzugebende Leistung $A$ und die von der Batterie abzugebende $a$. Der Energieverlust in der Batterie ist $\frac{a}{3}$, weil auf 75 abgegebene Wattstunden ein Verlust von 25 Wh kommt. Also muß die Maschine im ganzen $A + \frac{a}{3}$ leisten. Dividieren wir durch 24, so erhalten wir die Leistung, die für die Wahl der Maschinenanlage maßgebend ist. Die Zahlenwerte lassen sich aus dem Diagramm leicht ermitteln. Es ist $A = 24 \cdot 1350$ kWh und $a = 7875$ kWh. Bei der Wahl der Batterietype ist nicht nur auf die gesamte abzugebende Strommenge Rücksicht zu nehmen, sondern auch auf den maximalen Entladestrom, der ja nur für ganz kurze Zeit überschritten werden darf.

Die Rentabilität des Werkes wird, wie Berechnungen zeigen[1], durch die Aufstellung einer Batterie wesentlich verbessert. Ein anderer Fall, bei dem die Verwendung einer Batterie großen Vorteil bietet, ist der, daß die vorhandene Maschinenanlage zu klein geworden ist, ein neuer Maschinensatz aber wegen zu geringer Belastung ungünstig arbeiten würde. Die stete Bereitschaft der Akkumulatoren kann endlich in vielen Fällen von größtem Nutzen sein. Ich erwähne als Beispiele die Reparatur an einer Maschine, das Warmlaufen einer Maschine, das Abgleiten eines Riemens. Durch die Batterie wird also die Betriebssicherheit stark erhöht, sie bildet die letzte, aber durchaus zuverlässige Reserve. Auf die Vorteile, die die Verwendung einer Batterie in besonderen Fällen bietet, z. B. in einer Fabrik, soll nicht näher eingegangen werden.

Der Umstand, daß die Spannung eines Sammlers während der Entladung sinkt und während der Ladung steigt, bedingt die Verwendung eines besonderen Apparates, des Zellenschalters. Wir berücksichtigen zunächst nur die Entladung und sehen von dem Umstand ab, daß sich die Klemmenspannung eines Sammlers auch mit der Entladestromstärke ändert. Die Betriebsspannung sei 220 V; die anfängliche Klemmenspannung eines Elementes

[1] Die Kostenfrage ist ausführlich erörtert in einem Aufsatze von Dr. Gosebruch. ETZ 1927. Heft 26.

nehmen wir zu 1,95 V an. Es wären also 113 Zellen erforderlich[1]. Ist die Klemmenspannung je Bleisammlerzelle auf 1,92 V zurückgegangen, so fehlen an 220 V nahezu 4 V. Es müssen also von den in der Reserve befindlichen Elementen zwei zur Stromlieferung herangezogen werden. Berücksichtigen wir noch, daß nur bis zu 1,83 V entladen werden darf, so finden wir, daß 120 Zellen vorhanden sein müssen. Da die sog. Schaltzellen nicht so stark beansprucht werden wie die Stammzellen, so müssen sie bei der Ladung nach und nach abgeschaltet werden. Der Zellenschalter ermöglicht es nun, die Zahl der Zellen in einfacher Weise zu ändern. Seine Einrichtung soll an Hand des Schemas in Abb. 91 erläutert werden. Die 6 letzten Zellen der Batterie, die mit *I* bis *VI* bezeichnet sind, sind durch Drähte mit den Kontaktstücken $c_1$ bis $c_6$ des Zellenschalters verbunden. Diese und ebenso der drehbare Schleifkontakt (Schalthebel) *H* sind auf einer gut isolierenden Unterlage (Schieferplatte) befestigt. Die Nutzleitung ist mit dem positiven Pole der ersten Zelle und mit dem Hebel verbunden. Befindet sich *H* in Stellung *1*, so fließt der Strom durch die Fernleitung, die Lampen *L*, nach *H*, über $c_2$ zum negativen Pole der Schaltzelle *II*. Die mit *III* bis *VI* bezeichneten Elemente sind also an der Stromlieferung nicht beteiligt. Dreht man *H* in die Lage *2*, so sind alle Zellen eingeschaltet.

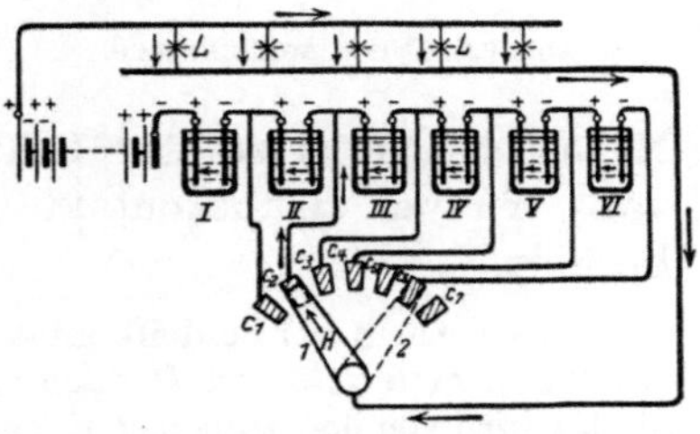

Abb. 91. Wesen des Zellenschalters.

Soll der Strom während des Schaltvorganges nicht unterbrochen werden, so muß *H* den folgenden Kontakt berühren, bevor er den vorhergehenden verläßt. Liegt nun *H* beispielsweise zugleich auf $c_2$ und $c_3$, so ist die Zelle *III* kurzgeschlossen; denn ihr positiver Pol ist durch die nach $c_2$ und $c_3$ gehenden Verbindungsdrähte, durch den Schleifkontakt und die beiden erwähnten Kontaktstücke mit ihrem negativen Pole verbunden. Durch den Kurz-

[1] Die Werte für die Klemmenspannung, die hier benutzt werden, sind nicht als allgemein gültige anzusehen. Die anfängliche Zellenspannung kann gleich nach der Ladung höher liegen.

schluß kann die Zelle Schaden leiden, außerdem wird durch den starken Funken, der beim weiteren Drehen entsteht, eine Brandstelle erzeugt. Um dies zu verhindern, kann man zwischen die Kontaktstücke $c_1$, $c_2$ usw. kleinere Kontaktstücke *a*, *b*, *c* usw., die sog. Zwischenkontakte, legen und, wie es aus der Abb. 92 zu ersehen ist, die Zwischen- und Hauptkontakte durch Widerstände *w* verbinden.

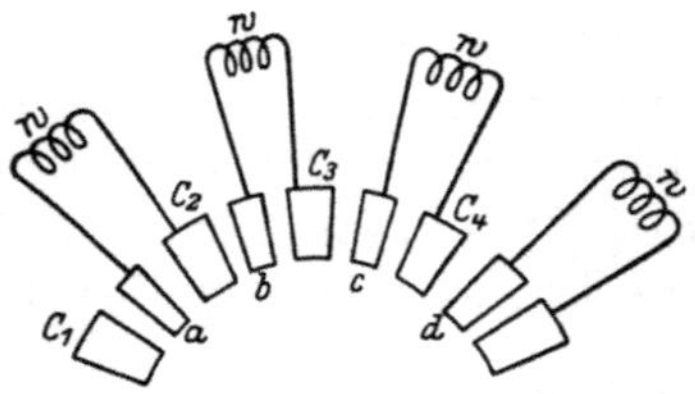

Abb. 92. Zwischenwiderstände.

Natürlich darf jetzt der Schleifkontakt nicht so breit sein, daß er zwei Hauptkontakte, z. B. $c_1$ und $c_2$, gleichzeitig berührt.

Angenommen, der Schleifkontakt liege auf $c_1$ und *a*; dann geht von *II* ein Strom nach $c_1$, durch *H* nach *a*, dann durch den Zwischenwiderstand nach $c_2$ und von dort zum negativen Pol der Zelle *II*. Dieser Apparatstrom hört auf zu fließen, sobald *H* den Hauptkontakt $c_1$ verläßt. In diesem Augenblick bildet sich der Öffnungsfunke. Würde *H* die beiden Kontaktstücke $c_1$ und $c_2$ gleichzeitig berühren, so würde *w* keinen Zweck haben.

Bei der durch Abb. 92 angedeuteten Anordnung muß für jede Schaltzelle ein besonderer Zwischenwiderstand vorgesehen werden. Man kommt aber mit einem solchen aus, wenn man den Schleifkontakt *H* der Länge nach halbiert und die gegeneinander isolierten Hälften durch eine Drahtspirale miteinander verbindet. Die Zwischenkontakte *a*, *b*, *c* usw. können bei dieser jetzt meistens benutzten Anordnung in Wegfall kommen. Um aber eine ganz ebene Schleiffläche für die Kontaktbürste zu erzielen, legt man zwischen die Kontaktstücke Scheiben aus Glas oder Schiefer. Einen solchen Einfachzellenschalter zeigt die Abb. 93.

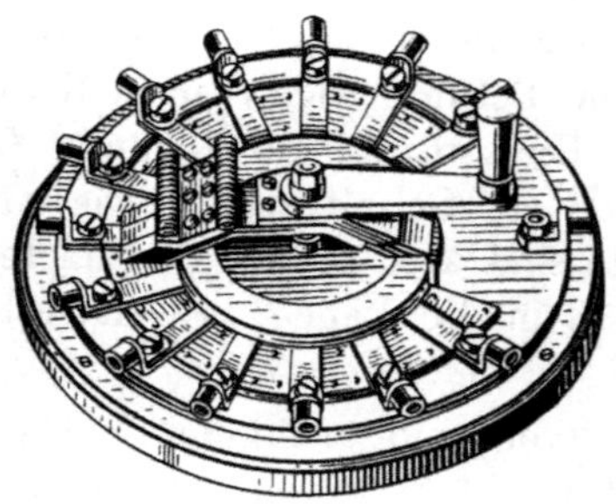
Abb. 93. Einfachzellenschalter.

Geschieht der Vorschub des Schleifkontakts mit großer Schnelligkeit (sprunghaft), so braucht man auf die Verminderung des Kurzschlußstromes dann nicht weiter Bedacht zu nehmen, wenn nur eine Zelle zwischen zwei aufeinander folgenden Kontaktstücken liegt. Der Widerstand der Zellenschalterleitungen und die Übergangswiderstände drücken den Kurzschlußstrom weit genug herab. Auf die verschiedenen Zellenschalterkonstruktionen (runde und geradlinige, Handbetrieb und motorischer Antrieb) kann hier nicht eingegangen werden.

Betrieb mit Einfachzellenschalter. Das Schaltungsschema wird durch Abb. 94 wiedergegeben. Die Anordnung ist aber dort nicht am Platze, wo die Stromabgabe ohne Pausen erfolgen soll. Die Batterie ist mit der Gleichstrommaschine *D* parallel geschaltet. Der Maschinenstrom fließt ganz durch die zwischen *d* und *h* liegenden Schaltzellen; dann geht ein Teil des Stromes durch die Lampen *L* zur Maschine zurück, der Rest fließt durch die links von *h* liegenden Zellen. Während der Ladung hat *D* eine höhere Spannung als die normale, die wir zu 110 V annehmen wollen. Dem Schleifkontakt *h* muß eine solche Lage gegeben werden, daß die Ladespannung der links von ihm liegenden Elemente 110 V beträgt, damit den Lampen die richtige Spannung zugeführt wird. Die letzten Schaltzellen werden zu stark geladen, da durch sie der ganze Strom fließt und sie außerdem bei der vorhergegangenen Entladung nicht so stark wie die übrigen Elemente beansprucht worden waren. Dieses häufige „Überladen" ist den Zellen schädlich und bedeutet außerdem eine Energievergeudung. Will man diese Übelstände vermeiden, so muß man die Batterie für die Zeit der Ladung vom Netz trennen, so daß dieses stromlos ist. Welche Änderungen in der Schaltung dann vorzunehmen sind, wird der Leser leicht selbst finden. Bei Verwendung einer Zusatzmaschine kann die Stromlieferung ins Netz auch während der Ladung erfolgen.

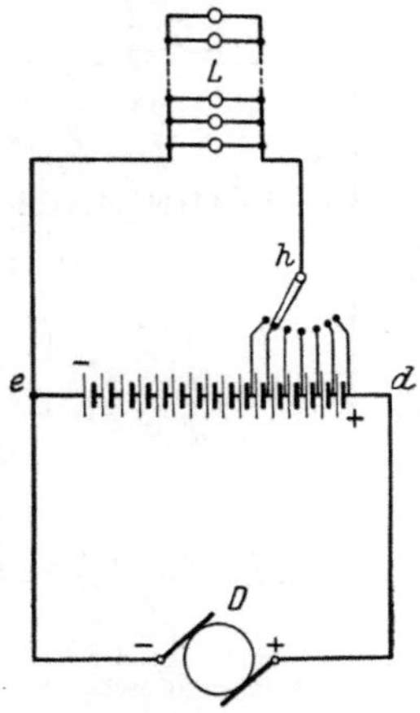


Abb. 94. Betrieb mit Einfachzellenschalter.

Betrieb mit Doppelzellenschalter. Dieser ist der gebräuchlichste, weil er allen Anforderungen entspricht. Wir legen den Betrachtungen die Abb. 95 zugrunde. Die in dieser getrennt gezeichneten beiden Zellenschalter werden in Wirklichkeit zu einem Gerät verbunden, dem Doppelzellenschalter. Die Spannung in der Zentrale sei 220 V.

a) Die Batterie und die Dynamo geben gleichzeitig Strom ab (Parallelbetrieb). Der Hebel $v$ des Umschalters liegt auf dem Kontakt *2*; der Entladehebel $c_1$ wird so lange gedreht, bis die Spannung der zwischen $B$ und $c_1$ liegenden Zellen gleich ist der Klemmenspannung der Maschine. Diese wird gemessen, indem man den Hebel des Voltmeterumschalters auf den mit *3* bezeichneten oder auf den zur Leitung *4* bzw. *5* gehörigen Kontakt legt. Ob die Batterie Strom abgibt oder aufnimmt, erkennt man an dem Stromrichtungsanzeiger. Er besteht aus einer durch den Strom beeinflußten Magnetnadel, die sich um eine vertikale Achse drehen kann.

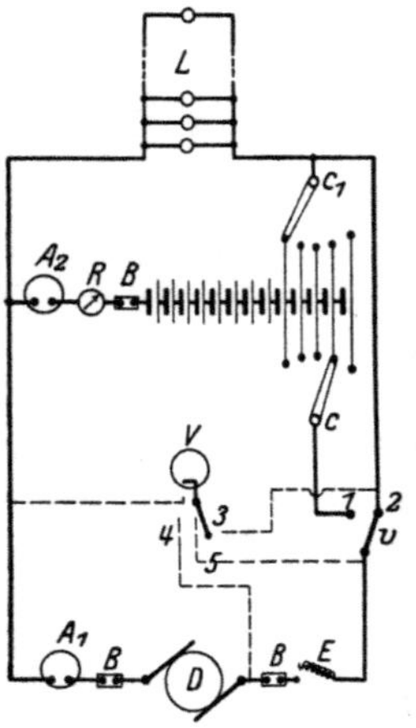

Abb. 95. Betrieb mit Doppelzellenschalter.
D = Dynamo, E = automat. Schwachstromschalter, B = Bleisicherung, $A_1$ u. $A_2$ = Amperemeter, V = Voltmeter, R = Stromrichtungszeiger, L = Lampen.

b) Ladung. $v$ liegt auf *1*; die Meßleitung *5* steht also jetzt mit dem Ladehebel $c$ in Verbindung. Ehe die Maschine auf die Batterie geschaltet wird, muß sie bis zu einer Spannung erregt werden, die etwas höher ist als diejenige der Batterie. Die Maschinenspannung bei geöffnetem Stromkreise (der Schwachstromautomat $E$ ist noch nicht eingeschaltet) wird gemessen, indem man den Hebel des Voltmeterumschalters auf den Kontakt der Leitung *4* legt; um die Batteriespannung zu erhalten, dreht man $c$ auf das Kontaktstück der letzten Zelle und verbindet das Voltmeter mit der Leitung *5*. Der Maschinenstrom teilt sich bei $c_1$, indem ein Teil durch den Entladehebel nach den Lampen $L$, der Rest durch die links von $c_1$ liegenden Zellen geht. Natürlich muß $c_1$ so gedreht werden, daß die Spannung der zuletzt erwähnten Elemente die Betriebsspannung (220 V) ergibt. Durch $E$ wird verhütet, daß sich die Batterie in die Dynamo entlädt, indem er selbsttätig ausschaltet, sobald der Maschinenstrom unter einen gewissen Betrag gesunken ist.

Wie groß die Anzahl der Zellen ist, die abschaltbar sein müssen, soll für unsern Fall gezeigt werden. Netzspannung 220 V, Grenzspannung für die Entladung 1,83 V je Zelle. Es sind also 120 Zellen erforderlich, wenn wieder von dem Spannungsverlust in der Fernleitung abgesehen wird. Ist nun die Endspannung bei der Ladung je Zelle 2,75 V, so dürfen gegen Ende der Ladung nur 80 Zellen zwischen $c_1$ und $B$ liegen. Daher müsse 40 Zellen abschaltbar sein. Es ergibt sich also die Regel: Bei Doppelzellenschalterbetrieb muß $^1/_3$ der Batteriezellen mit dem Zellenschalter in Verbindung stehen.

Um an Leitungsmaterial und Montagekosten zu sparen, damit ferner der Zellenschalter nicht zu groß werden muß, werden nicht die Zellen einzeln mit dem Zellenschalter verbunden, sondern man bildet Gruppen, bei 220 V in der Regel solche zu 4 Zellen (leitungsparende Anordnung). Dies hat nun den Nachteil, daß der Spannungssprung in Höhe von rund 8 V sich bei den Lampen unangenehm bemerkbar macht, das Licht zuckt stark beim Zu- oder Abschalten. Diesen Übelstand kann man dadurch mildern, daß man den Schaltvorgang in zwei Stufen zerlegt: Zwei Zellen der Batterie dienen als Hilfszellen. Die erste Phase beim Hinzuschalten besteht darin, daß die Hilfszellen zur Spannungserhöhung herangezogen werden. Bei der zweiten Stufe werden die Hilfszellen ausgeschaltet, gleich darauf wird die nächste Vierergruppe hinzugeschaltet. Der Spannungssprung wird also in zwei schnell aufeinander folgende Sprünge von je 4 V zerlegt.

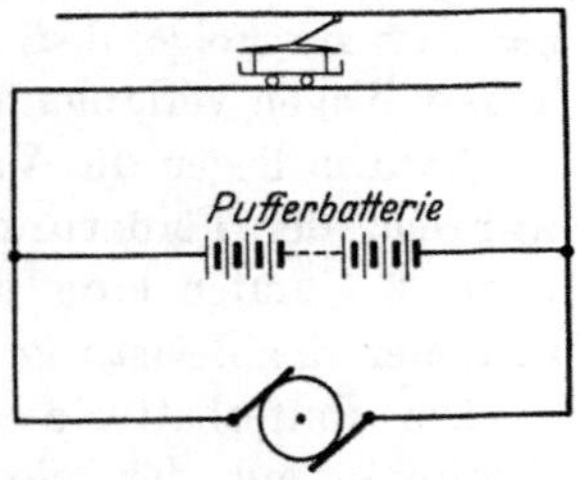

Abb. 96. Pufferbatterie bei Straßenbahnbetrieb.

Pufferbatterien[1]. Batterien, die den Zweck haben, die Stöße, die durch starke und schnell wechselnde Belastungsschwankungen auf die Maschinen ausgeübt werden, von den letztern fernzuhalten und die Netzspannung auf gleicher Höhe zu halten, nennt man Pufferbatterien (Abb. 96). Ihre Verwendung gewährt also den Vorteil, daß die Belastung der Dynamo eine gleich-

[1] Da die Straßenbahnnetze in den letzten Jahren an Ausdehnung wesentlich zugenommen haben und die Zahl der gleichzeitig fahrenden Wagen stark gestiegen ist, so ist die Belastung vielfach eine ziemlich gleichmäßige. Daher geht die Verwendung von Pufferbatterien zurück. Hierzu hat auch die Vervollkommnung der Großgleichrichter beigetragen, die große Belastungsschwankungen vertragen können.

mäßigere und daher ihr Wirkungsgrad günstiger ist; ferner wird die Betriebssicherheit erhöht. Von Wichtigkeit ist auch, daß, wenn eine Pufferbatterie projektiert wird, die Maschinenanlage nicht dem nur für kurze Zeit abzugebenden maximalen Strome, sondern nur dem mittleren Bedarf zu entsprechen braucht. Besonders bei elektrischen Gleichstrom-Bahnanlagen haben solche Batterien ausgedehnte Verwendung gefunden. Hier — zumal bei kleiner Anzahl der Wagen — können größere Belastungsänderungen durch das Halten und Anfahren der Wagen und durch starke Steigungen verursacht werden. Sinkt die Betriebsspannung, so hat dies zur Folge, daß die Fahrt der schon in Bewegung befindlichen Wagen verlangsamt wird.

Ähnlich liegen die Verhältnisse in Bergwerken. Hier treten während der Förderung starke Beanspruchungen auf, die nur 1 bis 2 Minuten lang dauern; sie sind durch Pausen getrennt, in denen die Belastung normal ist.

Die Pufferbatterie soll, wenn die Klemmenspannung der Dynamo, mit der sie parallel geschaltet ist, bei stärkerer Zunahme der Netzstromstärke $J$ abzufallen beginnt (Ankerrückwirkung) Strom in die Leitung schicken und Strom aufnehmen, wenn $J$ unter den durchschnittlichen Betrag sinkt. In den meisten Fällen dient aber die Batterie nicht nur zum Ausgleich, sondern sie soll auch bei geringer Belastung die Stromlieferung allein übernehmen, z. B. für die ersten und letzten Wagen einer Straßenbahn. Soll sie zeitweise, z. B. bei Eintritt einer Maschinenstörung, den normalen Strom allein abgeben, so bezeichnet man sie als Kapazitätsbatterie. Sie muß dann aus größeren Elementen bestehen, als wenn sie nur als Puffer dient.

Das Verhalten einer Pufferbatterie während des Betriebes erfordert ein eingehendes Studium, da eine ganze Reihe von Umständen zu berücksichtigen ist; hier können nur einige Andeutungen Platz finden. Daß die Dynamo mit völlig konstantem Strome arbeitet, ist ganz ausgeschlossen. Wäre das nämlich der Fall, so wäre ihre Klemmenspannung ebenfalls konstant, und dann könnte die Batterie weder Strom aufnehmen noch Strom abgeben. Die Spannung der Dynamo muß sich also mit der Belastung ändern. Wenn z. B. der Verbrauchsstrom wächst, so muß zunächst die Klemmenspannung der Dynamo abfallen, diese aber sinkt erst dann, wenn die Maschine einen stärkeren Strom abgibt[1].

Die Fähigkeit einer Batterie zu puffern ist abhängig von ihrem Spannungsabfall bei Stromabgabe und dem Spannungsanstieg bei Stromzufuhr, und zwar nicht nur von dem durch den innern Widerstand bedingten, sondern vor allem von dem durch die Änderung der EMK verursachten. Dieser letztere Teil hängt von der Stromdichte und der Geschwindigkeit ab, mit der sich die Konzentration der Säure in den Poren der wirksamen Masse ändert, also von der Plattenkonstruktion und von der Porosität der aktiven Masse. Auch die Dauer der Entladung und der Ladezustand der Zellen spielen eine Rolle. Eine Zelle, die fast bis zur Gasentwicklung geladen ist, verhält sich, wenn man sofort zur Entladung übergeht, anders wie eine Zelle, die nahezu erschöpft ist[2]. Bei größerer Stromaufnahme steigt die Klemmenspannung eines Akkumulators schnell, mag das Element fast entladen oder nahezu voll geladen sein. Nach einer Erfahrungsregel puffert die Batterie am günstigsten, wenn sie 90% ihrer Kapazität enthält.

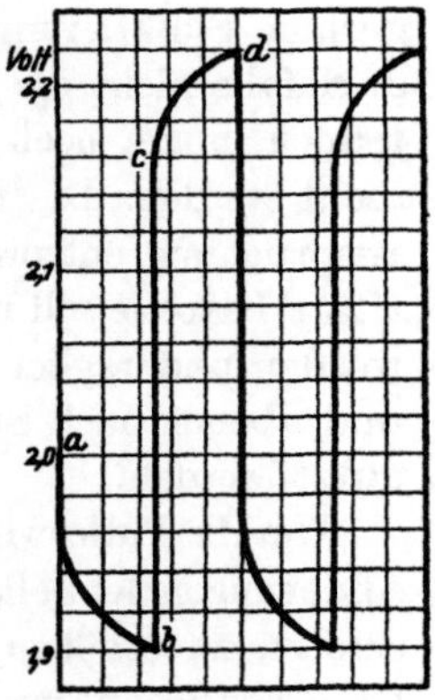

Abb. 97. Pufferkurve.

Abb. 97 zeigt, wie sich die Klemmenspannung einer Pufferbatterie ändert, wenn sie abwechselnd Strom abgibt und aufnimmt. Das Stück *a b* entspricht einer kurze Zeit ($^1/_2$ Minute) dauernden Entladung. Bei Beginn der Stromaufnahme springt die Klemmenspannung jeder Zelle sofort um das Stück *b c*, das gleich ist $2 \cdot J \cdot w_i$; das sich anschließende Stück *c d* entspricht dem Wachsen der EMK, das durch die Zunahme der Säuredichte verursacht wird. Die einzelnen Teile der (übrigens schematischen) Pufferkurve sind um so kleiner, je geringer die Stromdichte ist. Ideal wäre die Pufferwirkung, wenn die Stromdichte unendlich

[1] Mit der Frage, in welchem Umfange die Dynamo an den Belastungsschwankungen beteiligt ist, hat sich Brandt beschäftigt. Siehe ETZ 1899, S. 730.

[2] Nach Brandt (l. c.) ist die Pufferwirkung am günstigsten, wenn die Zellenspannung 2,07 V beträgt. Die Zahl der erforderlichen Zellen erhält man also, indem man die normale Betriebsspannung durch 2,07 dividiert.

klein wäre oder wenn in jeder Zelle die Platten eine unendlich große Oberfläche hätten. Dann würde nämlich der innere Widerstand null sein und die Säuredichte konstant bleiben; die Pufferkurve wäre eine horizontale Gerade.

Soll die Batterie dauernd ihre Kapazität behalten (abgesehen von dem natürlichen Rückgang), so muß sie in jeder Woche (nach den Vorschriften der Afa) zweimal mindestens mit ihrer halben Kapazität beansprucht werden, ferner muß sie täglich bis zu 2,75 V je Zelle geladen werden. Geschieht dies nicht, so erfolgt geringe Sulfatierung, die Batterie wird dann in irgendeinem Bedarfsfalle nicht die volle Kapazität abzugeben in der Lage sein, jedoch immer noch allen andern praktischen Anforderungen gerecht werden. Die Entladung darf mit der der einstündigen Beanspruchung entsprechenden Stromstärke geschehen. Die Kapazitäts-Batterie soll möglichst oft zur Arbeitsleistung herangezogen werden und täglich morgens vor Beginn des Maschinenbetriebes und abends nach Stillsetzen der Maschinen zur Stromabgabe benutzt werden.

Um die Pufferwirkung, die an und für sich wegen der schnellen Änderungen der Zellenspannung nicht in ganz befriedigender Weise erfolgt, zu erhöhen, hat man besondere Schaltungen ersonnen. Eine häufig angewandte Anordnung besteht in der Verwendung der Piranischen Pufferzusatzmaschine[1]. Diese wird durch einen Elektromotor angetrieben und hat 2 Magnetwicklungen. Die eine, die einen großen Widerstand hat, ist mit den Polen der Batterie verbunden (Nebenwicklung), die zweite, von geringem Widerstand, ist einem vom Netzstrome durchflossenen Widerstand parallel geschaltet. Die beiden Erregerströme wirken im entgegengesetzten Sinne magnetisierend. Der normale Netzstrom sei $J$ und der augenblickliche $J_1$. Ist $J_1 = J$, so heben sich die beiden Erregerströme auf, die Zusatzmaschine entwickelt keine Spannung; die Batterie gibt weder Strom ab, noch nimmt sie Strom auf. Ist $J_1 > J$, so hat die Maschine eine Spannung, die sich zu derjenigen der Batterie addiert, so daß diese letztere Strom abgibt und den Mehrbedarf deckt. Ist endlich $J_1 < J$, so kehrt sich die Polarität der Magnete um, und es entsteht in der

[1] Bei der Entladung liefert sie die Spannung, die der Batterie fehlt; bei der Ladung fügt sie das hinzu, was der Dynamo an Ladespannung fehlt.

Maschine eine Spannung im Sinne der Ladung des Akkumulators, die sich zu derjenigen der Hauptmaschine addiert.

Die Pirani-Maschine würde den weitgehendsten Anforderungen genügen, wenn die Klemmenspannung der Batterie, von deren Größe ja der durch die Nebenwicklung der Maschine fließende Strom abhängig ist, stets proportional dem an das Netz abzugebenden Strome wäre und bei konstantem Strome auf gleicher Höhe bliebe. Dies ist aber nicht der Fall. Zwar genügt die Pirani-Anordnung für Straßenbahnbetrieb vollauf. Wenn aber an die Gleichmäßigkeit der Spannung hohe Anforderungen gestellt werden (Kraft- und gleichzeitiger Lichtbetrieb), so muß man zu einer genaueren Pufferregulierung seine Zuflucht nehmen. Eine solche ist in der Verwendung der Lancashire-Zusatzmaschine gegeben, von deren Beschreibung wegen Raummangels aber Abstand genommen werden muß[1].

Auch in Wechselstromanlagen werden Sammlerbatterien zuweilen zum Puffern verwendet. Hier kann nur das Prinzip kurz erläutert werden[2]. Als Zwischenglied zwischen Netz (z. B. Drehstromnetz) und Batterie, das erforderlich ist, weil die Hauptmaschine Wechselstrom, die Batterie aber Gleichstrom abgibt, dient ein Motorgenerator oder Einanker-Umformer. Die Gleichstromseite ist mit der Batterie parallel geschaltet. Sinkt die Umdrehungszahl der Hauptmaschine infolge zunehmender Belastung, so sinkt auch diejenige des Motors $M$, die Gleichstrommaschine $G$ hat niedrige Spannung, und die Batterie gibt Strom an $G$ ab. Infolgedessen wirkt $G$ als Motor und $M$ als Dynamo, d. h. $M$ liefert Drehstrom an das Netz. Umgekehrt nimmt die Pufferbatterie Strom auf, wenn die Umdrehungszahl der Hauptmaschine und damit auch diejenige des Motorgenerators über die normale hinaus steigt. Die Batterie ist also mit dem Schwungrad einer Kraftmaschine vergleichbar. Die Anordnung ist besonders am Platze, wenn der Kraftbedarf sehr stark schwankt, wie es z. B. bei Fördermaschinen der Fall ist. Kurz erwähnt sei, daß die

---

[1] Näheres über diesen Gegenstand findet man in den Druckschriften der Afa und ETZ 1911, S. 1288.

[2] Näheres siehe L. Schroeder: Wechselstrom-Pufferung, Druckschrift der Afa, und ETZ 1915, S. 61 u. 75. Ferner E. Dähne: Wechselstrom-Bahnanlagen mit Pufferbetrieb. ETZ 1928, S. 821.

Verwendung des Gleichrichters eine bedeutende Vereinfachung der Anlage ermöglicht.

Die Pufferbatterie braucht nicht in der Kraftzentrale selbst ihren Platz zu haben, sie kann vielmehr an einem geeigneten Punkte der Strecke als Fernpufferbatterie aufgestellt werden. — Hat eine Batterie eine Spannung von mehr als 750 V, so wird sie nach besonderen Vorschriften aufgebaut, durch die verhindert wird, daß der Wärter mit zwei Punkten gleichzeitig in Berührung kommt, zwischen denen eine hohe Spannung herrscht.

Umwandlung der Spannung. In großen elektrischen Anlagen werden zuweilen Sammlerbatterien benutzt, um die hohe Netzspannung in niedrigere Gebrauchsspannung umzuwandeln. Nehmen wir z. B. an, daß man Bahnstrom von 800 V einer an der Bahnstrecke liegenden Gemeinde für die Speisung von Lampen für 110 V usw. zuführen will. Man kann dann an dem betreffenden Orte etwa 300 Zellen, die in Reihe geschaltet sind, durch den Bahnstrom unmittelbar oder durch eine Motordynamo laden, die durch den Bahnstrom angetrieben wird. Bei der Entladung bildet man aus der großen Batterie Gruppen, die parallel geschaltet werden.

Verwendung des Sammlers in Wechselstromanlagen[1]. Von den verschiedenen hier in Betracht kommenden Fällen seien nur die wichtigsten kurz erörtert. In den meisten großen Städten wird in dem Kraftwerk Wechselstrom hoher Spannung erzeugt, der durch die Hochspannungskabel verteilt und in Transformatoren in Strom von Verbrauchsspannung (220 V) umgewandelt wird. Die Maschinen und Hochspannungsleitungen müssen in diesem Falle für die Höchstbelastung bemessen sein. Um dies zu vermeiden, wird in vielen Wechselstromanlagen Gleichstrom verteilt: Der Wechselstrom wird nach Unterstationen geleitet, wo er durch Umformer oder durch Gleichrichter in Gleichstrom umgewandelt wird, der den Konsumenten zugeführt wird. Ist der Stromverbrauch gering, so wird eine Sammlerbatterie geladen, die den Umformer zur Zeit der Höchstbelastung unterstützt und während der Nacht die Stromlieferung ganz übernimmt. Neben

[1] Darunter sind Anlagen zu verstehen, in denen Einphasen- oder Zweiphasen- oder Drehstrom erzeugt wird. Man findet über den vorliegenden Gegenstand nähere Auskunft in ETZ 1911, S. 38 und in einem während der Drucklegung erschienenen Aufsatz in ETZ 1929, S. 609.

diesem System, bei dem den Verbrauchern nur Gleichstrom geliefert wird, findet ein anderes Anwendung, bei dem beide Stromarten zur Verteilung gelangen. Es werden entweder vom Elektrizitätswerk oder von einzelnen Abnehmern an Stellen starken Stromverbrauchs, z. B. in großen Kaufhäusern oder Hotels, denen sich häufig in demselben Häuserblock gelegene Geschäfte anschließen, Umformer oder Gleichrichter mit Sammlerbatterien aufgestellt (Blockstationen, Anschlußbatterien)[1]. Die Elektrizitätswerke haben ein Interesse, den Großabnehmern, die Blockstationen einrichten wollen, entgegenzukommen. Die Batterie ist so zu bemessen, daß mindestens der gesamte Strombedarf während der eigentlichen Sperrzeit von ihr gedeckt wird. Der Abnehmer hat noch den Vorteil, daß er eine Reserve besitzt für die Zeiten, wo das Elektrizitätswerk aus irgendeinem Grunde keinen Strom liefern kann. Die Einführung des Doppeltarifs begünstigte die Verbreitung von Anschlußbatterien. Im Jahre 1914 arbeiteten in Berlin 54 Anschlußbatterien mit einer Leistung von 14500 kWh bei 3stündiger Entladung; inzwischen ist die Anzahl dieser Batterien sehr stark gestiegen.

Eine besondere Anwendung dieses Systems bildet der Fall, daß eine der Beleuchtung dienende Wechselstromanlage für die Straßenbahnen Strom abgeben muß (s. Pufferbatterie). Die Batterie kann außer zum Puffern dazu dienen, zur Zeit der Höchstbelastung die Straßenbahn allein mit Strom zu versorgen.

Eine interessante Verwendung der Ersatzbatterie ist in dem zu dem Bostoner Kraftwerk gehörigen Unterwerk Newton ausgearbeitet worden[2]. Das Hauptwerk liefert Drehstrom von 13000 V, der in dem Unterwerk transformiert und verteilt wird; in letzterem wird außerdem Gleichstrom für Bahnbetrieb erzeugt (Umformer). Die Pufferbatterie dient zugleich als Reservekraftquelle für das Drehstromnetz bei Störungen in der Hochspannungsleitung, in das sie ihre Energie durch die Umformer abgibt.

Die Verwendung des Akkumulators in Wasserkraftanlagen ist besonders vorteilhaft. Die Batterie hält nicht nur die Netzspannung auf gleicher Höhe, sondern sie ermöglicht auch

---

[1] Die Rentabilitätsfrage ist eingehend untersucht in einer von Beckmann und Heisig veröffentlichten Arbeit; ETZ 1914, S. 884. Anschlußbatterien findet man auch in Gleichstromanlagen.

[2] ETZ 1916, S. 445.

eine viel bessere Ausnutzung der lebendigen Kraft des Wassers. In den Stunden schwachen Stromverbrauchs, z. B. nachts, wird in der Batterie die überschüssige Energie aufgespeichert. Die Leistungsfähigkeit des Werkes kann also wesentlich erhöht werden; es können auch Wasserkräfte ausgenutzt werden, die an und für sich nicht genügen, den Bedarf zu decken. Für kleine Anlagen wird die Batterie so groß gewählt, daß sie Sonntags den ganzen Bedarf decken kann, damit die Maschinen nicht zu laufen brauchen. In den nordischen Ländern dienen Riesenbatterien den angedeuteten Zwecken.

Ausnutzung der Windkraft. Die Erhöhung der Kohlenpreise und die Verringerung der Qualität haben es mit sich gebracht, daß man in den letzten Jahren der Ausnutzung der Windkraft[1] mehr Aufmerksamkeit zugewendet hat. Da die Stärke des Windes großen Schwankungen unterliegt, so ist eine derartige Anlage ohne Batterie kaum denkbar.

Dorfzentralen. Auf dem Lande, besonders in gebirgigen Gegenden, gibt es viele kleine Dörfer, die von den Überlandzentralen vernachlässigt werden, weil die hohen Kosten für die Fernleitung sich nicht rentieren. Der Strombedarf in einem Dorfe ist ein sehr schwankender. Im Sommer z. B. ist er tagsüber sehr gering, weil auch die Handwerker, die sich motorischer Kraft bedienen, auf dem Felde arbeiten. In manchen Fällen wird sich der Betrieb so regeln, daß die Dynamo während des Tages einige Stunden läuft, um die Batterie zu laden, und abends gemeinsam mit dem Akkumulator den gesteigerten Bedarf deckt.

Gutszentralen. Große Güter legen sich vielfach selbst kleine Kraftstellen an, z. B. eine Dampfmaschine mit Dynamo. Dies geschieht selbst dann, wenn Anschluß an eine Überlandzentrale möglich ist. Man will sich nämlich von den nicht seltenen Störungen frei machen, die meistens in den viele Kilometer langen Leitungen auftreten. Solche kleinen Zentralen werden heute in einheitlichen Sätzen geliefert. Ihre Zuverlässigkeit verdanken sie hauptsächlich einer kleinen Akkumulatorenbatterie, die in keiner derartigen Anlage fehlen dürfte.

Stationäre Akkumulatoren werden für Kraftzwecke auf Bahnhöfen verwendet zur Betätigung von Weichen und Signalen,

[1] Elektrot. Anzeiger 1919, Nr. 52, 55, 56. Ferner Dr. Liebe: Die Windturbine, Z. d. V. d. I. 1921, Nr. 42 u. 43.

ferner in immer mehr steigendem Maße in Fernsprechämtern für Selbstanschluß (60 V). Häufig sind im letzteren Falle zwei Batterien vorhanden, von denen die eine in Betrieb ist, während die andere geladen wird. Die Verbesserung der Gleichrichter hat die Verwendung derartiger Batterien wesentlich erleichtert, indem die Ladung aus einem Wechselstromnetz in einfachster Weise erfolgen kann. Auch die sog. Zentralbatterien (24 V), durch die vom Vermittlungsamt aus die einzelnen Teilnehmer über die Anschlußleitungen mit Strom versorgt werden, sind hier zu erwähnen. In allen größeren Zentralen endlich werden kleinere Batterien zur Betätigung der Relais benutzt, durch die die Hochspannungsschalter ausgelöst werden.

## 2. Transportable Sammler.

Ihre Verwendung ist eine noch mannigfaltigere als diejenige der ortsfesten Akkumulatoren. Während die letztern fast immer aus positiven Großoberflächenplatten und negativen pastierten Elektroden aufgebaut sind, enthalten die erstern meistens Gitter- oder Masseplatten. Die Zellengefäße bestehen in der Regel aus Hartgummi. An die Stelle des Bleisammlers tritt bisweilen der alkalische.

Die Zahl der Fahrzeuge, deren Energiequelle aus einer geladenen Batterie besteht, hat in den letzten Jahren sehr stark zugenommen. Wir wollen zunächst die Fahrzeuge betrachten, die auf Schienen laufen. Als größtes dieser Art ist der Akkumulatoren-Triebwagen zu erwähnen. Bei dünnem Bahnverkehr lohnt sich die Verlegung einer Oberleitung nicht, die häufig auch aus technischen Gründen nicht ausgeführt werden kann. In solchen Fällen ist der Akkumulatoren-Triebwagen ein willkommener Helfer. Er dient ferner häufig dazu, die Reisenden zu den Hauptknotenpunkten zu befördern. Nach dem Entwurf des Geh. Baurats Wittfeld[1] sind für die preußischen Staatsbahnen Akkumulatoren-Doppelwagen gebaut worden. Ein solcher besteht aus zwei kurzgekuppelten Einzelwagen, von denen jeder in einem Vorbau (s. Abb. 98) eine Sammlerbatterie aus 168 Zellen enthält[2]; der eine Vorbau bildet also den Anfang, der andere das Ende des

[1] ETZ 1908, S. 98 u. 943; ebendaselbst 1910, S. 272.

[2] Vortrag von Dr. Beckmann: Druckschrift der Afa; Ferner Rud. Winckler: Glasers Annalen 1929, H. 4.

Zuges. Manchmal wird noch ein dritter Wagen eingeschaltet, der keine elektrotechnischen Teile enthält. Der Antrieb geschieht durch zwei Elektromotoren von je 85 PS. Da die Batterie nutzbaren Raum beansprucht, so ging man vor einigen Jahren dazu über, die Elemente unterhalb des Wagenkastens unterzubringen, und zwar seitlich. Die Akkumulatoren-Triebwagen haben sich sowohl in wirtschaftlicher Beziehung wie hinsichtlich der Betriebssicherheit durchaus bewährt. Sie haben alle Vorzüge, die jedem elektrischen Betrieb eigen sind; von diesen sei das Fehlen der für den Reisenden so lästigen Rauchentwicklung hervorgehoben. Durch Verwendung von Elementen mit dünnen positiven und negativen Gitterplatten wurde der Aktionsradius der „Speicherwagen", der ursprünglich etwa 60 km betrug, auf 300 km erhöht.

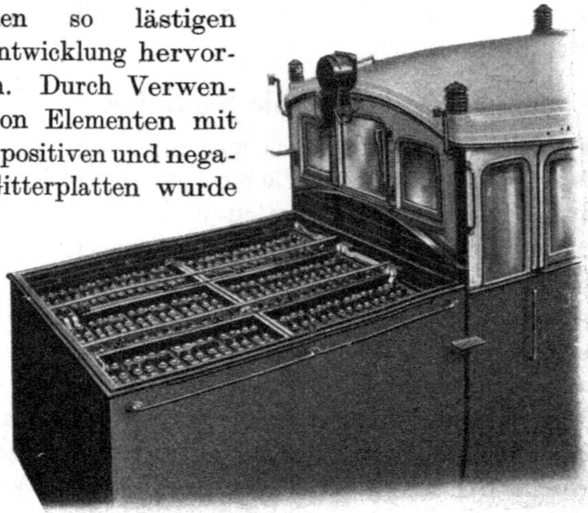

Abb. 98. Akkumulatoren-Triebwagen (Batterie-Vorbau).

Wird die Batterie in einem besondern, einfach gestalteten kastenförmigen Wagen untergebracht, so nennt man diesen Tender[1]. Der Akkumulator gibt Strom an den Motorwagen ab. Diese Zerlegung in 2 Teile hat den Vorzug, daß eine entladene Batterie schnell durch eine frische ersetzt werden kann (Tenderwechsel).

Anfang 1929 war die Gesamtlänge der von Akkumulatoren-Triebwagen befahrenen Strecken 7300 km, ungefähr $^1/_8$ der gesamten Streckenlänge der Deutschen Reichsbahn.

---

[1] Die amtliche Bezeichnung lautet Speichertender.

Akkumulatoren-Lokomotiven sind auf Schienen laufende Wagen, die nur die der Fortbewegung dienenden Teile enthalten; zu diesen gehört in erster Linie die Batterie. Da das Gewicht hier keine große Rolle spielt, so verwendet man in den meisten Fällen Elemente mit Großoberflächenplatten. Unter gewissen Verhältnissen haben die Akkumulatoren-Lokomotiven vor den Dampflokomotiven große Vorzüge. Als Beispiel sei das Befahren von Fabrikräumen erwähnt, wo durch Rauchentwicklung und Funkenwurf große Unzuträglichkeiten entstehen würden. Die Akkumulatoren-Lokomotiven arbeiten sehr wirtschaftlich; besonders in solchen Gegenden sind sie den Dampflokomotiven überlegen, wo der Kohlenverbrauch wegen großer Transportschwierigkeiten bzw. -kosten möglichst eingeschränkt werden muß, oder wo elektrische Energie für einen billigen Preis bezogen werden kann (Wasserkraft). Im Verschiebedienst der Staats- und Industriebahnen haben sie ebenfalls Verwendung gefunden. Die Bedienung, für die nur ein Mann genügt, ist die denkbar einfachste. Die Energieausnutzung ist bedeutend günstiger als bei den Dampflokomotiven[1], die während der ganzen Betriebszeit unter Dampf stehen müssen. Bei der Elektrisierung großer Verschiebeanlagen wird heute mit Vorliebe von dem sog. gemischten Betrieb Gebrauch gemacht. Die Fahrzeuge werden so gebaut, daß sowohl aus einer Batterie wie aus der Oberleitung Strom entnommen werden kann. Dies gewährt den Vorteil, daß nur die Gleise mit Oberleitung überspannt zu werden brauchen, die sehr häufig befahren werden und über denen sich eine Oberleitung leicht anbringen läßt. Die Rheinischen Stahlwerke in Duisburg haben mit 40 derartigen Lokomotiven heute bereits ihren gesamten Verschiebedienst elektrisiert und geben an, daß die heutigen Betriebskosten rund 60% derjenigen betragen, die bei dem Dampflokomotivbetrieb aufzuwenden sind. Auch für die Deutsche Reichsbahn sind bei der Afa Batterien für eine Reihe von „gemischten“ Lokomotiven bestellt worden. Die Ladung erfolgt meist aus einen Wechselstromnetz unter Verwendung eines Gleichrichters[2].

Akkumulatoren-Grubenlokomotiven. In vielen Bergwerken würden Oberleitungen wegen der Gesteinsverschiebungen häufig zu Störungen Anlaß geben, auch muß Funkenbildung am

[1] D. Draeger, Elektr. Bahnen, Mai 1926.
[2] Winckler: l. c. S. 64.

Fahrdraht vermieden werden. Dann sind Akkumulatoren-Lokomotiven am Platze. Sie müssen eine geringe Höhe haben. Sehr häufig wird für ihren Betrieb der alkalische Sammler und zwar der Cadmium-Nickel-Akkumulator verwendet (s. S. 177). Die Lokomotive kann das Gestein oder die Kohle unmittelbar von der Arbeitsstelle des Hauers abholen und zum Förderkorb schaffen. Sie muß vielfach ununterbrochen im Dienst sein. Die Batterie wird in eiserne Behälter mit Abrollvorrichtung eingebaut, so daß man sie leicht auswechseln kann. Für besondere Verhältnisse werden kleine Lokomotiven gebaut, die auch ohne Führer laufen können. Sie sind so eingerichtet, daß sie sich selbst ausschalten, wenn sie

Abb. 99. Kleine Grubenlokomotive mit Batterie (Afa).

auf ein Hindernis stoßen, und selbsttätig zu laufen beginnen, wenn das Hindernis beseitigt ist. Die Abb. 99 zeigt eine solche Lokomotive für 4 PS, die schlagwettersicher gebaut ist.

Elektrokarren. Wir wenden uns zu den elektrischen Fahrzeugen, die nicht an vorgeschriebene Wege gebunden sind. In jüngster Zeit hat der elektrische Lastkarren große Verbreitung gefunden. Während 1925 die Zahl dieser Fahrzeuge, die in Deutschland liefen, 1600 betrug, war sie im Jahre 1928 auf 9000 gestiegen. Als Elektrokarren bezeichnet man niedrige, kurze Wagen, die sich durch große Wendigkeit auszeichnen. Die Tragfähigkeit beträgt bei den kleineren Karren 1 bis 2 Tonnen. Sie eignen sich besonders für die Beförderung von kleinen Lasten innerhalb begrenzter Gebiete (Bahnhöfe usw.). In Fabriken haben sie die Aufgabe, alle Höfe und Werkstattsräume zu durchfahren, um Material, Werkstücke u. a. m. zu den Arbeitsplätzen zu schaffen oder von diesen abzuholen. Der während eines Tages zurückzulegende Weg ist in dem angeführten Falle klein, man verwendet

Großoberflächenplatten. Sollen aber Elektrokarren nicht lediglich in Fabrikräumen oder Lagerhäusern Verwendung finden, sondern auch Fahrten in die Umgebung ausführen, so werden Gitterplatten-Batterien eingebaut, um einen großen Aktionsradius zu erzielen. Es gibt verschiedene Ausführungen, bei denen der Karren selbst nicht beladen wird. Sie dienen nur zum Ziehen angehängter Lastwagen (Schleppkarren). Von der Beschreibung der verschiedenen Ausführungsformen, die für Fabriken, Bahnhöfe, Dockanlagen usw. bestimmt sind, muß Abstand genommen werden.

Elektromobile. Die übrigen Fahrzeuge, in denen Batterien als Kraftquellen dienen, wollen wir unter der Bezeichnung Elektromobile zusammenfassen. An die Sammler werden besonders hohe Anforderungen gestellt: möglichst geringes Gewicht je Einheit der Leistung, ohne daß aber die Lebensdauer eine zu geringe wird, große Widerstandsfähigkeit gegen mechanische Erschütterungen, die oft recht stark sein können, Unempfindlichkeit gegen Überlastung, wie sie z. B. beim Anfahren vorkommt, möglichst geringe Raumbeanspruchung. Im 7. und 8. Kapitel wurde gezeigt, wie die Fabriken bestrebt sind, den Bedürfnissen der Praxis gerecht zu werden. Für jede Tonne Masse, die bewegt werden muß, ist eine gewisse Zugkraft erforderlich. Man nennt sie den Traktionskoeffizienten. Seine Größe hängt von verschiedenen Umständen ab, von der Bereifung, dem Totalgewichte selbst, vor allem aber von der Beschaffenheit der Straße. Er liegt zwischen 13 und 30 kg. Da schon geringe Steigungen sehr hohe Anforderungen an den Akkumulator stellen, so eignen sich Elektromobile für gebirgige Gegenden nicht.

Abb. 100. Elektrokarre (Afa).

E. Sieg[1] hat nachgewiesen, daß der Akkumulator für Elektromobile je 1 kg Gewicht mindestens 30 Wh leisten muß, wenn ein rationeller Betrieb möglich sein soll. Dünne Gitterplatten werden in der früher beschriebenen Weise in Hartgummigefäße eingebaut; die Zellen werden in Holz-

[1] ETZ 1905, S. 311 und ETZ 1906, S. 1017.

kästen gestellt. Die Afa empfiehlt für Fahrzeugbetrieb auch den Sammler mit positiven Panzerplatten (s. S. 126). Es sei auch auf die Vorzüge des alkalischen Sammlers hingewiesen, zu denen die Unempfindlichkeit gegen schlechte mechanische und elektrische Behandlung zu rechnen ist. Die Zellenzahl wird so groß gewählt, daß die Netzspannung (110 oder 220 V) für die Ladung gerade ausreicht. Endlich sei noch an die Verwendung des Poehler-Schalters und der Gleichrichter erinnert.

Fahrzeuge mit Akkumulatoren werden in den Staats- und Kommunalbetrieben[1] für die verschiedensten Zwecke verwendet, weil man zu der Überzeugung gelangte, daß die Wartung und Pflege der Elektromobile viel einfacher sind als diejenigen der Benzinfahrzeuge; der Führer braucht daher keine Maschinenkenntnisse zu besitzen. Der elektrische Wagen besitzt ferner nur wenige Teile, die der Abnutzung unterliegen — im Gegensatz zum Benzinwagen. Außerdem ist der Betrieb besonders für solche, die eine eigene Zentrale besitzen, wesentlich billiger. Dazu kommt noch, daß in hygienischer Hinsicht der elektrische Betrieb jedem andern vorzuziehen ist. Wichtig ist auch für viele Verwendungszwecke, daß beim Elektromobil der unnütze Leerlauf fortfällt, der bei häufigem Halten große Verluste verursacht. Dies gilt also besonders für Paketwagen. Die Deutsche Reichspost dürfte jetzt etwa 1700 solcher Wagen im Betrieb haben. Allgemein bekannt ist die Verwendung des Elektromobils für die Zwecke der Straßenreinigung und für die Einsammlung des Hausmülls, die in Köln in vorbildlicher Weise geregelt ist. Im letzteren Falle ist die Geräuschlosigkeit von besonderer Bedeutung, da das Abholen oft in der Nacht oder in den frühen Morgenstunden erfolgt.

Elektromobile für Personenverkehr haben sich, obschon sie zweifellos die vornehmsten aller Fahrzeuge sind, in Deutschland nur wenig eingebürgert. Der begrenzte Fahrbereich und die nicht besonders hohe Fahrgeschwindigkeit fallen hier besonders nachteilig ins Gewicht. Auch ist das Laden für solche Besitzer lästig, die nicht über eine eigene elektrische Anlage verfügen. Die Elektromobildroschken sind in vielen Städten ganz verschwunden, in Berlin sollen noch etwa 400 laufen. Sie werden in großen Ladestationen einheitlich mit Strom versorgt.

Die Zukunft des elektrischen Wagens liegt vor allem auf dem

[1] Über die Rentabilität siehe G. Adolphs: Die Städtevereinigung 1928, Nr. 2.

Gebiete der Lastbeförderung[1], besonders wenn die Elektrizitätswerke dazu übergehen, den Strom für die Ladung zu einem vernünftigen Preise abzugeben. Es liegt dies übrigens auch in ihrem eigenen Interesse, da die elektrischen Wagen dazu beitragen, die Belastung des Elektrizitätswerkes gleichmäßiger zu machen, indem die Ladung nachts stattfinden kann. Wie bedeutend der Jahresstromverbrauch eines Elektromobils ist, geht aus der Angabe hervor, daß ein Wagen für 5 Tonnen etwa 15000 kWh jährlich verbraucht. Wahrscheinlich wird auch hier die bereits erfolgte Erfindung von Gleichrichtern, die einfach in der Bedienung sind und einen hohen Wirkungsgrad haben, günstig einwirken.

Zugbeleuchtung. Im Eisenbahnbetrieb ist die Gasbeleuchtung, durch die oft schwere Unglücke herbeigeführt worden sind, immer mehr durch die elektrische Beleuchtung verdrängt worden. Hier spielen die Akkumulatoren ebenfalls eine wichtige Rolle. Die Spannung beträgt in der Regel 24 V; die Batterie besteht dementsprechend entweder aus 12 Bleisammlerzellen mit positiven Großoberflächenplatten oder aus 18 alkalischen Akkumulatoren (Amerika). Die Ladung erfolgt durch eine Nebenschlußdynamo, die durch Riemen von einer Wagenachse aus angetrieben wird (hauptsächlich bei Tagesfahrt). Während der Nachtfahrt liefern die Dynamo und die Batterie in Parallelschaltung den Lampenstrom, in den Stationen aber und bei geringer Fahrtgeschwindigkeit die Batterie allein. Es kann sogar bei Nachtfahrt der Batterie Strom zugeführt werden, wenn diese aus Bleisammlern besteht. Wenn z. B. die Spannung der Dynamo so groß ist, daß auf jede Zelle 2,1 V kommen, bei welcher Spannung schon Stromaufnahme erfolgt, so ist die Betriebsspannung 25,2 V; die Überspannung von 1,2 V können die Lampen vertragen. Werden aber alkalische Sammler verwendet, so ist ein besonderer Regler erforderlich; wegen der bedeutend größern Zellenzahl und noch aus andern

[1] Die Batterie muß den Beanspruchungen angepaßt sein. Da diese verschieden sind, so gelangen mehrere Typen zur Verwendung. Neben Elementen mit leichten Gitterplatten, den sog. Gitterelementen, kommen auch Batterien mit positiven Großoberflächenplatten oder mit Panzerplatten in Betracht. — Der Fahrschalter vermittelt die für die Regelung der Fahrgeschwindigkeit erforderliche Stromzufuhr. Der Schaltkörper wird als Walze ausgebildet, die die Kontaktstücke trägt. Auf diesen liegen unter federndem Druck die Kontaktfinger. Die nötigen Drehungen werden vom Führer mittels Hand- oder Fußhebels ausgeführt.

Gründen, von denen der größere innere Widerstand erwähnt sei, ist nämlich der Unterschied zwischen Lade- und Entladespannung bedeutend größer als eben[1].

Starterbatterien. In großem Umfange werden zum Anlassen von Benzinwagen Batterien benutzt, die gleichzeitig der Beleuchtung dienen. Das Anwerfen des Motors von Hand ist anstrengend und zeitraubend. Man ist daher, dem Beispiel der Amerikaner folgend, immer mehr dazu übergegangen, den Benzinmotor durch einen Elektromotor anzulassen, und jetzt wird wohl kaum noch ein Auto ohne Startereinrichtung gebaut. Nach einer Schätzung von E. Sieg wurden im Jahre 1926 in Deutschland monatlich 10—12000 Starterbatterien hergestellt. Die Anlage besteht aus einer kleinen Nebenschlußdynamo, einer Batterie[2] von 3 (Personenwagen) oder 6 Zellen (Lastwagen) und einem Hauptstrommotor. Während der Fahrt wird die Batterie durch die Dynamo geladen. Die nötige Schaltung erfolgt selbsttätig durch einen elektromagnetischen Schalter in dem Augenblick, in dem die Spannung der Dynamo infolge einer genügend hohen Umdrehungszahl den erforderlichen Wert hat; bei 3 Zellen muß sie etwas mehr als 6 V betragen. Läßt die Umdrehungszahl nach, so wird durch den gleichen Schalter die Verbindung zwischen Dynamo und Batterie aufgehoben. Beim Anwerfen des Benzinmotors, das vom Führersitz aus erfolgt, gibt die Batterie Strom an den Elektromotor ab. Sie übernimmt auch die Beleuchtung, wenn das Auto ruht. Der Akkumulator ist also ein wesentlicher Bestandteil der Anlaß- und Beleuchtungseinrichtung. Die Beanspruchung der Zellen ist eine ungewöhnlich starke. Alles, was bei andern Sammlern verboten ist, wird von einer Starterbatterie verlangt: Oft werden die Zellen trotz kräftiger Gasentwicklung lange weitergeladen, plötzlich müssen sie dann einen Strom abgeben, der vielleicht 50mal stärker ist als der Strom, der von andern Elementen gleicher Größe verlangt wird. Beim „Ingangsetzen" des Autos nämlich wird für kurze Zeit ein Strom ver-

---

[1] ETZ 1927, S. 17.

[2] Der alkalische Sammler ist für das Ingangsetzen von Automobilen kaum geeignet, weil sein innerer Widerstand ein Vielfaches desjenigen eines Bleisammlers gleicher Leistung ist. Da die Stromdichte beim Anwerfen eine sehr hohe ist, so würde die Klemmenspannung eines alkalischen Sammlers sehr stark sinken. ETZ 1924, S. 378.

braucht, der mehrere Hundert Ampere betragen kann. Ist die Kapazität der Batterie zu groß, so werden die Zellen u. U. nie ganz entladen, ist sie zu klein, so wird der Akkumulator zu stark beansprucht. Beides ist ihm schädlich. Es ist also auf richtige Bemessung der Kapazität großes Gewicht zu legen. Die Platten sollen möglichst leicht sein; dünne Gitter mit engen Maschen sind am besten geeignet. Eine sechszellige Batterie der KAW zeigt die Abb. 101. Jede Zelle wird durch einen Hartgummideckel verschlossen, der mit 3 Öffnungen versehen ist. Durch die beiden äußern gehen, gut abgedichtet, die Pole; die mittlere, die Füllöffnung, kann durch einen Schraubstöpsel aus Hartgummi verschlossen werden. Dieser ist mit mehreren Löchern versehen, durch die bei der Ladung die Gase entweichen können. Die Zellengefäße bestehen aus Hartgummi oder Roburit; sie werden in einen gemeinsamen Kasten gestellt. Neuerdings werden diese Behälter aus einem säurebeständigen Stoff so gepreßt, daß mehrere Zwischenwände entstehen. Die Platten werden dann unmittelbar in die einzelnen Abteilungen eingebaut; besondere Zellengefäße sind also nicht erforderlich. Das Gewicht der Batterie beträgt 24,5 kg, dasjenige der Säure 4,8 kg. Im geladenen Zustande ist die Säuredichte der Starterbatterien wegen des Engeinbaus etwa 1,26.

Abb. 101. Starterbatterie von 6 Zellen der KAW.

Motorrad-Beleuchtung. An die Sammler, die diesem Zwecke dienen sollen, müssen sehr hohe Anforderungen in bezug auf die Festigkeit des Einbaues und die Haltbarkeit der Platten gestellt werden wegen der sehr starken Erschütterungen. Es gelang, der Schwierigkeiten Herr zu werden.

Schiffsantrieb. Für Unterseeboote bilden Sammler während der Unterseefahrt die einzige Kraftquelle. An sie werden besonders hohe Anforderungen gestellt, denen man durch Spezialkonstruktion gerecht wird. Leider ist Deutschland der Besitz von Unterseebooten durch den Friedensvertrag von Versailles verboten.

Für sonstige Boote werden Akkumulatoren als Energiequelle nur selten benutzt; auf dem Königssee sind seit vielen Jahren einige Personenboote mit Batterien im Verkehr.

Akkumulatoren als Ersatz für Primärelemente in Eisenbahnsicherungsdienst und Telegraphenwesen. Die vor etwa 10 Jahren noch als Stromquellen für die Betätigung der verschiedensten Apparaturen des Eisenbahnsicherungswesens aussschließlich benutzten Primärelemente sind immer mehr durch Akkumulatoren ersetzt worden. Es ist zu unterscheiden, ob die Sammler zum Zwecke der Ladung versandt werden müssen, oder ob die Ladung an Ort und Stelle möglich ist. Im ersteren Falle wird u. a. die von der Afa hergestellte Zelle „Ad" benutzt (s. Abb. 102). Der dickwandige Behälter besteht aus Preßglas. Er enthält eine positive Platte von 14 mm Dicke und eine negative von 18 mm Stärke. Diese sind Masseplatten mit großen Feldern, so daß nur wenige Berührungsstellen zwischen aktiver Masse und Bleiträger vorhanden sind (Verringerung der Selbstentladung). Der Abstand der beiden Platten ist sehr reichlich bemessen (21 mm), damit abfallende Masseteilchen sofort zu Boden sinken können. Auf diesem erhebt sich eine Leiste, die verhindert, daß durch Bodenschlamm ein Kurzschluß hervorgerufen wird. Der Abstand der Plattenoberkanten vom Hartgummideckel ist so reichlich bemessen, daß die Zelle viel Säure aufnehmen kann. Die Entnahme der Kapazität darf sich über einen großen Zeitraum erstrecken, ohne daß Selbstentladung und Sulfatbildung sich störend bemerkbar machen. Die Polableiter sind mit besonders ausgebildeten Klemmen aus Hartgummi ausgestattet. Die Kapazität beträgt 80 Ah bei 0,2 Amp. Entladestrom. Für einige Zwecke hat sich diese Kapazität als zu groß erwiesen. Daher wird noch eine andere Type geliefert, die als Accomet II bekannt ist. Ihre Kapazität beträgt bei 0,2 Amp. Strom 40 Ah. Die Akkumulatoren, die am Verwendungsort selbst geladen werden, sind mit

Abb. 102. Sammler für langdauernde Beanspruchung (Afa).

positiven Großoberflächenplatten ausgerüstet. Weil die Ladung in diesem Falle leichter vorgenommen werden kann, spielt die Selbstentladung nur eine untergeordnete Rolle.

Im Telegraphendienst sind Sammler besonders dann den Primärelementen überlegen, wenn es sich um den Betrieb auf langen Leitungen, vor allem auf Kabeln, handelt. Es spielt dann die elektrostatische Kapazität eine wichtige Rolle. Jedesmal nämlich, wenn ein Zeichen gesandt wird, d. h. bei jedem Stromschluß, muß das Kabel zunächst durch die Stromquelle geladen werden; dieser Vorgang verläuft aber um so schneller, je kleiner der innere Widerstand der Batterie ist. Durch die Verwendung von

Abb. 103. Elektrische Grubenlampen.

Akkumulatoren wird somit die Telegraphiergeschwindigkeit vergrößert.

In der drahtlosen Telegraphie werden für Landstationen häufig Batterien von beträchtlicher Größe verwendet; auf den See- und Luftfahrzeugen dienen kleinere Batterien als Stromquellen für das Notsenden.

Verwendung von Kleinakkumulatoren. Es seien nur einige Verwendungen hervorgehoben. Elektrische Grubenlampen können in einfacherer Weise schlagwettersicher gebaut werden als Lampen mit Flamme. Sie haben die alte Davysche Sicherheitslampe fast ganz verdrängt, obschon durch sie Wetteranzeige nicht erfolgt. Die Leuchtkraft der mit Bleisammler ausgerüsteten Lampen beträgt etwa 1,3 Kerzen, während die Benzinlampen nur 0,9 Kerzen haben. Mit einer Ladung vermag die Lampe 12 bis 15 Stunden zu brennen. Die Elektroden haben zylindrische Form (s. Abb. 104):

der äußere Zylinder ist die Minus-Elektrode. Es werden auch Akkumulatoren mit Trockenfüllung verwendet. Die Firma Friemann & Wolf[1], Zwickau, liefert hauptsächlich Grubenlampen mit Cadmium-Nickel-Sammlern. Jede Lampe ist mit zwei kleinen Zellen ausgerüstet, die hintereinandergeschaltet sind. Die Lampe brennt anfänglich mit 2,6 V. Einen sog. Modellschnitt zeigt Abb. 105.

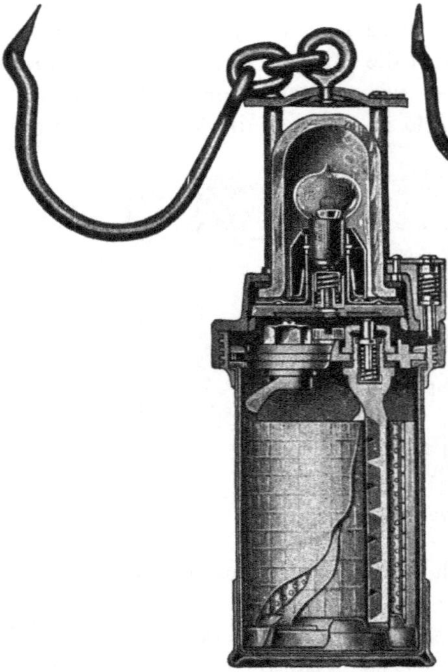

Abb. 104. Wolfsche Bleilampe.

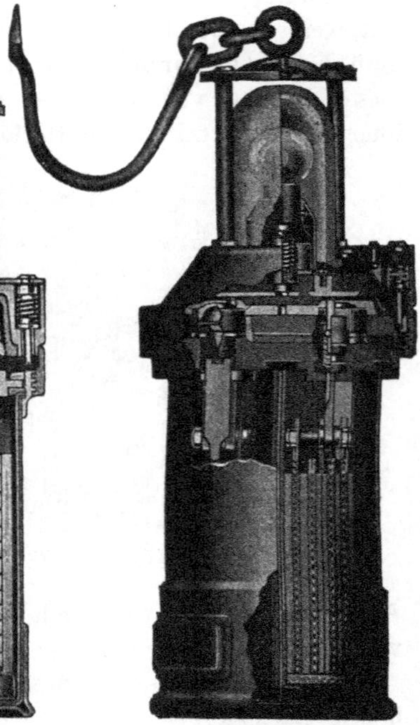

Abb. 105. Wolfsche Alkalilampe.

Trotz guter Abdichtung kann der Akkumulator leicht geöffnet werden (Reinigung, Reparatur). Die sog. Mannschaftslampe hat eine Brenndauer von 16 Stunden; die Lichtkraft liegt bei den verschiedenen Typen zwischen 2,8 und 1,1 Kerzen. Wie groß die Verbreitung dieser Lampen ist, geht aus der Angabe hervor, daß die genannte Firma allein bis zum Ende des vorigen

[1] Von andern Firmen, die Grubenlampen herstellen, seien genannt die Concordia, Elektr.-A.-G., Dortmund, und Dominit-Grubenlampenwerk, Dortmund. Beide verwenden Afa-Elemente.

Jahres 400000 Stück geliefert hatte. Nach einer Mitteilung dieser Firma werden für die Grubenbeleuchtung neuerdings Bleisammler kaum noch verwendet. Sie stellt noch zahlreiche andere Lampen mit alkalischen Sammlern her, die besondern Zwecken dienen: Lokomotivlampen für Gruben, Scheinwerferlampen für Rettungskolonnen u. a. m.

Tragbare Sammler werden ferner für Sicherheitslampen in Theatern verwendet, wo sie der Notbeleuchtung dienen. Vielfach ist die Einrichtung so getroffen, daß die Akkumulatoren aus der Starkstromleitung geladen werden können, ohne daß sie von ihrem Platze entfernt zu werden brauchen.

Heiz- und Anodenbatterien. Die weiteste Verbreitung haben die Sammler gefunden, die für den Rundfunkempfang Verwendung finden. Die Zahl der Heizbatterien, die in Deutschland allein dem genannten Zwecke dienen, ist eine ungeheuer große. Der „Akku“ kam in die Hände von Leuten, die diese Stromquelle früher kaum dem Namen nach kannten. Wie viele Tausende von Batterien mögen da wohl durch Unkenntnis zerstört worden sein, obschon die Firmen sich bemühten, die Bauart den Anforderungen anzupassen. — In neuerer Zeit werden sehr viele Geräte für Netzanschluß gekauft. Sie können aber, was die Reinheit des Empfangs anbelangt, mit den Geräten, bei denen Heiz- und Anodenbatterien Verwendung finden, nicht in Wettbewerb treten. Denn jedes Gerät, das zwischen das Wechselstromnetz und den Lautsprecher geschoben wird, ist in seiner Wirkung von der Spannung in der Lichtleitung abhängig; jede Spannungsänderung macht sich im Lautsprecher bemerkbar. Auch ist es sehr schwer, das Wechselstromgeräusch ganz zu unterdrücken. Das Gerät mit Heiz- und Anodenbatterie ist, daran läßt sich nicht rütteln, dasjenige, das dem Wesen der Sache am besten angepaßt ist. Hinzu kommt, daß die Bedienung eines Netzanschlußgerätes Anforderungen an die technischen Kenntnisse stellt, denen viele Radioamateure nicht gerecht werden können. Endlich sind diese Geräte in der Anschaffung bedeutend teuerer als die alten.

Für Heizbatterien müssen Platten verwendet werden, deren Selbstentladung möglichst gering ist; ferner muß die aktive Masse wegen des häufigen Transportes (Ladung) einen festen Halt haben. Auch das Gewicht spielt eine Rolle. Die meisten Firmen verwenden leichte Gitterplatten. Da sich eine Selbstentladung nie ganz vermeiden läßt, hat es keinen Zweck, Zellen von großer Kapazität zu wählen, im Glauben, daß dann der Akkumulator „nicht so oft geladen zu werden braucht“. Die Kapazität muß sich nach der Röhrenzahl und der täglichen Beanspruchungsdauer richten. Sehr gut eignen sich für Heizbatterien auch alkalische Sammler, weil sie Mißhandlungen gut vertragen; sie können unbenutzt lange stehen, auch im entladenen Zustand; auch schadet der Fehler, der am häufigsten gemacht wird, nämlich den Sammler zu stark zu beanspruchen, der Edisonzelle nicht. Um zu verhüten, daß die Bleizellen zu tief entladen werden, rüstet die Varta ihre Heizbatterien mit einem selbsttätigen Entladeanzeiger aus. Er besteht aus einen Käfig mit kleinem Schwimmerstäbchen. Dieses sinkt unter, wenn die Säuredichte die untere Grenze (1,16) erreicht hat.

Abb. 106. Anoden-Blockbatterie der KAW.

Der Strom, den eine Anodenbatterie abzugeben hat, ist recht klein, er beträgt bei einem Gerät mit einer Röhre nur 2 bis 3 mA, bei einem Apparat mit 3 Röhren etwa 8 mA und bei einem Vierröhrenapparat 13 mA; wenn große Lautstärke verlangt wird, erhöht sich der Anodenstrom um 4 bis 5 mA. Die Rundfunkteilnehmer bevorzugen aus Bequemlichkeitsgründen Anodenbatterien aus Trockenelementen, obschon diese mehrere Mängel aufweisen: Sind sie erschöpft, so kann man sie in den Müllkasten werfen, während man eine Batterie aus kleinen Akkumulatoren aufladen kann. Auch bedingt der große innere Widerstand der aus zahlreichen Trockenelementen bestehenden Batterie einen Spannungsabfall, mit dem man rechnen muß. Endlich fällt die Spannung im Laufe der Zeit schnell ab.

Die Type W der Varta besteht aus Bleisammlern mit zwei Elektroden; sie hat bei ununterbrochener Entladung mit etwa 10 mA eine Kapazität von etwa 1200 mAh; ist der Entladestrom 20 mA, so ist die Kapazität noch 925 mAh. Beträgt nun der Verbrauch eines Gerätes 10 mA und wird dieses täglich vier Stunden gebraucht, so würde die Batterie für 30 Tage genügen. Da aber in dieser Zeit größere Verluste durch Selbstentladung hervorgerufen werden, so hat man einige Tage in Abzug zu bringen. Die KAW liefern Anodenbatterien, die sich aus einzelnen Blockbatterien zusammensetzen. Eine solche besteht (s. Abb. 106) aus einem zehnteiligen Glasgefäß; in jede Abteilung ist ein kleiner aus zwei Platten bestehender Bleisammler eingebaut. Um zu verhüten, daß durch kriechende Säure eine Verbindung

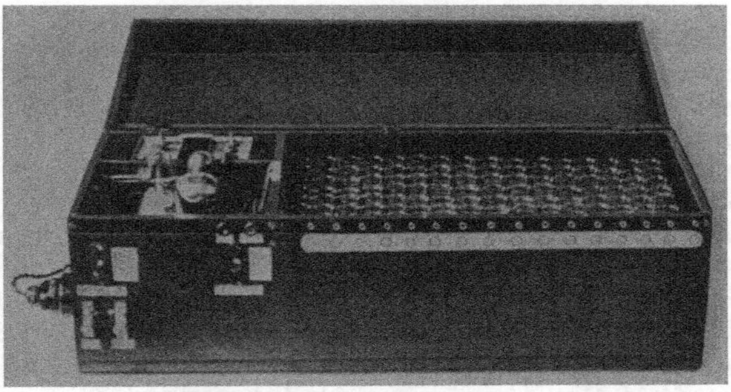

Abb. 107. Anoden- und Heizbatterie mit Ladeeinrichtung der KAW.

zwischen benachbarten Elementen herbeigeführt wird, sollen die Scheidewände bis zum Deckel gehen. Die Blockbatterien, jede zu 20 V, werden in starke Holzkasten gesetzt. Ein alkalischer Heiz- und Anodensammler der gleichen Firma, die in einem Kasten zusammengebaut sind, nebst Gleichrichter zum Laden aus einem Wechselstromnetz zeigt die Abb. 107.

Auf die Verwendung, die die Sammler als bequeme und zuverlässige Stromquellen in Laboratorien und Schulen sowie für therapeutische Zwecke finden, soll nicht näher eingegangen werden.

# Sachverzeichnis.

B-S = Bleisammler, E-S = Edison-Sammler (Eisen-Nickel-Sammler),
C-S = Cadmium-Nickel-Sammler.

**Der Drehstrommotor.** Ein Handbuch für Studium und Praxis. Von Prof. **Julius Heubach**, Direktor der Elektromotorenwerke Heidenau G. m. b. H. Zweite, verbesserte Auflage. Mit 222 Abbildungen. XII, 599 Seiten. 1923. Gebunden RM 20.—

**Die Asynchronmotoren** und ihre Berechnung. Von Oberingenieur **Erich Rummel**. Strelitz i. Mecklb. Mit 39 Textabbildungen und 2 Tafeln. IV, 108 Seiten. 1926. RM 5.10; gebunden RM 6.30

**Die asynchronen Drehstrommaschinen** mit und ohne Stromwender. Darstellung ihrer Wirkungsweise und Verwendungsmöglichkeiten. Von Prof. Dipl.-Ing. **Franz Sallinger**, Eßlingen. Mit 159 Textabbildungen. VI, 197 Seiten. 1928. RM 8.—; gebunden RM 9.20

**Elektrische Maschinen.** Von Prof. **Rudolf Richter**, Karlsruhe.

Erster Band: Allgemeine Berechnungselemente. Die Gleichstrommaschinen. Mit 453 Textabbildungen. X, 630 Seiten. 1924. Gebunden RM 27.—

Zweiter Band: Wechselstrommaschinen und Transformatoren. Erscheint Ende 1929.

**Elektromaschinenbau.** Berechnung elektrischer Maschinen in Theorie und Praxis. Von Privatdozent Dr.-Ing. **P. B. Arthur Linker**, Hannover. Mit 128 Textfiguren und 14 Anlagen. VIII, 304 Seiten. 1925. Gebunden RM 24.—

**Arnold-la Cour, Die Gleichstrommaschine.** Ihre Theorie, Untersuchung, Konstruktion, Berechnung und Arbeitsweise. Dritte, vollständig umgearbeitete Auflage. Herausgegeben von Dr.-Ing. e. h. **J. L. la Cour**. In zwei Bänden.

Erster Band: Theorie und Untersuchung. Mit 570 Textfiguren. XII, 728 Seiten. 1919. Unveränderter Neudruck 1923. Gebunden RM 30.—

Zweiter Band: Konstruktion, Berechnung und Arbeitsweise. Mit 550 Textfiguren und 18 Tafeln. XI, 714 Seiten. 1927. Gebunden RM 30.—

**Die Gleichstrom-Querfeldmaschine.** Von Ingenieur Dr. **E. Rosenberg**. Mit 102 Textabbildungen. V, 97 Seiten. 1928. RM 11.—

**Die Transformatoren.** Von Dr. techn. **Milan Vidmar**, ord. Professor an der jugoslavischen Universität Ljubljana. Zweite, verbesserte und vermehrte Auflage. Mit 320 Abbildungen im Text und auf einer Tafel. XVIII, 751 Seiten. 1925. Gebunden RM 36.—

**Der Transformator im Betrieb.** Von Dr. techn. **Milan Vidmar**, ord. Professor an der jugoslavischen Universität Ljubljana. Mit 126 Abbildungen im Text. VIII, 310 Seiten. 1927. Gebunden RM 19.—

GPSR Compliance

*The European Union's (EU) General Product Safety Regulation (GPSR) is a set of rules that requires consumer products to be safe and our obligations to ensure this.*

*If you have any concerns about our products, you can contact us on ProductSafety@springernature.com*

In case Publisher is established outside the EU, the EU authorized representative is:

Springer Nature Customer Service Center GmbH
Europaplatz 3
69115 Heidelberg, Germany

**Batch number: 10682427**

Printed by Printforce, the Netherlands